JN232744

電気回路基礎ノート

工学博士 森 真作 著

コロナ社

まえがき

　電気回路理論は，電気電子工学を専攻する学生にとって最も基礎的でかつ重要な学科目の一つであることはいうまでもない。近年多くの大学で情報工学に関連する学科がつぎつぎに設置され，そのための電気回路理論の教科書が数多く出版されているが，電気・電子系の学生にとっては内容的に不十分な点があるように思われる。従来，電気・電子系の学生のための電気回路理論の教科書は複数冊で構成されているのが普通であるが，本書は1冊の教科書として簡潔にまとめたものである。

　本書の構成を簡潔に示すと，1章では，キルヒホッフの電流則と電圧則について説明し，行列で表す方法を示している。2章では，抵抗とその逆数であるコンダクタンスについて説明し，回路で消費する電力について説明する。3章では，電源として電圧源と電流源が考えられることを説明し，両者がたがいに変換できることを示すと同時に負荷で消費する電力が最大となるための条件を示す。4章では，回路方程式を作る場合に，電圧を変数とする場合と電流を変数とする場合について説明し，場合によっては同じ回路でも変数の数が異なることがあることを示している。5章では，回路理論できわめて重要でかつ有用である重ねの理，テブナン（ノートン）の定理，相反定理を説明し，その有用性を示している。6章では，キャパシタ（コンデンサ）とインダクタ（コイル）の性質について説明し，特に電荷と磁束の連続性について示している。7章では，キャパシタ，インダクタ，抵抗を含む簡単な回路の微分方程式の作り方と，6章に基づいて初期値の決め方および微分方程式の解き方について説明する。8章では，電源が正弦波である場合の定常状態における電流・電圧の計算にきわめて有効なフェーザ法について説明し，インピーダンス（アドミタンス）の概念を用いることにより直流回路とまったく同じようにして電圧・電流

が求められることを示している。9章では，相互インダクタとその等価回路について説明している。10章では，二つの端子対間の電圧・電流の関係を示すインピーダンス行列，アドミタンス行列，伝送行列について説明する。11章では，電力関係でよく用いられる三相交流回路について説明し，Δ-Y変換，Y-Δ変換について説明する。12章は，正弦波でないひずみ波交流回路について説明し，ひずみ波のフーリエ級数表示，消費電力について説明する。13章では，分布定数回路とは何かについて説明するとともに，特性インピーダンス，信号の伝搬速度，反射など基本概念について簡単に説明する。

本書を執筆するにあたっては日本工業大学の堀田教授，谷本教授，高瀬講師をはじめ多数の教員の皆様方，また三郷工業技術高等学校の下田氏にお世話になった。

最後に，出版にあたり大変お世話になったコロナ社各位に感謝する次第である。

2006年9月

森　真作

目 次

1 キルヒホッフの法則

1.1 キルヒホッフの電流則 ……………………………………………………… *1*
1.2 キルヒホッフの電圧則 ……………………………………………………… *4*
　　演習問題 ……………………………………………………………………… *6*

2 抵抗・コンダクタンス

2.1 抵抗・コンダクタンスとは ………………………………………………… *8*
2.2 抵抗・コンダクタンスで消費する電力 …………………………………… *9*
2.3 抵抗・コンダクタンスの接続 ……………………………………………… *13*
　2.3.1 抵抗・コンダクタンスの直列接続 …………………………………… *13*
　2.3.2 抵抗・コンダクタンスの並列接続 …………………………………… *14*
　　演習問題 ……………………………………………………………………… *15*

3 電源

3.1 電 圧 源 …………………………………………………………………… *17*
3.2 電 流 源 …………………………………………………………………… *18*
3.3 電源の決め方 ………………………………………………………………… *19*
3.4 電源の変換 …………………………………………………………………… *20*
3.5 電源の接続 …………………………………………………………………… *21*

3.6 電源の最大供給電力 ……………………………………………… 24
　　演習問題 ………………………………………………………… 26

4 回路方程式

4.1 グラフ理論の基本的概念 ……………………………………… 27
4.2 節点方程式 ……………………………………………………… 29
4.3 網路方程式 ……………………………………………………… 31
4.4 閉路方程式 ……………………………………………………… 33
　　演習問題 ………………………………………………………… 34

5 回路における諸定理

5.1 重ねの理 ………………………………………………………… 36
5.2 テブナンの定理とノートンの定理 …………………………… 38
5.3 相反定理 ………………………………………………………… 42
　　演習問題 ………………………………………………………… 45

6 キャパシタとインダクタ

6.1 キャパシタ ……………………………………………………… 47
　6.1.1 キャパシタの性質 ………………………………………… 47
　6.1.2 キャパシタに蓄えられるエネルギー …………………… 51
　6.1.3 キャパシタの接続 ………………………………………… 52
6.2 インダクタ ……………………………………………………… 53
　6.2.1 インダクタの性質 ………………………………………… 53
　6.2.2 インダクタに蓄えられるエネルギー …………………… 55
　6.2.3 インダクタの接続 ………………………………………… 56

演習問題 ……………………………………………………………… 57

7　基本回路の性質

7.1　1階微分方程式で表される回路 …………………………………… 60
　7.1.1　RC 回路 ………………………………………………………… 60
　7.1.2　RL 回路の性質 ………………………………………………… 69
7.2　RLC 回路の性質 ……………………………………………………… 70
　　　演習問題 ……………………………………………………………… 79

8　正弦波定常状態の解析

8.1　インピーダンスとアドミタンス …………………………………… 82
8.2　正弦波定常状態における電力 ……………………………………… 90
8.3　交流電圧・電流の実効値 …………………………………………… 92
8.4　ベクトル軌跡 ………………………………………………………… 96
8.5　共振回路 ……………………………………………………………… 98
　　　演習問題 ……………………………………………………………… 102

9　相互インダクタ

9.1　相互インダクタとは ………………………………………………… 104
9.2　相互インダクタを含む回路 ………………………………………… 105
　　　演習問題 ……………………………………………………………… 111

10　2端子対回路

10.1　2端子対回路 ………………………………………………………… 112

10.2 2端子対回路のパラメータの意味 ·· 116
  10.2.1 Z パラメータの意味 ·· 116
  10.2.2 Y パラメータの意味 ·· 118
  10.2.3 伝送パラメータ ·· 120
10.3 2端子対回路の等価 ·· 123
10.4 2端子対回路の接続 ·· 127
  10.4.1 縦 続 接 続 ·· 127
  10.4.2 並 列 接 続 ·· 129
  10.4.3 直 列 接 続 ·· 131
  演 習 問 題 ··· 133

11 三 相 交 流

11.1 対称三相交流 ·· 135
11.2 三相電源の結合方式 ·· 137
11.3 三相回路の負荷 ·· 138
  11.3.1 Y形電源とY形負荷 ·· 139
  11.3.2 Δ形電源とΔ形負荷 ·· 140
11.4 対称三相負荷で消費する電力 ·· 141
11.5 不平衡負荷のΔ-Y変換とY-Δ変換 ··· 145
11.6 送 電 効 率 ··· 148
  演 習 問 題 ··· 149

12 ひずみ波交流

12.1 フーリエ級数 ·· 152
12.2 偶関数と奇関数 ·· 156
12.3 フーリエ級数の複素表示 ·· 159
12.4 フーリエ級数の回路解析への応用 ··· 160

12.5　ひずみ波電圧・電流の電力と実効値 ……………………………… *161*
　　　演習問題 ……………………………………………………………… *165*

13　分布定数回路

13.1　分布定数回路の基礎方程式 ………………………………………… *166*
13.2　波動方程式と解 ………………………………………………………… *168*
13.3　半無限長線路 …………………………………………………………… *170*
13.4　反射のある無損失線路 ……………………………………………… *172*
13.5　損失のある分布定数線路 …………………………………………… *174*
13.6　分布定数回路の正弦波定常応答 ………………………………… *176*
13.7　分布定数線路の共振 ………………………………………………… *180*
　　　演習問題 ……………………………………………………………… *183*

演習問題解答 ………………………………………………………………… *184*
索　　　引 …………………………………………………………………… *207*

1

キルヒホッフの法則

本章は電気回路において，最も基本的でかつ重要な法則であるキルヒホッフの法則について説明している。この法則は，電流に関するものと電圧に関するものの二つがある。

1.1 キルヒホッフの電流則

図 1.1 に示す回路において，回路素子をすべて線分で表すと図 1.2 の図形が得られる。これを回路の**グラフ**（graph）と呼ぶ。また回路素子に対応する線分 b_1, b_2, $\cdots$, b_6 を**枝**（branch）と呼び，枝がたがいに接続されている点 n_1, n_2, n_3, n_4 を**節点**（node）と呼ぶ。また，ある節点から出発し，いくつかの枝を経て再び元の節点に戻るような路，例えば $n_1 \sim n_2 \sim n_4 \sim n_1$ のような路を**閉路**（loop）という。

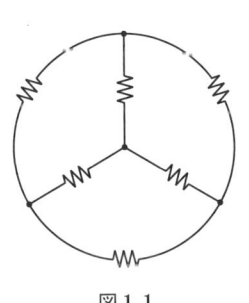

図 1.1

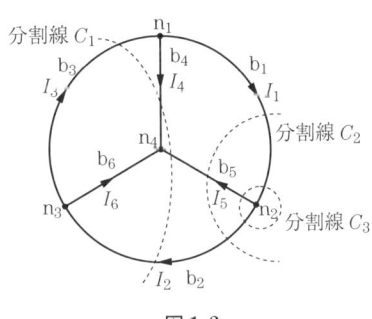

図 1.2

キルヒホッフの電流則

> ある任意の節点から流出する電流の代数和は，あらゆる瞬間において零である。

図1.2に示す回路の枝 b_1, b_2, $\cdots$, b_6 の枝電流を I_1, I_2, $\cdots$, I_6 とし，各節点について電流則を式で表すと

n_1 : $\quad I_1 - I_3 + I_4 = 0$

n_2 : $\quad -I_1 + I_2 + I_5 = 0$

n_3 : $\quad I_3 - I_2 + I_6 = 0$

n_4 : $\quad -I_4 - I_5 - I_6 = 0$

となる。ここで n_1, n_2, n_3 に関する式の和をとってみると

$$I_4 + I_5 + I_6 = -(-I_4 - I_5 - I_6) = 0$$

となる。これは，n_4 の式は n_1，n_2，n_3 の式から導かれることになる。このことは四つの式のうち一つが不要であることを意味している。以上のことを行列で表すと

$$\begin{array}{c} \\ n_1 \\ n_2 \\ n_3 \end{array} \begin{array}{cccccc} b_1 & b_2 & b_3 & b_4 & b_5 & b_6 \end{array} \\ \begin{bmatrix} 1 & 0 & -1 & 1 & 0 & 0 \\ -1 & 1 & 0 & 0 & 1 & 0 \\ 0 & -1 & 1 & 0 & 0 & 1 \end{bmatrix} \begin{bmatrix} I_1 \\ I_2 \\ I_3 \\ I_4 \\ I_5 \\ I_6 \end{bmatrix} = \begin{bmatrix} 0 \\ 0 \\ 0 \end{bmatrix}, \qquad \boldsymbol{A} \cdot \boldsymbol{I} = \boldsymbol{0}$$

$\boldsymbol{A}$ を**接続行列**（incidence matrix）と呼び，枝の接続の状態を表している。以上は節点 n_1, n_2, n_3 に関する式であるが，四つの節点のうち，いずれか一つの式を削除してもよい。キルヒホッフの電流則は，ある節点に流入する電荷はこの節点に蓄積されないこと，すなわち電荷の保存則を表しているとも考えることができる。

つぎに図1.2の破線で示すようにグラフを二つに分割してみる。例えば分割

線 C_1 で切られる枝 b_3, b_4, b_5, b_2 の集まりを**カットセット**（cut set）と呼ぶ。もちろん分割の方法により，カットセットの枝は異なってくるが，キルヒホッフの電流則と同じように分割された部分のどちらにも電荷は蓄積されることはない。

> カットセットに含まれる各枝に流れる電流の代数和は，あらゆる瞬間において零である。

分割線 C_1 の左の部分から右の部分に流れる電流を正にとると
$$I_3 - I_4 - I_5 - I_2 = 0$$
となり，さらに分割線 C_2 に関しては
$$-I_1 + I_2 + I_5 = 0$$
となる。これは節点 n_2 に関する電流則と同じものになる。これは n_2 に関する電流則にほかならない。

以上のことから，節点に関する電流則はカットセットに関する電流則に含まれることになる。

例題 1.1　図 1.3 に示される回路において
（1）節点 n_1, n_2, n_3, n_4, n_5 に関する電流則の式を行列で表せ。
（2）分割線 C_1, C_2 によるカットセットに関する電流則の式を示せ。ただし，カットセット電流は C_1, C_2 の左側から右側に流れる電流を正とする。

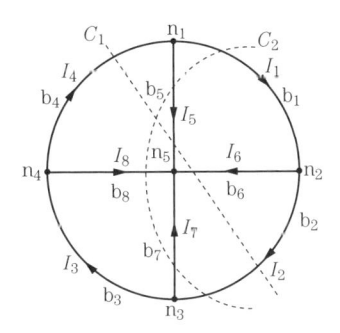

図 1.3

【解答】
（1） 各節点から流出する電流を正にとると

$$
\begin{array}{c}
 \\
n_1 \\ n_2 \\ n_3 \\ n_4 \\ n_5
\end{array}
\begin{array}{c}
\begin{array}{cccccccc} b_1 & b_2 & b_3 & b_4 & b_5 & b_6 & b_7 & b_8 \end{array} \\
\left[\begin{array}{cccccccc}
1 & 0 & 0 & -1 & 1 & 0 & 0 & 0 \\
-1 & 1 & 0 & 0 & 0 & 1 & 0 & 0 \\
0 & -1 & 1 & 0 & 0 & 0 & 1 & 0 \\
0 & 0 & -1 & 1 & 0 & 0 & 0 & 1 \\
0 & 0 & 0 & 0 & -1 & -1 & -1 & -1
\end{array}\right]
\end{array}
\begin{bmatrix} I_1 \\ I_2 \\ I_3 \\ I_4 \\ I_5 \\ I_6 \\ I_7 \\ I_8 \end{bmatrix}
=
\begin{bmatrix} 0 \\ 0 \\ 0 \\ 0 \\ 0 \end{bmatrix}
$$

となる。この場合も n_1, n_2, n_3, n_4 に関する式の総和をとると n_5 に関する式となる。

（2） 定義に従って

C_1：$I_4 - I_5 - I_6 - I_2 = 0$

C_2：$I_1 + I_5 + I_8 + I_7 - I_2 = 0$

となる。　　　　　　　　　　　　　　　　　　　　　　　　　　◆

1.2　キルヒホッフの電圧則

図 1.4 に示す回路の枝 b_1, $\cdots$, b_6 の枝電圧を V_1, V_2, $\cdots$, V_6 とすると，閉路 l_1, l_2, l_3, l_4 に沿った電圧の方程式は

l_1：$V_1 + V_5 - V_4 = 0$

l_2：$V_2 + V_6 - V_5 = 0$

l_3：$V_3 + V_4 - V_6 = 0$

l_4：$V_1 + V_2 + V_3 = 0$

となるが，この場合にも l_1, l_2, l_3 に関する式の総和は l_4 に関する式と同じになり，l_4 に関する式は不要となる。これらの式を行列の形で表すと

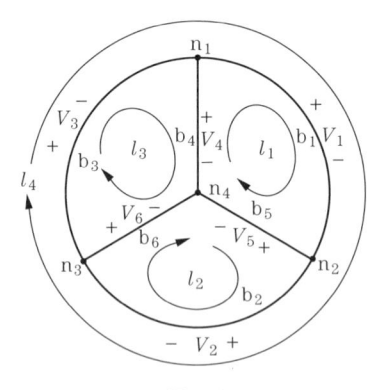

図 1.4

$$\begin{array}{c}\begin{array}{cccccc}\text{b}_1 & \text{b}_2 & \text{b}_3 & \text{b}_4 & \text{b}_5 & \text{b}_6\end{array}\\\begin{array}{c}l_1\\l_2\\l_3\end{array}\left[\begin{array}{cccccc}1 & 0 & 0 & -1 & 1 & 0\\0 & 1 & 0 & 0 & -1 & 1\\0 & 0 & 1 & 1 & 0 & -1\end{array}\right]\end{array}\begin{bmatrix}V_1\\V_2\\V_3\\V_4\\V_5\\V_6\end{bmatrix}=\begin{bmatrix}0\\0\\0\end{bmatrix},\qquad \boldsymbol{B}\cdot\boldsymbol{V}=\boldsymbol{0}$$

B を**閉路行列**（loop matrix）という。

> ―――― キルヒホッフの電圧則 ――――
> 任意の一つの閉路についてその向きを考えた場合，閉路に沿って一巡するときに各枝の電圧の代数和は任意の瞬間において零である。

この法則は単位電荷をある節点から出発して閉路に沿って元の節点まで動かしたときになす仕事が零であることを意味し，エネルギーの保存則を表しているとも考えられる。

例題 1.2

(1) 図 1.5 で示されるように閉路をとった場合の閉路行列 $\boldsymbol{B}$ を求めよ。

(2) 図 1.6 で示されるように閉路をとった場合の閉路行列 $\boldsymbol{B}$ を求めよ。

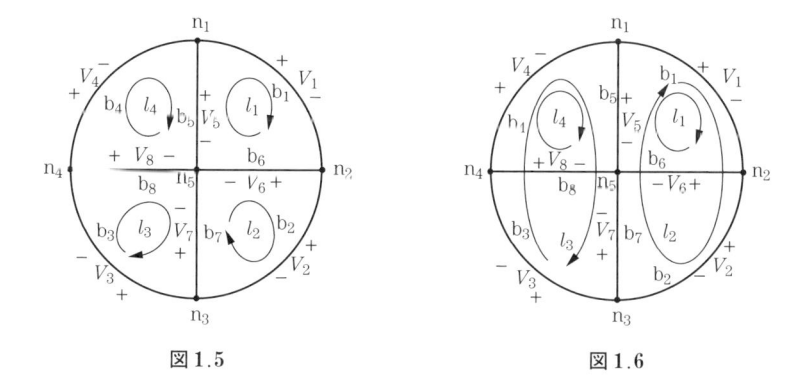

図 1.5

図 1.6

【解答】
（1） 図1.5に従って

$$B = \begin{array}{c} \\ l_1 \\ l_2 \\ l_3 \\ l_4 \end{array} \begin{array}{cccccccc} b_1 & b_2 & b_3 & b_4 & b_5 & b_6 & b_7 & b_8 \\ \left[\begin{array}{cccccccc} 1 & 0 & 0 & 0 & -1 & 1 & 0 & 0 \\ 0 & 1 & 0 & 0 & 0 & -1 & 1 & 0 \\ 0 & 0 & 1 & 0 & 0 & 0 & -1 & 1 \\ 0 & 0 & 0 & 1 & 1 & 0 & 0 & -1 \end{array}\right] \end{array}$$

（2） 図1.6の閉路に従うと

$$B = \begin{array}{c} \\ l_1 \\ l_2 \\ l_3 \\ l_4 \end{array} \begin{array}{cccccccc} b_1 & b_2 & b_3 & b_4 & b_5 & b_6 & b_7 & b_8 \\ \left[\begin{array}{cccccccc} 1 & 0 & 0 & 0 & -1 & 1 & 0 & 0 \\ 1 & 1 & 0 & 0 & -1 & 0 & 1 & 0 \\ 0 & 0 & 1 & 1 & 1 & 0 & -1 & 0 \\ 0 & 0 & 0 & 1 & 1 & 0 & 0 & -1 \end{array}\right] \end{array}$$

上に示すように閉路のとり方によって B は異なってくるが，必要な閉路の数については4章で詳しく述べる。　　◆

演 習 問 題

（1） 図1.7に示すグラフにおいて，節点 n_1, n_2, n_3, n_4, n_5 についての接続行列 A を求めよ。また，節点 n_1, n_2, n_3, n_4, n_5, n_6 についての接続行列はどうなるか。

（2） 図1.8に示すグラフにおいて閉路をそれぞれ

$$l_1 : n_1 \rightarrow n_2 \rightarrow n_5 \rightarrow n_4 \rightarrow n_1$$

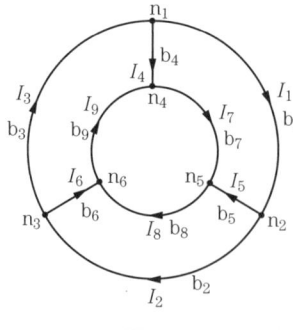

図1.7 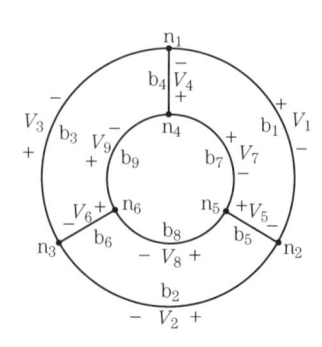　　　　　　　　　　図1.8

$l_2 : n_2 \to n_3 \to n_6 \to n_5 \to n_2$

$l_3 : n_3 \to n_1 \to n_4 \to n_6 \to n_3$

$l_4 : n_4 \to n_5 \to n_6 \to n_4$

とした場合の閉路行列を求めよ．また，閉路を

$l_1 : n_1 \to n_2 \to n_3 \to n_1$

$l_2 : n_4 \to n_5 \to n_6 \to n_4$

$l_3 : n_1 \to n_2 \to n_3 \to n_6 \to n_4 \to n_1$

$l_4 : n_2 \to n_3 \to n_6 \to n_4 \to n_5 \to n_2$

にとった場合の閉路行列を求めよ．

2 抵抗・コンダクタンス

本章は最も基本的な回路素子である抵抗の性質とその逆数で表されるコンダクタンスについて述べ，抵抗・コンダクタンスで消費する電力および種々の形に接続したときの電圧と電流の関係について説明する。

2.1 抵抗・コンダクタンスとは

図 2.1 に示す導体の両端 a-b 間に電圧 V〔V，ボルト〕を加えたときに電流 I〔A，アンペア〕が流れたとする。このとき I は電圧 V で表現され，導体が金属である場合には，I と V の関係は図 2.2 に示されるように直線となる。すなわち I と V は比例関係をもち

$$I = \frac{V}{R} = GV \quad \left(G = \frac{1}{R},\ R > 0\right)$$

で表される。この比例定数 R を**抵抗** (resistance) と呼び，単位はオーム〔Ohm，Ω〕，またはボルト-アンペア〔V/A〕である。R の逆数 G を**コンダ**

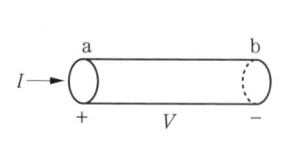

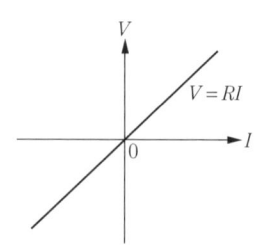

図 2.1 導体   図 2.2 抵抗の V-I 特性

クタンス (conductance) と呼び，単位はジーメンス〔siemens, S〕を用いる。また，逆に何らかの方法で，この導体に電流 I を流したとき，この抵抗の両端の電圧 V との間には $V=RI$ の関係が成り立ち，点aと点bの間に電位差 V が生ずる。すなわち点bの電位は点aの電位よりも V だけ低くなる。この電位差を**電圧降下**という。

オームは最初，ボルタの電池を用いてこの実験を行ったが，実験中に電池の電極に気泡が生じ，電解液と電極間の接触面積が変化したため実験がうまくいかず，苦労した結果，電池の代わりに熱電対を用いて実験を行い，$V=RI$ の関係を見いだした。この関係を**オームの法則**という。しかしながら導体によっては電流が流れることにより発熱し導体が高温になる場合や，ダイオードなどの半導体の場合には $V=RI$ の関係は成り立たない。

2.2 抵抗・コンダクタンスで消費する電力

抵抗に電流が流れると電力を消費し熱が発生するが，これを電圧，電流が時間的に変化する場合も含めて考えてみる。抵抗 R の両端の電圧を $v(t)$，流れる電流を $i(t)$ とすると，消費する**瞬時電力** $p(t)$ は $v(t)\cdot i(t)$ で表され，抵抗を R とすると

$$p(t)=v(t)\cdot i(t)=R\cdot i^2(t)=\frac{v^2(t)}{R}=Gv^2(t) \ \text{〔W，ワット〕}$$

となる。もし，$v(t)$, $i(t)$ が一定で，$v(t)=V$, $i(t)=I$ ならば $p(t)$ も一定となりこれを P とおくと

$$p(t)=P=V\cdot I=RI^2=GV^2 \ \text{〔W〕}$$

ここで $v(t)$ が**図 2.3** に示すような方形波状電圧である場合を考えると $p(t)$ は**図 2.4** で示されるようになる。$v(t)$ および $p(t)$ は $T_1+T_2+T_3+T_4$ 秒を周期として繰り返されるので，$p(t)$ の平均値 P_a は図 2.4 の面積を $T=T_1+T_2+T_3+T_4$ で割ったものとなるので

2. 抵抗・コンダクタンス

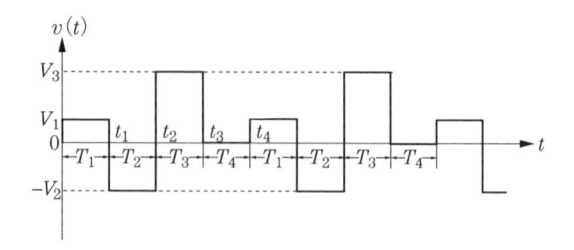

図 2.3 方形波状電圧 $v(t)$

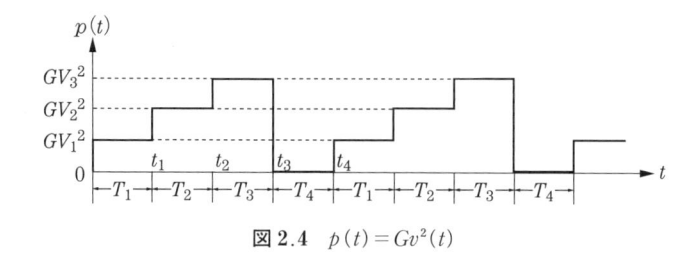

図 2.4 $p(t) = Gv^2(t)$

$$P_a = \frac{G \cdot V_1^2 \cdot T_1 + G \cdot V_2^2 \cdot T_2 + GV_3^2 \cdot T_3 + G \cdot 0^2 \cdot T_4}{T_1 + T_2 + T_3 + T_4} \ \text{(W)}$$

$$= \frac{G(V_1^2 T_1 + V_2^2 T_2 + V_3^2 T_3)}{T_1 + T_2 + T_3 + T_4} \ \text{(W)}$$

で表される。

つぎに $v(t) = V \sin \omega t$ の場合について考えてみよう。

$$p(t) = R \cdot i^2(t) = R \cdot \frac{v^2(t)}{R^2} = Gv^2(t) = GV^2 \sin^2 \omega t$$

ここで三角関数の公式 $\sin^2 x = (1 - \cos 2x)/2$ を用いると

$$p(t) = \frac{G}{2} V^2 (1 - \cos 2\omega t)$$

となり、**図 2.5** で示されるようになる。$GV^2/2$ から上の部分と下の部分の面積が相殺されて $p(t)$ の平均値である**平均電力** P_a は

$$P_a = \frac{GV^2}{2} = \frac{V^2}{2R} \ \text{(W)}$$

となる。

2.2 抵抗・コンダクタンスで消費する電力

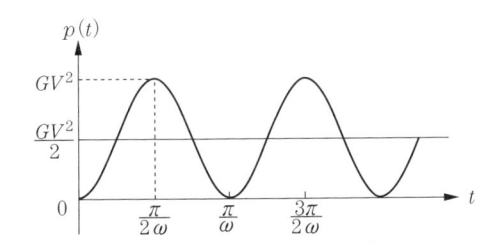

図 2.5 電圧と電流が正弦波の場合の瞬時電力 $p(t)$ と平均電力 P_a

例題 2.1 図 2.6 に示される周期 0.6 秒, 0.4 秒の異なる二つの方形波電流を同時に 1 Ω の抵抗に流した場合, この抵抗で消費する平均電力 P_a を求めよ。

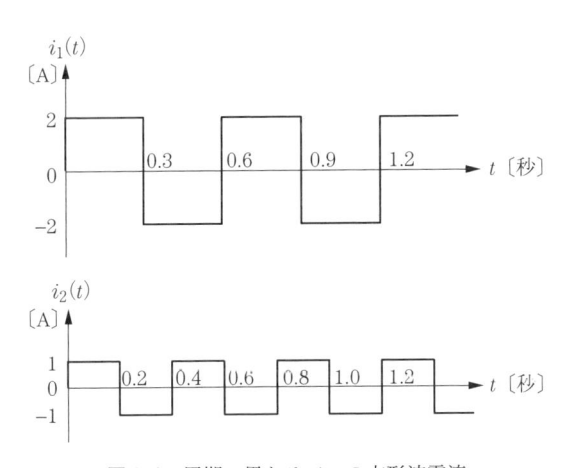

図 2.6 周期の異なる二つの方形波電流

【解答】 $i_1(t)$ と $i_2(t)$ を加えてみると, $i_1(t)+i_2(t)$ は図 2.7 に示されるように周期は 1.2 秒となる。したがって, 平均電力 P_a は

$$P_a = \frac{1}{1.2\,秒}(3^2 \times 0.2\,秒 + 1^2 \times 0.1\,秒 + 3^2 \times 0.1\,秒 + 1^2 \times 0.2\,秒$$
$$+ 1^2 \times 0.2\,秒 + 3^2 \times 0.1\,秒 + 1^2 \times 0.1\,秒 + 3^2 \times 0.2\,秒) = 5\,\text{W}$$

一方, $i_1(t)$ と $i_2(t)$ を別々の抵抗に流した場合の各平均電力 P_{a1}, P_{a2} を求めてみると, これらの周期はそれぞれ 0.6 秒, 0.4 秒であるから

$$P_{a1} = \frac{1}{0.6}(2^2 \times 0.3 + 2^2 \times 0.3) = \frac{2.4}{0.6} = 4\,\text{W}$$

12　2. 抵抗・コンダクタンス

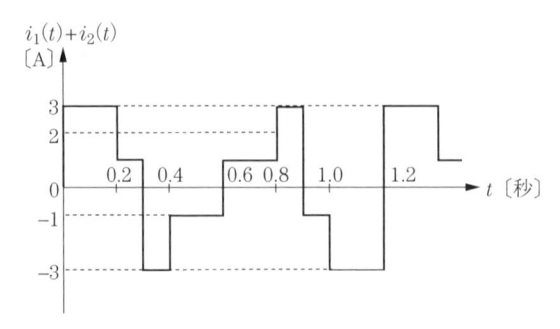

図 2.7　周期の異なる二つの方形波の合成波形

$$P_{a_2} = \frac{1}{0.4}(1^2 \times 0.2 + 1^2 \times 0.2) = \frac{0.4}{0.4} = 1\,\text{W}$$

よって，$P_{a_1} + P_{a_2} = P_a$ となる。このことは，周期の異なる二つの方形波電流を同時に抵抗に流した場合の平均電力は二つの方形波電流を別々に流したときの各平均電力の和になることを示している。しかし，$i_1(t)$ と $i_2(t)$ が同じ周期の場合には，一般に $P_{a_1} + P_{a_2}$ は P_a に等しくない。

例えば $i_2(t) = i_1(t)$ としてみると $i_1(t) + i_2(t)$ は大きさが 4 A の方形波となり，その平均電力は 16 W になるのに対して $P_{a_1} = P_{a_2} = 4$ W，$P_{a_1} + P_{a_2} = 8$ W となり $P_{a_1} + P_{a_2}$ は P_a に等しくない。また，$i_2(t) = -i_1(t)$ すなわち $i_1(t)$ を 0.3 秒ずらしたものを $i_2(t)$ とすると，$i_1(t) + i_2(t) = 0$ となり $P_a = 0$ となることからも $P_{a_1} + P_{a_2}$ は一般に P_a にならないことがわかる。◆

例題 2.2　図 2.8 に示すように同じ周期をもつ $i_1(t)$，$i_2(t)$，$i_3(t)$ を別々に 1 Ω の抵抗に流したとき，この抵抗で消費する平均電力 P_{a_1}，P_{a_2}，P_{a_3} を求め，さらに二つの電流 $i_1(t)$ と $i_2(t)$，$i_1(t)$ と $i_3(t)$ および $i_2(t)$ と $i_3(t)$ を同時に流した場合，この抵抗で消費する平均電力 $P_{a_{12}}$，$P_{a_{13}}$，$P_{a_{23}}$ を求めよ。

【解答】　$i_1(t)$，$i_2(t)$，$i_3(t)$ の電力はすべて 2 A の直流と同じであるから
$$P_{a_1} = P_{a_2} = P_{a_3} = 1 \times 2^2 = 4\,\text{W}$$
つぎに $i_1(t) + i_2(t)$，$i_1(t) + i_3(t)$，$i_2(t) + i_3(t)$ は図 2.9 に示されるから
$$P_{a_{12}} = \frac{1}{0.6}(4^2 \times 0.2 + 4^2 \times 0.2) = \frac{6.4}{0.6} = \frac{32}{3}\,\text{W}$$
$$P_{a_{13}} = \frac{1}{0.6}(4^2 \times 0.1 + 4^2 \times 0.1) = \frac{3.2}{0.6} = \frac{16}{3}\,\text{W}$$

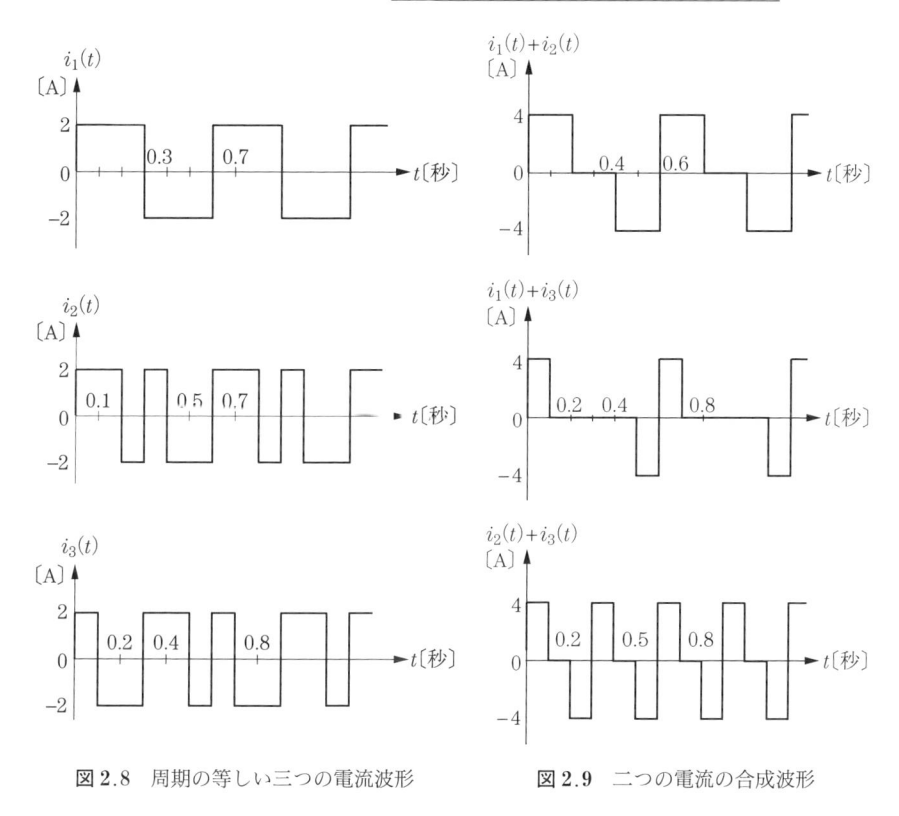

図 2.8　周期の等しい三つの電流波形　　図 2.9　二つの電流の合成波形

$$P_{a23} = \frac{1}{0.6}(4^2 \times 0.1 + 4^2 \times 0.1 + 4^2 \times 0.1 + 4^2 \times 0.1) = \frac{32}{3} \text{ W}$$

となり，いずれも $P_{a1}+P_{a2}$，$P_{a1}+P_{a3}$，$P_{a2}+P_{a3}$ は 8 W にはならない。　◆

2.3　抵抗・コンダクタンスの接続

2.3.1　抵抗・コンダクタンスの直列接続

図 2.10 に示すような接続を直列接続という。n 個の抵抗 R_1，R_2，…，R_n を直列に接続したときの全体の抵抗 R を求めてみよう。いま直列回路に何らかの方法で電流 I を流したとすると，R_1，R_2，…，R_n にはすべて電流 I が流れるから 1-1' 間の電圧 V はキルヒホッフの電圧則より

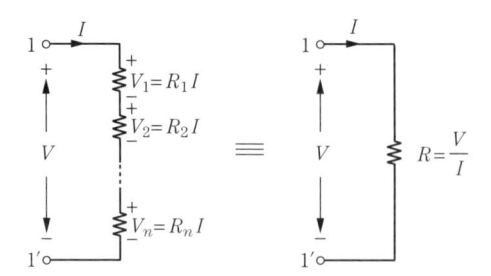

図 2.10 抵抗の直列接続

$$V = V_1 + V_2 + \cdots + V_n = R_1 I + R_2 I + \cdots + R_n I$$
$$= (R_1 + R_2 + \cdots + R_n) I$$

となる。抵抗の定義は V/I であるから全体の抵抗 R は

$$R = \frac{V}{I} = R_1 + R_2 + \cdots + R_n$$

が得られる。もし，抵抗の代わりにコンダクタンスで表現すると

$$R_1 = \frac{1}{G_1}, \ R_2 = \frac{1}{G_2}, \ \cdots, \ R_n = \frac{1}{G_n}, \ R = \frac{1}{G}$$

となり

$$\frac{1}{G} = \frac{1}{G_1} + \frac{1}{G_2} + \cdots + \frac{1}{G_n}$$

が得られる。

2.3.2 抵抗・コンダクタンスの並列接続

図 2.11 に示されるような接続を並列接続という。R_1，R_2，$\cdots$，R_n の抵抗を並列接続したときの全体の抵抗を R とする。いま 1-1′ 間に電圧 V を加えると，R_1，R_2，$\cdots$，R_n に流れる電流 I_1，I_2，$\cdots$，I_n は

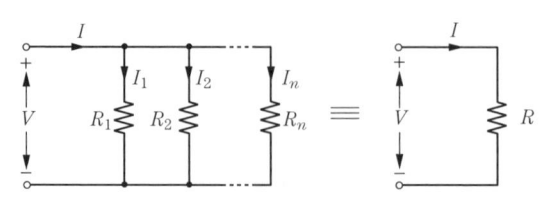

図 2.11 抵抗の並列接続

$$I_1 = \frac{V}{R_1}, \quad I_2 = \frac{V}{R_2}, \quad \cdots, \quad I_n = \frac{V}{R_n}$$

また，全体の電流 I はキルヒホッフの電流則より

$$I = I_1 + I_2 + \cdots + I_n = \left(\frac{V}{R_1} + \frac{V}{R_2} + \cdots + \frac{V}{R_n}\right)$$

$$= \left(\frac{1}{R_1} + \frac{1}{R_2} + \cdots + \frac{1}{R_n}\right)V$$

これより全体の抵抗を R とすると

$$I = \left(\frac{1}{R_1} + \frac{1}{R_2} + \cdots + \frac{1}{R_n}\right)V = \frac{V}{R}$$

したがって

$$\frac{1}{R} = \frac{1}{R_1} + \frac{1}{R_2} + \cdots + \frac{1}{R_n}$$

が得られる。コンダクタンスで表現すると

$$G = G_1 + G_2 + \cdots + G_n$$

となる。以上のことから直列接続の場合の全体の抵抗は各抵抗の総和であり，また並列接続の場合には全体のコンダクタンスは各コンダクタンスの総和で表される。

演 習 問 題

(1) R の抵抗に図 2.12 に示す形の電圧を加えた。R で消費する平均電力 P_a を求めよ。

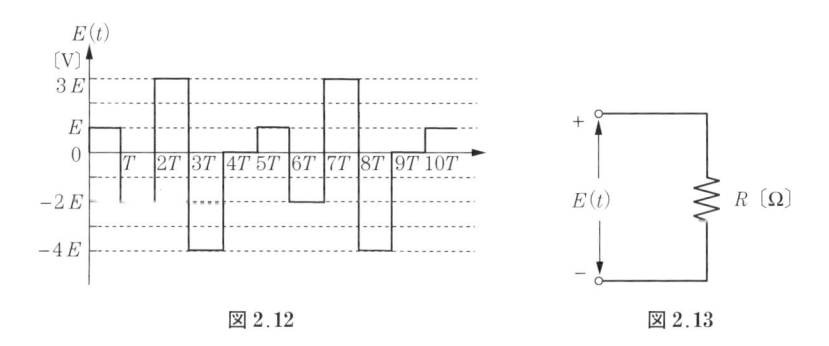

図 2.12

図 2.13

(2) 図2.13に示す回路において $E(t)=E_0+E_0\sin\omega t$ のとき，R で消費する電力を求めよ。

(3) 図2.14に示される波形の電圧 $v(t)$ を $R\,[\Omega]$ の抵抗に加えたとき，この抵抗で消費する平均電力を求めよ。

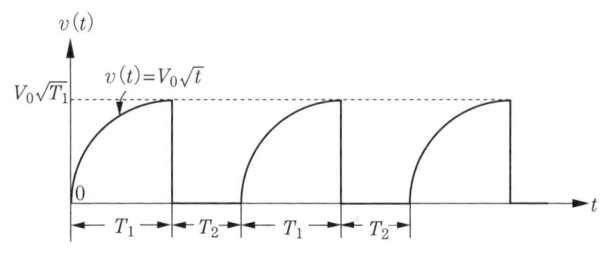

図2.14 電圧波形

(4) $v(t)=V_1\sin\omega_1 t+V_2\cos\omega_2 t$ $(\omega_1\neq\omega_2)$ なる電圧を $R\,[\Omega]$ の抵抗に加えたとき，R で消費する平均電力 P_a を求めよ。

(5) (a) 図2.15の回路の電流 I を求め，この回路で消費する電力を求めよ。
  (b) (A)の部分，(B)の部分で消費する電力を求めよ。

(6) (a) 図2.16の回路の電流 I を求めよ。
  (b) (A)の部分，(B)の部分で消費する電力を求めよ。

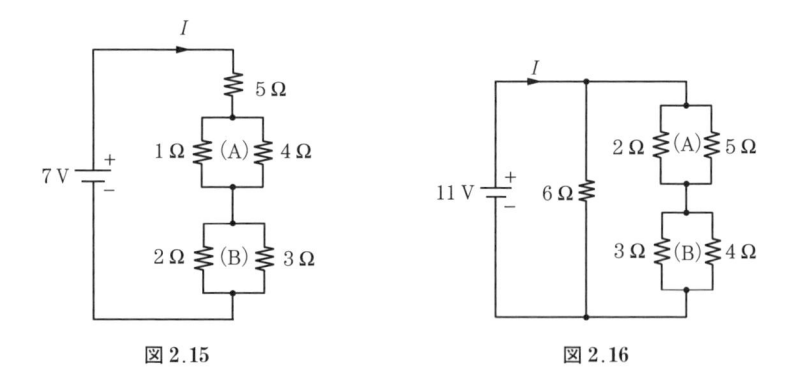

図2.15   図2.16

3

電　　　源

　電源として電圧源と電流源について解説し，理想的な電圧源あるいは電流源とはどのような性質をもっているかについて述べ，この二種類の電源の決め方，相互変換，接続法について，さらに電源から取り出すことのできる最大電力について説明する。

3.1　電　圧　源

　電源としてまず頭に浮かぶのは，乾電池，水銀電池，バッテリーなどであろう。電池に抵抗を接続して電流を流し，抵抗の値を減少させると抵抗に流れる電流は増加するが，電池の出力電圧は逆に減少する。電池をこのような性質をもつものとして取り扱うと大変面倒である。そこで，通常の電源を，出力電流に無関係で，かつ，ある一定の値の電圧を供給する理想電圧源とそれに直列に接続された抵抗でもって表すことにする。

　図 3.1(a) に出力電圧が時間的に変化しない直流電圧源，図 3.1(b) に出力電圧が時間的に変化する電圧源を示す。電圧源の場合，出力電圧を零にすると

　　　　（a）　直流電圧源　　　　（b）　時間的に変化する電圧源

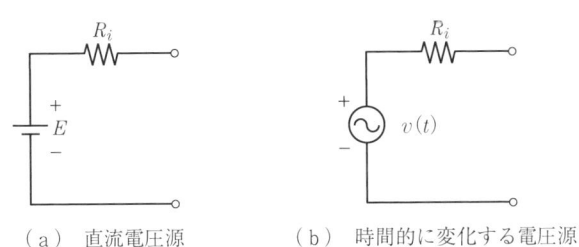

図 3.1　内部抵抗 R_i を含む電圧源

いうことは，理想電圧源を取り除いて短絡することを意味し，短絡除去と呼ばれる。

3.2 電　流　源

電気回路，特に電子回路について考える場合，電圧源と反対の性質をもった電流源を考えたほうが便利な場合が多い。理想電流源とは，接続する抵抗の値に無関係に，出力電流がある一定の値の電流を供給する電源である。

理想的な電流源については理解しにくい点があるが，以下のように考えれば理解しやすい。図 3.2 の電源回路において，I は

$$I = \frac{E}{R_i + R}$$

となるが，ここで $E = 10^6 \mathrm{V}$，$R_i = 10^8 \Omega$ とすると

$$I = \frac{10^6}{10^8 + R}$$

ここで，R を 0 から 100 Ω まで変えたとすると I は 0.01 A から 0.009 99 A ($\fallingdotseq 0.01$ A) となる。すなわち R が 0 から 100 Ω に対して，この電源はほとんど一定の出力電流 0.01 A が得られる。このように考えると電流源とは，外部に接続される抵抗に対してきわめて内部抵抗の大きい電圧源と考えてもよいことになる。

このことから，理想電流源の内部抵抗は無限大と考えることができる。現実

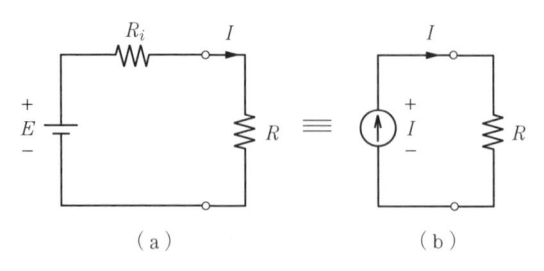

図 3.2　電流源の考え方

の電流源は，出力電流が一定になるように電圧源の大きさを自動的に変化させることによって容易に得られる。理想電流源は図3.2(b)に示すように丸の中に矢印をつけて表記し，矢印の方向は電流の向きを表す。

つぎに，電圧源の場合と同じように理想的でない電流源の内部抵抗について考えてみよう。理想電流源の内部抵抗は無限大であるので，電圧源の場合のように抵抗を直列に接続するのは無意味である。

したがって，図3.3に示すように，理想電流源と並列に抵抗 R_i を接続したもので理想的でない電流源を表すことにする。

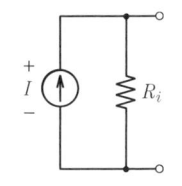

図3.3 理想的でない電流源

3.3 電源の決め方

図3.4に示すようにある電圧源があった場合，E と R_i を求めるためには何を測定すればよいであろうか。まず，1-1′間の開放電圧 V_0 を測定すればこれが E となり $E=V_0$ となる。つぎに 1-1′ 間を短絡したときの電流 I_s を測定すると $I_s=E/R_i$ であるから，これより $R_i=E/I_s=V_0/I_s$ となり，E と R_i は決定される。

図3.4 電圧源

図3.5 電流源

つぎに図3.5に示すように，ある電流源があったとき，1-1′間を短絡すると電流はすべて 1-1′ 間に流れ，R_i には流れない。したがって短絡電流 $I_s=I$ となる。つぎに開放電圧 V_0 を測定すると $V_0=R_i \cdot I$ であるから $R_i=V_0/I_s$ で表される。

以上のことから電圧源,電流源は開放電圧と短絡電流を測定すれば,すべて決定できることになる。このことをよく考えてみると,電圧源なのか電流源なのかわからない電源があったとすると,その開放電圧 V_0 と短絡電流 I_s を測定することにより,この電源は電圧源として表すこともできるし,また電流源としても表すことができることになる。

電圧源と電流源はまったく性質の異なったものであるが,理想的でない電源は電圧源で表してもよいし,電流源で表してもよいということはきわめて興味深い。したがって,理想的でない電圧源と電流源はたがいに変換が可能であることがわかる。電子回路では電流源を用いる場合が多い。

3.4 電源の変換

図 3.6 に示す内部抵抗 R_e をもつ電圧源と内部抵抗 R_i をもつ電流源にそれぞれ R を接続してみると,流れる電流 I_e と I_i はそれぞれ

$$I_e = \frac{E}{R_e + R}, \quad I_i = \frac{R_i \cdot I}{R_i + R}$$

となる。ここで R の値にかかわらず $I_e = I_i$ ならばこの二つの電源はまったく同じものと考えることができる。そのためには $R_e = R_i$, $E = R_i \cdot I$ であればよいことになる。

以上のことは,直列抵抗をもつ理想電圧源は,同じ値の並列抵抗をもつ理想電流源に変換できることを示している。

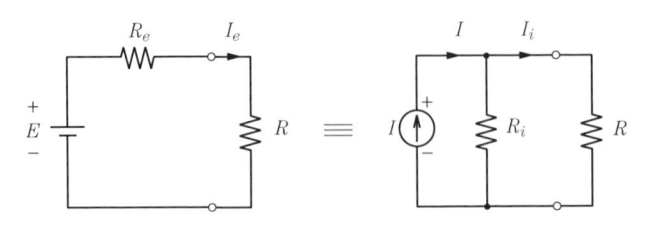

図 3.6 電圧源と電流源

例題 3.1　図 3.7 の電圧源を含む回路(a)を電流源を含む回路(b)に変換せよ。

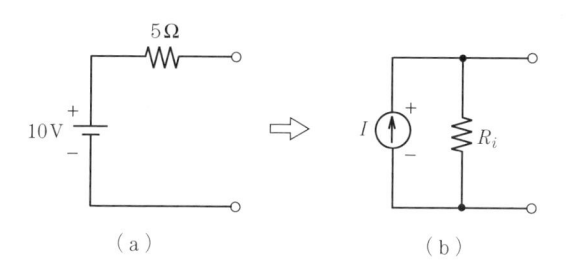

図 3.7　電圧源の変換

【解答】　すでに学んだように $R_i = 5\,\Omega$ であり，また $I = E/R_i = 10/5 = 2\,\text{A}$ となる。　◆

3.5　電 源 の 接 続

　図 3.8(a)に示すように，出力電圧が E_1, E_2 の理想電圧源を直列に接続したときには全体の出力電圧 E は $E = E_1 + E_2$ となる。図(b)に示すように並列接続した場合には，電源の定義から $E_1 = E_2$ のときのみ意味がある。もし $E_1 \neq E_2$ の場合には電圧の大きいほうから小さなほうに無限大の電流が流れることになり，不都合が生じる。

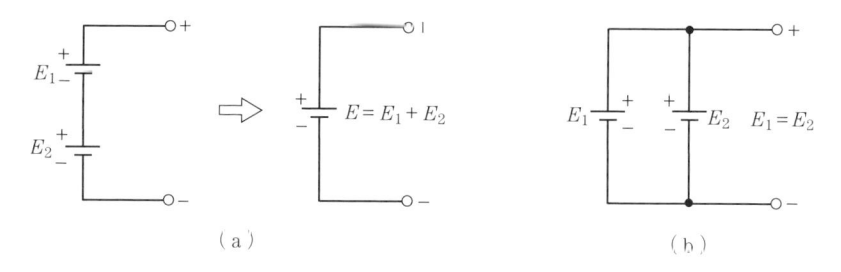

図 3.8　電圧源の変換

しかし，電源が内部抵抗をもつ場合には，例題3.2で示すように不都合は生じない。

図3.9(a)に示すように出力電流が I_1, I_2 の理想電流源を並列接続した場合には，全体の出力電流はキルヒホッフの電流則より出力電流 $I=I_1+I_2$ の理想電流源になる。二つの理想電流源を図(b)に示すように直列接続した場合には，定義より $I_1=I_2$ のときのみ意味があり，$I_1 \neq I_2$ のときには不都合が起る。二つの電流源が並列内部抵抗を含む場合には例題3.3で示すように不都合は起らない。

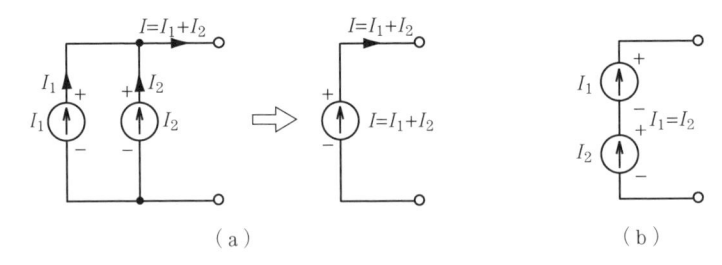

図3.9 電流源の変換

例題 3.2 図3.10(a)の回路を(b)の回路に変換せよ。

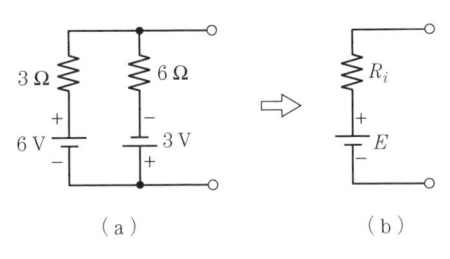

図3.10 電源回路

【解答】 図3.11(a)の回路の二つの電圧源を二つの電流源に変換すると図(b)となる。電流源の向きを考えながら一つの電流源とし，さらに電圧源に変換すると図(d)のようになり $R=2\,\Omega$，$E=3\,\mathrm{V}$ となる。◆

3.5 電源の接続

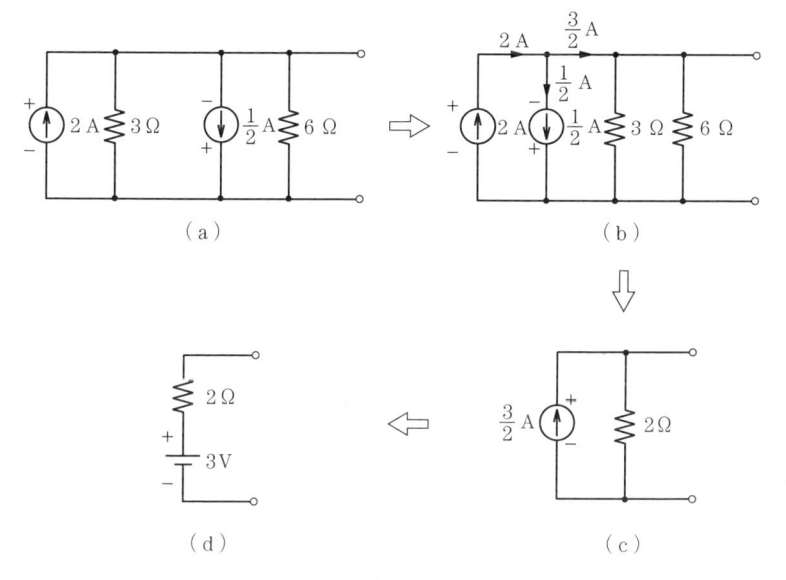

図 3.11 電源回路の変換

例題 3.3 図 3.12 (a) の電源回路を (b) の電源回路に変換せよ。

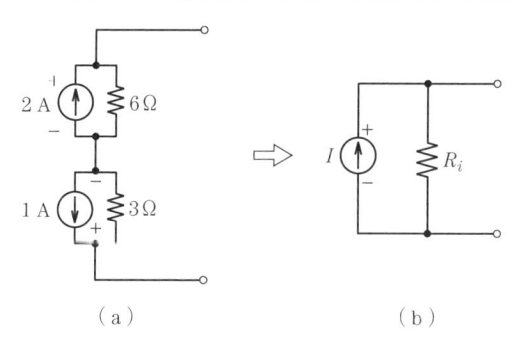

図 3.12 電 源 回 路

【解答】 図 3.12 (a) の回路の二つの電流源を二つの電圧源に変換すると**図 3.13** (a) に示す二つの電圧源を含む回路となり, 変換を繰り返して図 (c) の回路となるので $R_i = 9\,\Omega$, $I = 1\,\text{A}$ となる。 ◆

(a) (b) (c)

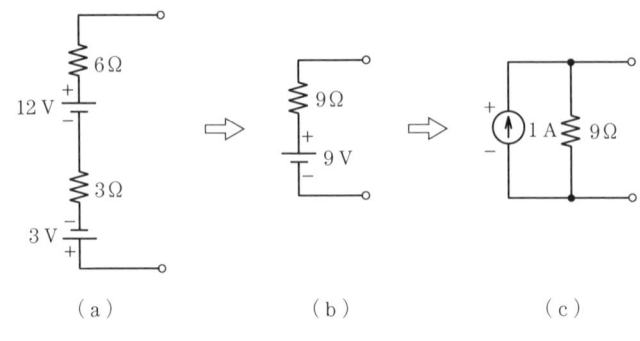

図 3.13 電源回路の変換

3.6 電源の最大供給電力

図 3.14 に示すように内部抵抗 R_i,電圧 E の電源回路に抵抗 R を接続したとき,R で消費する電力 P を求めてみる。R に流れる電流 I は

$$I = \frac{E}{R_i + R}$$

R で消費する電力 P は

$$P = R \cdot I^2 = R \cdot \frac{E^2}{(R_i + R)^2}$$

となる。ここで R が何 Ω のときに P が最大となるか調べてみる。上式を書き替えると

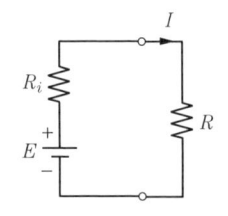

図 3.14 負荷抵抗 R を接続した電源

$$P = \frac{RE^2}{R_i^2 + R^2 + 2R_i R} = \frac{RE^2}{R_i^2 - 2R_i R + R^2 + 4R_i R}$$

$$= \frac{RE^2}{(R_i - R)^2 + 4R_i R}$$

分母,分子を R で割ると

$$P = \frac{E^2}{\dfrac{(R_i - R)^2}{R} + 4R_i}$$

いま R_i は与えられているので，P が最大になるためには $(R_i-R)^2/R$ が最小になればよい。これは $(R_i-R)^2/R=0$ のとき，すなわち $R=R_i$ のときである。したがって，このとき P は

$$P=\frac{E^2}{4R_i} \,[\text{W}]$$

となる。

例題 3.4 図 3.15 に示す内部抵抗 R_i の電流源回路に R を接続したとき，R で消費する電力 P が最大となるための R の値と，そのときの P を求めよ。

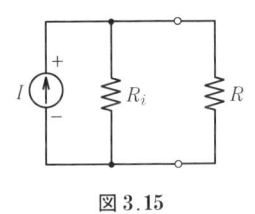

図 3.15

【解答】 図 3.15 の電源回路を電圧源の回路に変換すれば $R=R_i$ のとき P が最大になることは明らかであるが，ここでは抵抗の代わりにコンダクタンスで表して検討してみる。$G_i=1/R_i$，$G=1/R$ とすると図 3.15 の回路は図 3.16(a) の回路となり，$(G_i+G)V=I$ より

$$V=\frac{I}{G_i+G}$$

また G で消費する電力 P は

$$P=GV^2=\frac{GI^2}{(G_i+G)^2}=\frac{GI^2}{(G_i-G)^2+4G_iG}$$

$$=\frac{I^2}{\dfrac{(G_i-G)^2}{G}+4G_i}$$

P が最大となるのは $G=G_i$ のときであり，そのとき P は

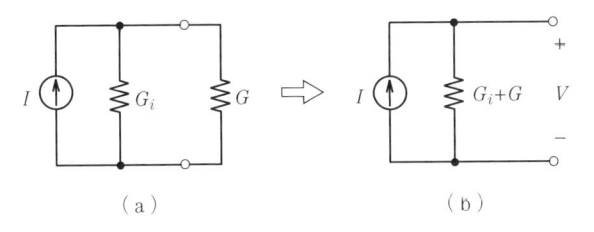

(a)　　　　　　　(b)

図 3.16　電　源　回　路

$$P = \frac{I^2}{4G_i} = \frac{R_t I^2}{4} \ \text{[W]}$$

となる。

演 習 問 題

（1） 図 3.17 に示す電源回路を，単一の電流源または電圧源を含む回路に変換せよ。また，1-1′間に抵抗 R を接続したとき，R で消費する電力が最大となるための R の値とそのときの消費電力を求めよ。

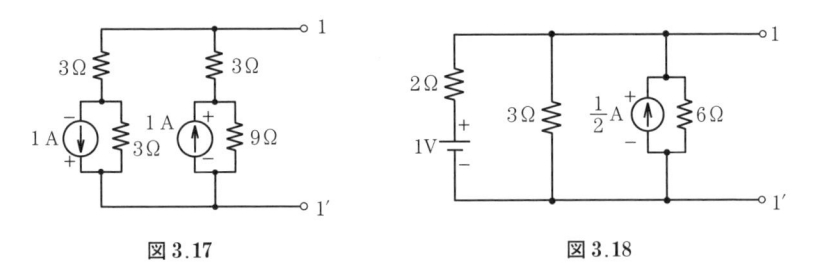

図 3.17

図 3.18

（2） 図 3.18 に示す電源を含む回路を単一の電流源を含む回路に変換し，さらに電圧源を含む回路に変換せよ。

（3） 図 3.19 に示す回路を単一の電流源を含む回路に変換し，さらに単一の電圧源を含む回路を変換せよ。

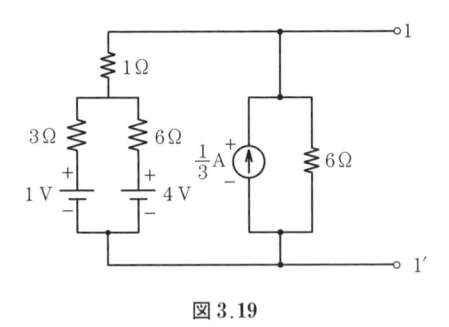

図 3.19

4
回路方程式

電気回路を解析する場合には,電流を変数にとるか,あるいは電圧を変数にとるかによって方程式の数や形が異なることを述べ,また方程式を行列で表現した場合の行列の形式的な作り方などについて説明する。

4.1 グラフ理論の基本的概念

すでに,節点に関するキルヒホッフの電流則や閉路に関する電圧則について学んできたが,回路が複雑になってくると,もう少し一般的な考え方をする必要がある。そこでグラフに関する基本的な考え方が必要になってくる。いま回路は n 個の節点と b 本の枝から構成されているものとする。

木:すべての節点を含み,かつ閉路がないように枝で連結されたグラフを元のグラフの**木**(tree)という。したがって,一つのグラフに対していくつかの木を選ぶことができる。例として**図 4.1(a)**に示されるグラフについて考えてみると図(b)に示されるように,いくつかの木ができる。ある節点から出発して枝を付け加えるごとに木に含まれる節点が1個ずつ増えるが,同じ節点を二度辿ることはないので,木を構成している枝(木枝)の数は $n-1$ 本となる。

補木:元のグラフから木枝を取り除いた残りの枝を**補木**(co-tree)というが,**リンク**(link)と呼ばれることもある。したがって補木枝の数は $b-(n-1)=b-n+1$ 本となる。

木の作り方からみて,すべての補木枝の電圧は木枝電圧の組合せで表すこと

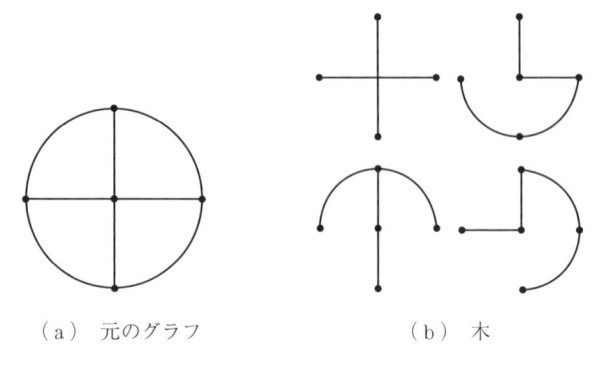

28　4. 回 路 方 程 式

(a) 元のグラフ　　　　(b) 木

図4.1　木　の　例

ができる。例えば，図4.2に示すように $V_{ae}=V_{ab}+V_{be}$, $V_{bc}=V_{be}+V_{ce}$ のようである。また，木に補木を1本付け加えるごとに閉路が一つできることから，木枝電流は補木枝電流の組合せで表すことができる。また，すべての木枝電圧がわかれば，すべての枝の電圧がわかるので，回路の状態はこれらの木枝電圧で表すことができ，また補木枝電流がわかればすべての枝の電流がわかることはいうまでもない。以上のことから，木枝電圧あるいは補木枝電流がわかれば回路の状態はすべてわかることになる。

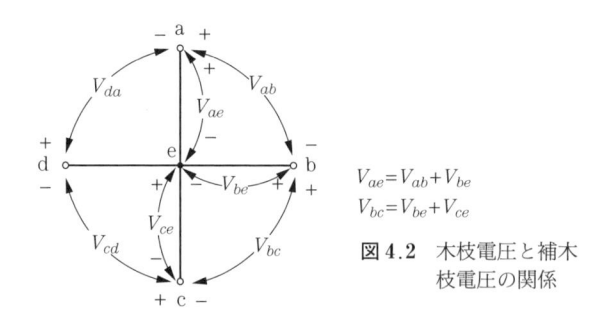

$V_{ae}=V_{ab}+V_{be}$
$V_{bc}=V_{be}+V_{ce}$

図4.2　木枝電圧と補木
　　　　枝電圧の関係

回路解析にあたっては，木枝電圧または補木枝電流を変数にとればよいことがわかったが，木枝電圧を変数にすると $n-1$ 個の変数，補木枝電流を変数とする場合には $b-n+1$ 個の変数が必要となることは明らかであるが，同じ回路であっても n と b の値によっては変数の数が異なってくるのは興味深い。

例題 4.1 図 4.3 に示すグラフにおいて，木枝電圧あるいは補木枝電流を変数とした場合の変数の数を求めよ。

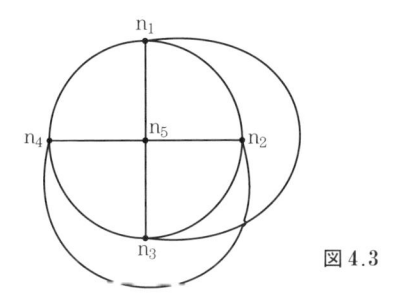

図 4.3

【解答】 節点数 $n=5$，枝数 $b=10$ であるから，独立な木枝電圧数 $= n-1 = 4$，独立な補木枝電流数 $= b-n+1 = 10-5+1 = 6$ となり，同じグラフ（回路）でも変数のとり方によってその数が異なってくることは興味深い。 ◆

4.2 節点方程式

4.1 節では，変数を電圧にするか電流にするかによって変数の数が異なる場合があることを示したが，本節では変数を電圧とした場合の方程式の立て方について述べる。この場合，電圧源は3章で示したようにすべて電流源に変換されているものとする。

図 4.4 の回路において節点 n_1，n_2，n_3，n_4 についてキルヒホッフの電流則を適用すると，すでに1章で説明したように4個の節点のうち，いずれか3個の節点について方程式を作ればよい。

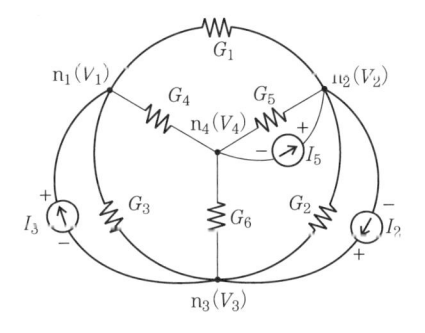

図 4.4 4 個の節点をもつ回路

いま，節点 n_1，n_2，n_3 の電位を V_1，V_2，V_3 とし，n_4 の電位を基準（0 V）として考えてみる。もちろん基準点として n_4 以外を選んでもよい。ここで，節点 n_1，n_2，n_3 に対してキルヒホッフの電流則を適用してみる。G_1 を通して

n_1 から n_2 に流出する電流は $G_1(V_1-V_2)$、G_3 を通じて n_1 から n_3 に流出する電流は $G_3(V_1-V_3)$、また $V_4=0$ であるから G_4 を通して流出する電流は G_4V_4 となり、また n_1 に電流源 I_3 が流れ込むことを考えると、n_1 から流出する電流は電流源の方向を考えると

$$n_1: G_1(V_1-V_2)+G_3(V_1-V_3)+G_4V_1-I_3=0$$

また、n_2 に対しては

$$G_1(V_2-V_1)+G_2(V_2-V_3)+G_5V_2-I_5+I_2=0$$

また、n_3 に対しては

$$G_2(V_3-V_2)+G_3(V_3-V_1)+G_6V_3-I_2+I_3=0$$

が得られる。これらの三つの式の電流源の項を右辺に移項して整理すると

$$(G_1+G_3+G_4)V_1-G_1V_2-G_3V_3=I_3$$
$$-G_1V_1+(G_1+G_2+G_5)V_2-G_2V_3=-I_2+I_5$$
$$-G_3V_1-G_2V_2+(G_2+G_3+G_6)V_3=I_2-I_3$$

これを行列の形に書き直すと、次式となる。

$$\begin{bmatrix} G_1+G_3+G_4 & -G_1 & -G_3 \\ -G_1 & G_1+G_2+G_5 & -G_2 \\ -G_3 & -G_2 & G_2+G_3+G_6 \end{bmatrix}\begin{bmatrix} V_1 \\ V_2 \\ V_3 \end{bmatrix}=\begin{bmatrix} I_3 \\ -I_2+I_5 \\ I_2-I_3 \end{bmatrix}$$

左辺の係数行列は対称行列となっており、1行1列の要素は n_1 に接続されているコンダクタンス G_1、G_3、G_4 の総和、2行2列の要素は n_2 に接続されているコンダクタンスの総和、3行3列の要素は n_3 に接続されているコンダクタンスの総和となっている。

また、1行2列および2行1列の要素は n_1 と n_2 の間に接続されているコンダクタンス G_1 に負符号を付けたものであり、同様に1行3列および3行1列の要素は n_1 と n_3 の間に接続されているコンダクタンス G_3 に負符号を付けたものであり、また、2行3列および3行2列の要素は n_2 と n_3 の間に接続されているコンダクタンス G_2 に負符号を付けたものである。

さらに右辺はそれぞれ n_1、n_2、n_3 に流入する電流源の総和となっている。

例題 4.2　図 4.5 の回路で V_1, V_2, V_3, V_4 に関する節点電圧方程式を行列の形で表せ。

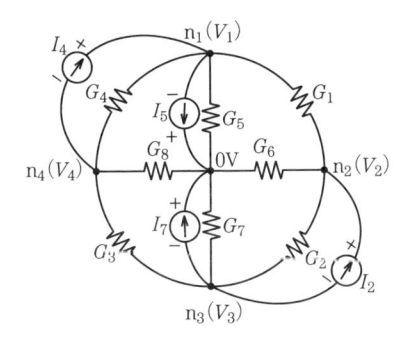

図 4.5　5 個の節点をもつ回路

【解答】　節点電圧方程式は行列の形で表すと, n_1 と n_3, n_2 と n_4 の間は直接コンダクタンスで接続されていないので, G_{13}, G_{31}, G_{24}, G_{42} は零となり

$$\begin{bmatrix} G_1+G_4+G_5 & -G_1 & 0 & -G_4 \\ -G_1 & G_1+G_2+G_6 & -G_2 & 0 \\ 0 & -G_2 & G_2+G_3+G_7 & -G_3 \\ -G_4 & 0 & -G_3 & G_3+G_4+G_8 \end{bmatrix} \begin{bmatrix} V_1 \\ V_2 \\ V_3 \\ V_4 \end{bmatrix} = \begin{bmatrix} I_4-I_5 \\ I_2 \\ -I_2-I_7 \\ -I_4 \end{bmatrix}$$

となる。　◆

4.3　網路方程式

図 4.6 に示すように閉路で, その中に他の閉路を含まないような閉路を**網路**という。すなわち最小の閉路を網路という。回路のグラフが平面上において他の枝と交差しないように描けるならばこのグラフは**平面グラフ**と呼ばれる。回路が平面グラフならば網路は一意的に定めることができる。この場合, 各枝に流れる電流はすべて網路電流の組合せで表すことができる。

例として図 4.7 に示すような三つの網路をもつ回路について考える。すべての網路を時計回りとし, また電源はすべて電圧源に変換してあるものとする。枝の数 $b=6$, 節点数 $n=4$ であるので独立な変数は 3 である。網路 m_1, m_2,

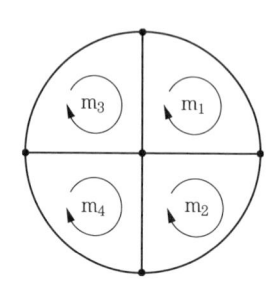

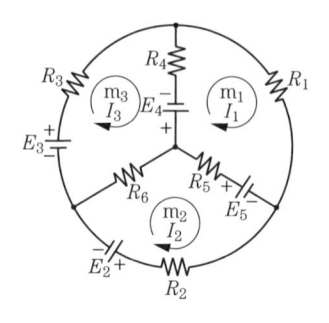

図 4.6 網路の例　　　　**図 4.7** 三つの網路をもつ回路

m_3 に沿った三つの電流 I_1, I_2, I_3 について方程式を立ててみる。R_1, R_2, R_3 にはそれぞれ I_1, I_2, I_3 のみが流れており、また R_4 には m_1 に沿って I_1-I_3 が流れているので、キルヒホッフの電圧則より

$$R_1 I_1 - E_5 + R_5(I_1 - I_2) + E_4 + R_4(I_1 - I_3) = 0$$

同様にして m_2 に沿って

$$R_5(I_2 - I_1) + E_5 + R_2 I_2 + E_2 + R_6(I_2 - I_3) = 0$$

また m_3 に沿って

$$R_6(I_3 - I_2) - E_3 + R_3 I_3 + R_4(I_3 - I_1) - E_4 = 0$$

となり、これらを行列の形で表現すると

$$\begin{bmatrix} R_1+R_4+R_5 & -R_5 & -R_4 \\ -R_5 & R_2+R_5+R_6 & -R_6 \\ -R_4 & -R_6 & R_3+R_4+R_6 \end{bmatrix} \begin{bmatrix} I_1 \\ I_2 \\ I_3 \end{bmatrix} = \begin{bmatrix} -E_4+E_5 \\ -E_2-E_5 \\ E_3+E_4 \end{bmatrix}$$

となり、左辺の行列をみると 1 行 1 列、2 行 2 列、および 3 行 3 列の要素は、それぞれ m_1, m_2, m_3 に含まれる抵抗の総和 $R_1+R_4+R_5$, $R_2+R_5+R_6$, $R_3+R_4+R_6$ となっており、また 1 行 2 列、2 行 1 列の要素は m_1 と m_2 に共通に含まれる抵抗 R_5 に負符号を付けたもの、2 行 3 列、3 行 2 列の要素は m_2 と m_3 に共通に含まれる抵抗 R_6 に負符号を付けたもの、1 行 3 列、3 行 1 列の要素は m_1 と m_3 に共通に含まれる抵抗 R_4 に負符号を付けたものとなっており、節点方程式の場合と同じように対称行列となっている。

また、右辺は各網路に含まれる電圧源の代数和に負符号を付けたものとなっ

ている．回路が複雑になっても網路方程式の作り方は変わらず，形式的に方程式を作ることができる．以上のことを節点方程式の作り方と比較してみるとまったく同じである．これらのことを表にしてみるとつぎのような対応があることがわかる．

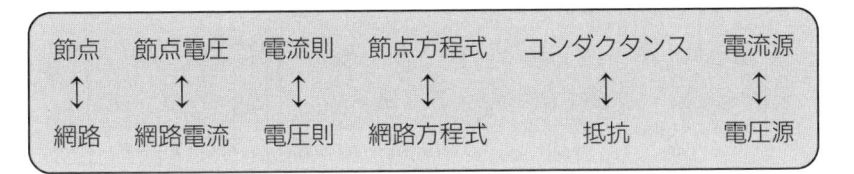

節点	節点電圧	電流則	節点方程式	コンダクタンス	電流源
↕	↕	↕	↕	↕	↕
網路	網路電流	電圧則	網路方程式	抵抗	電圧源

節点方程式と網路方程式がまったく等しいとき，この二つの回路はたがいに**双対**（dual）であるという．

4.4 閉 路 方 程 式

節点方程式と網路方程式はまったく同じ形をしていることは前の二つの節からわかったが，回路が平面でない場合には網路を選ぶことができず，網路方程式が作れない．そこで**閉路方程式**の導入が必要となる．回路が平面でない場合でも閉路方程式を作ることができる．

図4.8の回路を例にとって考える．この場合，平面回路であるが，方程式の作り方はまったく同じである．枝数は6，節点数は4であるから，閉路数は $6-4+1=3$ である．図のように閉路電流をとりキルヒホッフの電圧則を時計回りに適用すると，R_1 には I_1+I_3，R_2 には I_2，R_3 には I_3，R_4 には I_1，R_5 には $I_1-I_2+I_3$，R_6 には I_2-I_3 が流れるので，l_1, l_2, l_3 に電圧則を適用すると l_1 については

$$-E_4+R_4I_1+R_1(I_1+I_3)+R_5(I_1+I_3-I_2)=0$$

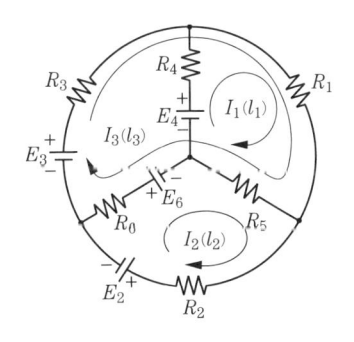

図4.8 三つの閉路をもつ回路

I_2 については

$$R_2I_2+E_2+R_6(I_2-I_3)+E_6+R_5(-I_1-I_3+I_2)=0$$

I_3 については

$$-E_3+R_3I_3+R_1(I_1+I_3)+R_5(I_1+I_3-I_2)-E_6+R_6(I_3-I_2)=0$$

となる．これを行列の形で表すと

$$\begin{bmatrix} R_1+R_4+R_5 & -R_5 & R_1+R_5 \\ -R_5 & R_2+R_5+R_6 & -R_5-R_6 \\ R_1+R_5 & -R_5-R_6 & R_1+R_3+R_5+R_6 \end{bmatrix} \begin{bmatrix} I_1 \\ I_2 \\ I_3 \end{bmatrix} = \begin{bmatrix} E_4 \\ -E_2-E_6 \\ E_3+E_6 \end{bmatrix}$$

となり，左辺の抵抗行列は対称であり 1 行 1 列，2 行 2 列，3 行 3 列の要素はそれぞれ I_1, I_2, I_3 に含まれる抵抗の総和であり，1 行 2 列，2 行 1 列の要素は I_1 と I_2 が共通に流れる抵抗の値の総和に I_1 と I_2 が同じ向きなら正符号，逆ならば負符号を付けたものであり，1 行 3 列，3 行 1 列も同様に I_1 と I_3 が共通して流れる抵抗の値の総和に I_1 と I_3 が同じ向きなら正符号，逆ならば負符号を付ければよい．

また右辺は各閉路 I_1, I_2, I_3 に含まれる電圧源に負符号を付けたものとなるので，閉路と閉路電流を決めれば回路の行列方程式は形式的に求められることになる．節点方程式と網路方程式のように，閉路方程式に対応するものとしてカットセット方程式があるが，もう少し高度のグラフの考え方が必要であるのでここでは述べない．

演 習 問 題

（1）図 4.9 に示す回路の節点電圧方程式を求め，つぎに行列の形で示せ．
（2）図 4.10 に示す回路で I_1, I_2, I_3, I_4 に関する網路方程式を求め，行列の形で示せ．
（3）図 4.11 に示す回路で I_1, I_2, I_3 に関する閉路方程式を求め，行列の形で示せ．
（4）図 4.12 に示す回路の節点方程式を求め，つぎに V_1, V_2 を求めよ．
（5）図 4.13 に示す回路の網路方程式を行列の形で示し，つぎに I_1, I_2, I_3 を求めよ．
（6）図 4.14 に示す回路で I_1, I_2, I_3 に関する閉路方程式を求め，行列の形で示し，

図 4.9

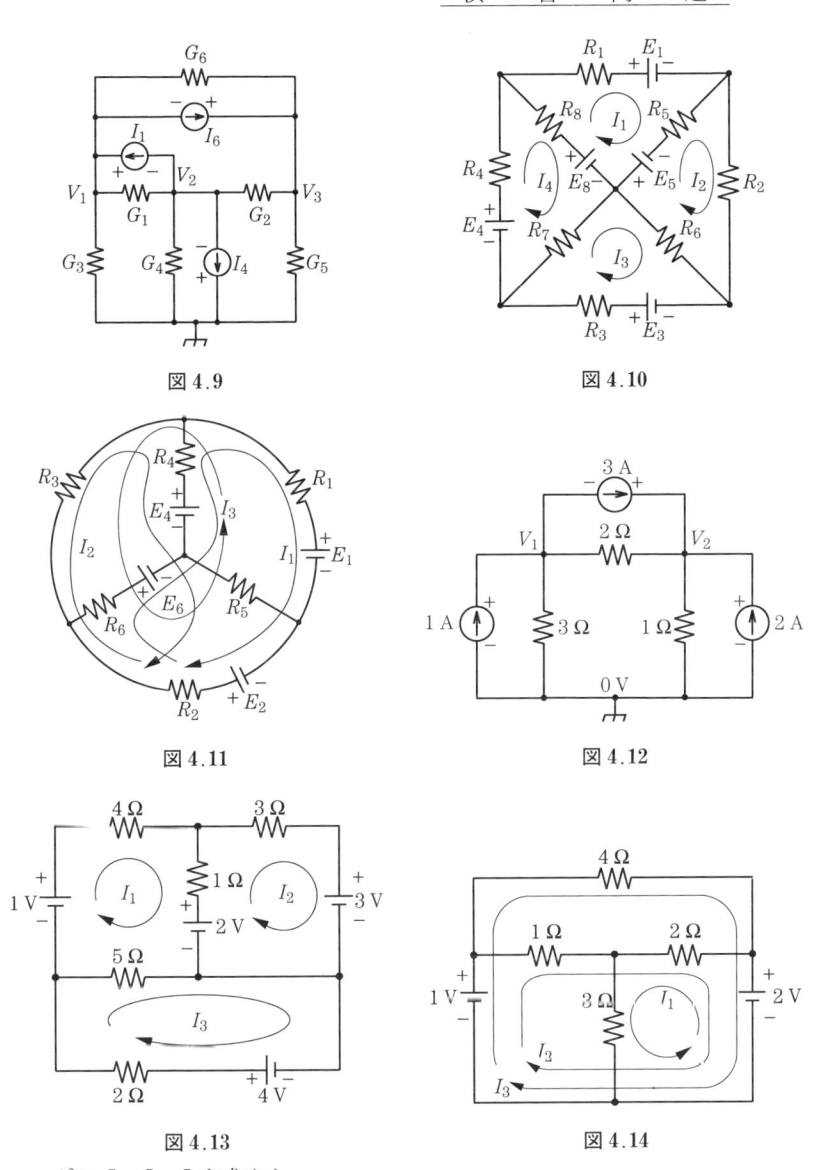

図 4.10

図 4.11

図 4.12

図 4.13

図 4.14

つぎに I_1, I_2, I_3 を求めよ.

(7) すべての節点が枝で結ばれているようなグラフを完全グラフと呼ぶ. 節点総数が 8 の完全グラフで示される回路の, 節点電圧の方程式と閉路電流の方程式の数はそれぞれいくつか.

5

回路における諸定理

電気回路における重要な定理として，重ねの理，テブナンおよびノートンの定理，相反定理の三つをあげて述べ，これらの定理はきわめて一般性があり，回路を取り扱う場合，非常に有効な定理であることを説明している。

5.1 重 ね の 理

4章では回路方程式を立てるためのいくつかの方法を学んだ。本章では多くの電圧源や電流源を含む回路の枝電流や枝電圧が，電源とどのような関係にあるかについて述べる。**図 5.1** に示す回路の網路方程式は

$$\begin{cases} R_1 I_1 + R_2(I_1 - I_2) + E_2 - E_1 = 0 \\ R_2(I_2 - I_1) + R_3 I_2 - E_3 - E_2 = 0 \end{cases}$$

これを書き替えると

$$\begin{cases} (R_1 + R_2) I_1 - R_2 I_2 = E_1 - E_2 \\ -R_2 I_1 + (R_2 + R_3) I_2 = E_2 + E_3 \end{cases}$$

これより I_1 を求めると

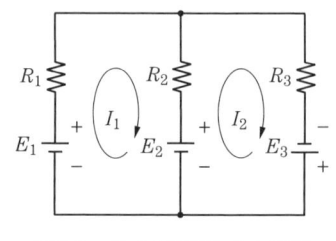

図 5.1 多くの電源を含む回路

$$I_1 = \frac{1}{(R_1 + R_2)(R_2 + R_3) - R_2^2} \{(E_1 - E_2)(R_2 + R_3) + R_2(E_2 + E_3)\}$$

$$= \frac{1}{R_1 R_2 + R_2 R_3 + R_3 R_1} \{(R_2 + R_3) E_1 - R_3 E_2 + R_2 E_3\}$$

となり，E_1, E_2, E_3 を含む項に分けられる。したがって，I_1 を求めるためには $E_2 = 0$, $E_3 = 0$ のときの I_1 と，つぎに $E_1 = 0$, $E_3 = 0$ のときの I_1, さらに $E_1 = 0$, $E_2 = 0$ のときの I_1 を合計したものを求めればよいことがわかる。すな

わち回路のある部分の電流を求めるには E_1 だけがあるときの電流，E_2 だけがあるときの電流，E_3 だけがあるときの電流を合計すればよいことがわかる。これを**重ねの理**といい，線形回路の特徴である。

この例では電圧源のみを含む場合を示したが，電流源を含む場合にも重ねの理は成立する。この場合，電流源をなくするということは電流源の部分を開放することであることを注意されたい。

例題 5.1 図 5.2(a) に示す回路の I を重ねの理を用いて求めよ。

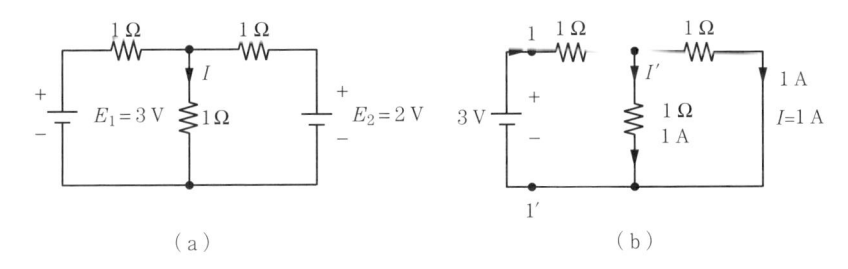

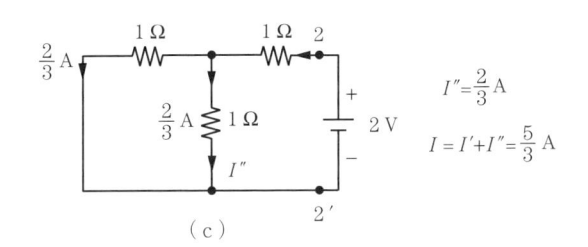

図 5.2 重ねの理の例 1

【**解答**】 まず，$E_2=0$ として図 5.2(b) の I' を求めてみる。1-1′ から右をみた抵抗は $1.5\,\Omega$ であるから，1-1′ から流れ出る電流は $2\,\mathrm{A}$ である。したがって I' はその半分の $1\,\mathrm{A}$ である。つぎに図 (c) について考える。2-2′ から左をみた抵抗は $1.5\,\Omega$ であり，2-2′ から流れ出る電流は $2\,\mathrm{V}/1.5\,\Omega=4/3\,\mathrm{A}$，$I''$ はその半分の $2/3\,\mathrm{A}$ である。したがって

$$I = 1 + \frac{2}{3} = \frac{5}{3}\,\mathrm{A}$$

となる。

例題 5.2 図 5.3(a)に示す回路の電流 I を重ねの理を用いて求めよ。

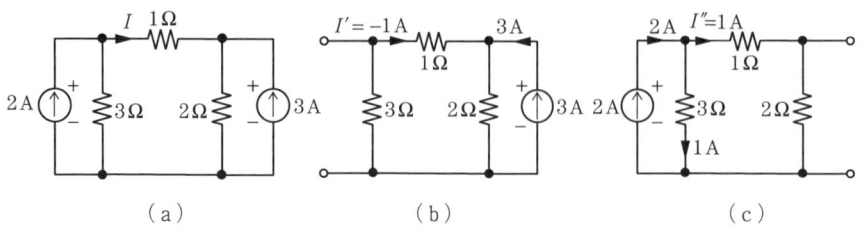

図 5.3 重ねの理の例 2

【解答】 まず，2 A の電流源を取り除いてみると図 5.3(b)の I' は 3 A を 2 : 4 に分けることになり $I' = -1$ A，つぎに 3 A の電流源を取り除くと図(c)のようになり，電流源 2 A は 1 A ずつに分けられ $I'' = 1$ A，したがって $I = I' + I''$ となり $I = -1 + 1 = 0$ A となる。このことは，二つの電流源を電圧源に変換して考えれば両電源とも 6 V の電圧源となり，$I = 0$ となることから確かめられる。　◆

5.2 テブナンの定理とノートンの定理

テブナンの定理とノートンの定理は電気回路論上きわめて有用な定理であり，電気回路を解析するうえできわめて重要である。この定理は**テブナン**(Thevenin)よりも約 30 年前に**ヘルムホルツ**(Helmholtz)が発表しており，理由ははっきりしないがこのことは当時知られておらず，テブナンの名が付いている。本来ならばヘルムホルツの定理というべきであろう。

図 5.4(a)に示す電源を含む回路で端子対 1-1' 間の電圧が V であり，また 1-1' から回路をみた抵抗が R_i であるとする。いま 1-1' 間に図(b)に示すよう

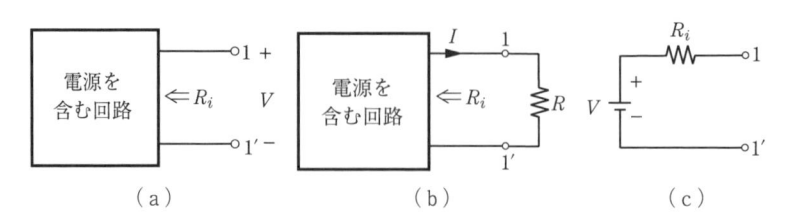

図 5.4 電源を含む回路

5.2 テブナンの定理とノートンの定理

に抵抗 R を接続したとき R に流れる電流 I は

$$I = \frac{V}{R_i + R}$$

で表される。これが**テブナンの定理**（Thevenin's theorem）である。

 すなわち図5.4(a)の回路は図(c)の回路に置き換えられることになる。すでに4章で複数の電源を含む回路は単一の電圧源または電流源に変換されることを学んだが，このことを一般的に表したのがテブナンの定理である。

 これを証明するために，まず図5.5(a)に示すように1-1'間に抵抗 R と電圧源 V を接続してみる。図5.4(a)に示すように1-1'間を開放したときの1-1'間の電圧は V であり，付加した電圧源も V であるから電流 I' は零となる。つぎに図5.5(b)に示すように電源回路の中の電源をすべて零（電圧源は除去し短絡，電流源は除去して開放）にしたときの電流 I'' は，左側の回路の抵抗は R_i であるので

$$I'' = -\frac{V}{R_i + R}$$

となる。つぎに図5.5(a)において付加した電圧源 V のみを零にすると，図(c)に示すように元の回路となる。このときの電流を I とおくと，重ねの理より

$$I' = I'' + I = -\frac{V}{R_i + R} + I$$

となり，$I' = 0$ から

$$I = \frac{V}{R_i + R}$$

が得られ，テブナンの定理が証明される。

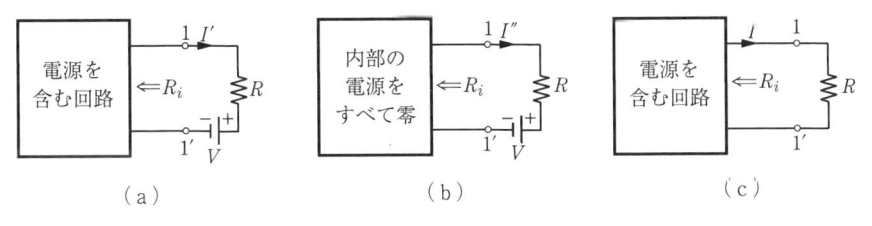

図5.5 テブナンの定理の証明

例題5.3 図5.6の回路をテブナンの定理を用いて単一の電圧源および電流源に変換し，この電源回路で供給できる最大電力を求めよ。

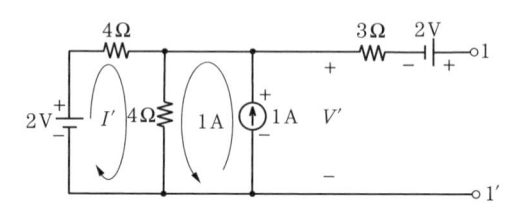

図5.6 テブナンの定理の例1

【解答】　まず，図5.6において1-1′から左をみた内部抵抗 R_i は電圧源を短絡，電流源を開放にすると

$$R_i = 3 + \frac{1}{\frac{1}{4}+\frac{1}{4}} = 3+2 = 5\,\Omega$$

つぎに 1-1′ 間の電圧を求めるために図に示す I' を求める。

$$4I' + 4(I'+1) - 2 = 0\,\text{V}$$

これより

$$8I' = -2$$

より

$$I' = -\frac{1}{4}\,\text{A}$$

したがって

$$V = 4\,\Omega \times \frac{1}{4}\,\text{A} + 2\,\text{V} = 3$$

または，$V' = 4\,\Omega(I'+1) = 4\left(-\frac{1}{4}+1\right) = 3\,\text{V}$

これより 1-1′ 間の電圧は**図5.7**(a)に示すように $3\,\text{V}+2\,\text{V}=5\,\text{V}$ となり，またこれを電流源に変換すると図(b)のようになる。以上のことからわかるように，テブナンの定理を用いるよりも電圧源と電流源の変換を繰り返したほうが簡単な場合が多い。各自試してみよ。

つぎにこの電源が供給する最大電力 P_m は負荷抵抗が $5\,\Omega$ のときであるから

$$P_m = RI^2 = 5\,\Omega \times \left(\frac{5\,\text{V}}{5\,\Omega+5\,\Omega}\right)^2 = 5 \times \left(\frac{1}{2}\right)^2 = \frac{5}{4}\,\text{W}$$

が得られる。　◆

(a)

(b)

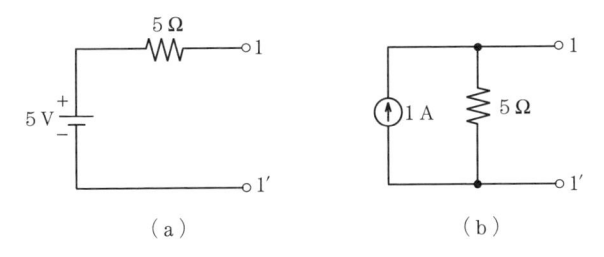

図5.7 テブナンの定理の例2

例題5.4 図5.8(a)に示す回路で，5Ωの抵抗に流れる電流Iをテブナンの定理を用いて計算せよ。

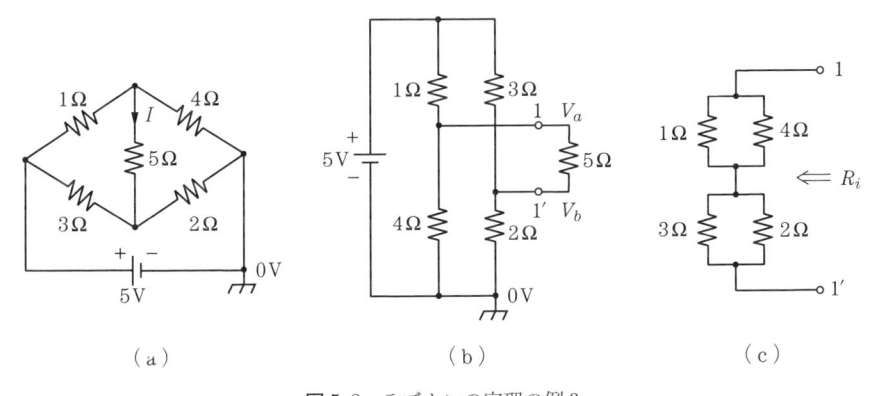

(a)　　　　　　　(b)　　　　　　　(c)

図5.8 テブナンの定理の例3

【解答】 まずV_aとV_bを求める。図5.8(a)の回路を書き換えると図(b)のようになり，5Ωを取りはずしたときの1-1'間の電圧はV_a-V_bであるから

$$V_a = \frac{5\,\mathrm{V}}{4\,\Omega+1\,\Omega}\times 4\,\Omega = 4\,\mathrm{V}$$

$$V_b = \frac{5\,\mathrm{V}}{2\,\Omega+3\,\Omega}\times 2\,\Omega = 2\,\mathrm{V}$$

よって

$$V_a - V_b = 4-2 = 2\,\mathrm{V}$$

つぎに5Ωの両端1-1'からみた回路の抵抗R_iは図(c)のようになり

$$R_i = \frac{1}{\frac{1}{1}+\frac{1}{4}} + \frac{1}{\frac{1}{3}+\frac{1}{2}} = \frac{4}{5}+\frac{6}{5} = 2\,\Omega$$

テブナンの定理を用いると
$$I = \frac{V}{R_i + R} = \frac{2\,\mathrm{V}}{2\,\Omega + 5\,\Omega} = \frac{2}{7}\,\mathrm{A}$$

図5.9(a)に示す電源を含む回路のある端子対1-1'間を短絡したときに流れる電流がIであり，1-1'間から回路をみたコンダクタンスがG_iであるとき，1-1'間にコンダクタンスGを接続したときの1-1'間の電圧Vは
$$V = \frac{I}{G_i + G}$$
で表される。これを**ノートンの定理**（Norton's theorem）という。テブナンの定理と同じようにして証明できる。　◆

図5.9　ノートンの定理

5.3　相 反 定 理

図5.10に示す電源のみが異なる二つの電源を含む回路(a)，(b)において
$$E_1 I_1' + E_2 I_2' = E_1' I_1 + E_2' I_2$$
の関係が成り立つ。この関係は回路が複雑で電源が何個あっても成り立ち
$$E_1 I_1' + E_2 I_2' + \cdots + E_n I_n' = E_1' I_1 + E_2' I_2 + \cdots + E_n' I_n$$
の関係が成立する。これを**広い意味の相反定理**（そうはん）という。

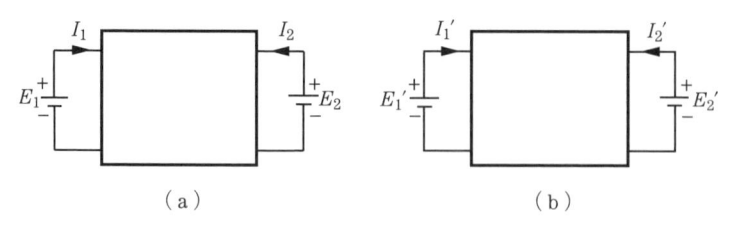

図5.10　相 反 定 理

5.3 相反定理

例題 5.5 図 5.11 に示す回路(a),(b)で相反定理が成り立つことを示せ。

(a)

(b)

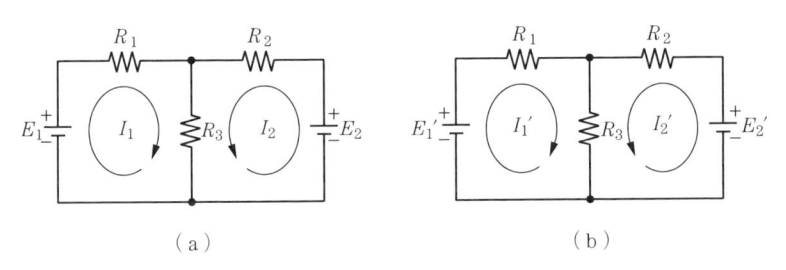

図 5.11 相反定理の例

【解答】 図 5.11(a)の回路方程式を立てると

$$R_1 I_1 + R_3(I_1 + I_2) - E_1 = 0$$
$$R_2 I_2 + R_3(I_1 + I_2) - E_2 = 0$$

これを行列の形に書き直すと

$$\begin{bmatrix} R_1 + R_3 & R_3 \\ R_3 & R_2 + R_3 \end{bmatrix} \begin{bmatrix} I_1 \\ I_2 \end{bmatrix} = \begin{bmatrix} E_1 \\ E_2 \end{bmatrix}$$

これを解くと

$$I_1 = \frac{1}{\Delta}\{(R_2 + R_3)E_1 - R_3 E_2\}, \quad I_2 = \frac{1}{\Delta}\{-R_3 E_1 + (R_1 + R_3)E_2\}$$

ただし,$\Delta = (R_1 + R_3)(R_2 + R_3) - R_3^2$

また図 5.11(b)に示すように E_1,E_2 を E_1',E_2' で置き換えると

$$I_1' = \frac{1}{\Delta}\{(R_2 + R_3)E_1' - R_3 E_2'\}, \quad I_2' = \frac{1}{\Delta}\{-R_3 E_1' + (R_1 + R_3)E_2'\}$$

となる。ここで $E_1 I_1' + E_2 I_2'$ と $E_1' I_1 + E_2' I_2$ を計算してみると

$$E_1 I_1' + E_2 I_2' = \frac{E_1}{\Delta}\{(R_2 + R_3)E_1' - R_3 E_2'\} + \frac{E_2}{\Delta}\{-R_3 E_1' + (R_1 + R_3)E_2'\}$$

$$E_1' I_1 + E_2' I_2 = \frac{E_1'}{\Delta}\{(R_2 + R_3)E_1 - R_3 E_2\} + \frac{E_2'}{\Delta}\{-R_3 E_1 + (R_1 + R_3)E_2\}$$

となり,上の二つの式は等しくなるので

$$E_1 I_1' + E_2 I_2' = E_1' I_1 + E_2' I_2$$

が成立する。

つぎに図 5.12 に示すように $E_2 = 0$,$E_1' = 0$ の場合について考えてみると

$$E_1 I_1' = E_2' I_2$$

の関係が成り立ち，**狭い意味の相反定理**と呼ばれている．特に $E_1 = E_2'$ の場合に狭い意味の相反定理と呼ばれることが多い．この場合には $I_1' = I_2$ が成立する．このことは**図 5.13**(a)で示され，また相反定理は電源が電流源の場合でも成立することは図 5.13(b)で示される． ◆

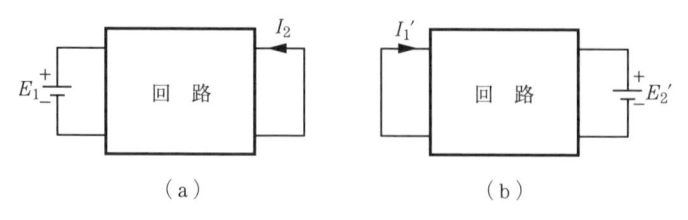

図 5.12 狭い意味の相反定理（$E_1 = E_2'$ ならば $I_2 = I_1'$）

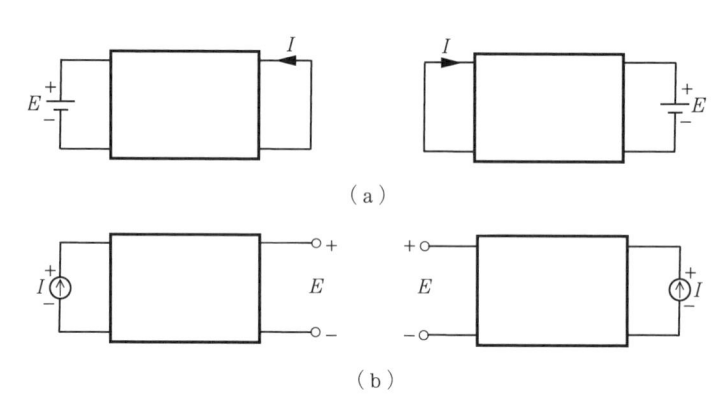

図 5.13 狭い意味の相反定理

例題 5.6 図 5.14(a)に示す回路で，狭い意味の相反定理が成り立つことを確かめよ．

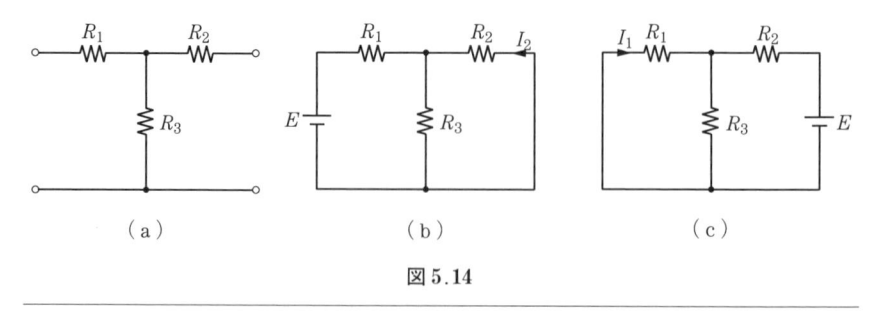

図 5.14

【解答】 図 5.14(b) において I_2 を求めてみる。

$$-I_2 = \frac{E}{R_1 + \dfrac{R_2 R_3}{R_2 + R_3}} \times \frac{R_3}{(R_2 + R_3)}$$

$$= \frac{(R_2 + R_3) E}{R_1(R_2 + R_3) + R_2 R_3} \times \frac{R_3}{(R_2 + R_3)}$$

$$= \frac{R_3 E}{R_1 R_2 + R_1 R_3 + R_2 R_3}$$

また，図 5.14(c) で I_1 を求めると

$$-I_1 = \frac{E}{R_2 + \dfrac{R_1 R_3}{R_1 + R_3}} \times \frac{R_3}{(R_1 + R_3)}$$

$$= \frac{(R_1 + R_3) E}{R_2(R_1 + R_3) + R_1 R_3} \times \frac{R_3}{(R_1 + R_3)}$$

$$= \frac{R_3 E}{R_1 R_2 + R_1 R_3 + R_2 R_3}$$

が得られ $I_1 = I_2$ となり，相反定理が成り立つことがわかる。　◆

演 習 問 題

（1） 図 5.15 に示す回路の電流 I を重ねの理を用いて求めよ。
（2） 図 5.16 に示す回路の電圧 V を重ねの理を用いて求めよ。

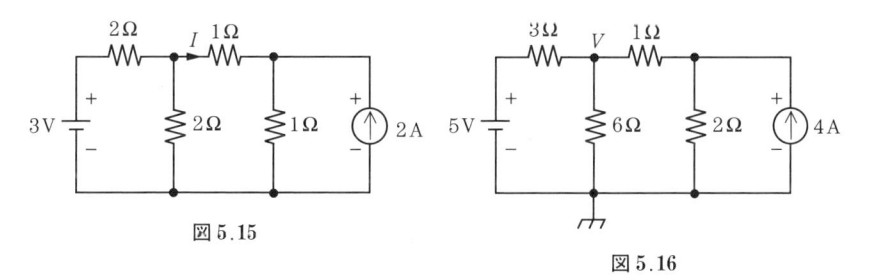

図 5.15

図 5.16

（3） 図 5.17 に示す回路の電流 I を重ねの理を用いて求めよ。
（4） 図 5.18 の回路の電流 I をテブナンの定理を用いて求めよ。
（5） 図 5.19 の回路において R で消費する電力が最大となるための R の値と，そのとき R で消費する電力 P を求めよ。

図 5.17

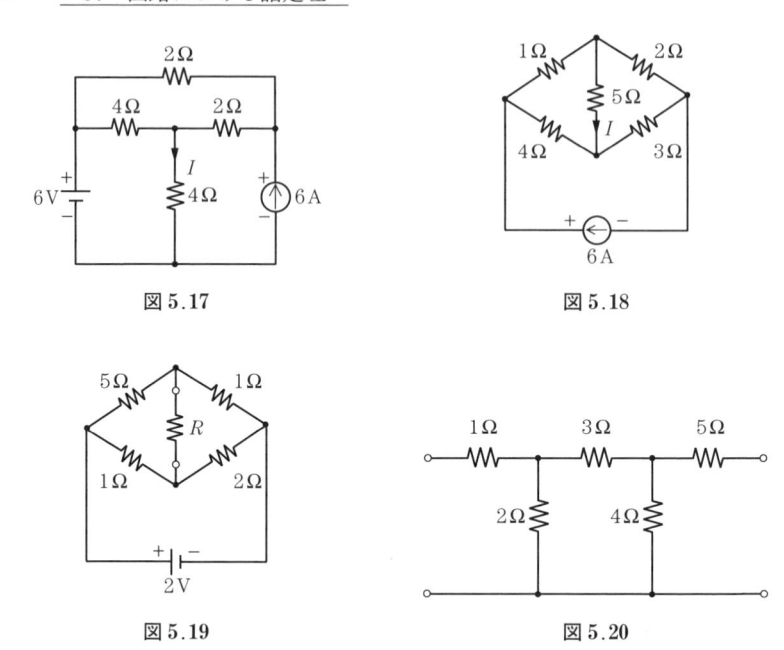

図 5.18

図 5.19

図 5.20

(6) 図 5.20 に示す回路で狭い意味の相反定理が成り立つことを確かめよ。
(7) 図 5.21 の回路で狭い意味の相反定理が成り立つことを確かめよ。

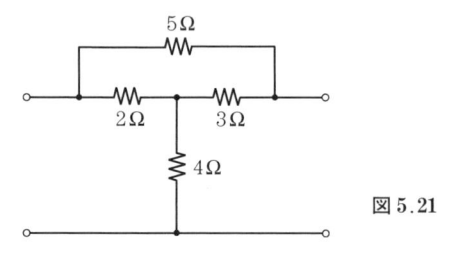

図 5.21

6

キャパシタとインダクタ

本章は回路素子であるキャパシタ（通称コンデンサ），インダクタ（通称インダクタンス）の性質について述べ，種々の波形の電圧を加えた場合や電流を流した場合の応答について説明し，キャパシタの両端の電圧とインダクタに流れる電流の性質について解説する。

6.1 キャパシタ

6.1.1 キャパシタの性質

図 6.1 に示すように絶縁された二つの導体板 a-b 間に電圧 v を加えたとき，導体 a に $+q$ 〔クーロン，C〕，b に $-q$ 〔C〕の電荷が蓄積される。このとき，v と q は比例し

$$q = Cv$$

の関係がある。このように電荷を蓄える装置を**キャパシタ**と呼び，図 6.2 にその記号を表す。比例定数 C をキャパシタの**容量**といい，単位は〔クーロン/ボルト，C/V〕であるが，**ファラド**〔F〕を用いる。

つぎに，キャパシタに流れ込む電流 i と両電極間の電圧 v との関係について調べてみよう。図 6.3 に示すように，電流 i がキャパシタに流れ込むとキャ

図 6.1 キャパシタ
  （導体板 a-b）

図 6.2 記 号

図 6.3 キャパシタ

パシタに蓄えられる電荷は増加する。電荷の増加する割合 dq/dt が電流 i であるから

$$i = \frac{dq}{dt}$$

となる。この関係は，最初にキャパシタにいくら電荷が蓄えられていたかに無関係であり，キャパシタに蓄えられる電荷の増加する割合と流れ込む電流の関係のみを示すものである。$i=dq/dt$, $q=Cv$ であるから，もし C が時間的に変化しないならば

$$q = \int_{-\infty}^{t} i(\tau)\, d\tau$$

で表され，時刻 t における q の値は，過去に流れた電流のすべての影響を受けることになる。われわれは $t=0$ からの現象を調べる場合が多いので，上式を書き替えると

$$q = \int_{-\infty}^{t} i(\tau)\, d\tau = \int_{-\infty}^{0} i(\tau)\, d\tau + \int_{0}^{t} i(\tau)\, d\tau = q_0 + \int_{0}^{t} i(\tau)\, d\tau$$

で表される。q_0 は $t=0$ でキャパシタに蓄えられていた電荷で，初期値という。また $q=Cv$ より

$$Cv = q_0 + \int_{0}^{t} i(\tau)\, d\tau$$

となり，これを書き替えると

$$v = \frac{q_0}{C} + \frac{1}{C}\int_{0}^{t} i(\tau)\, d\tau = v_0 + \frac{1}{C}\int_{0}^{t} i(\tau)\, d\tau$$

となり，キャパシタに電流が流れ込むと，抵抗の場合と同じようにキャパシタの両端に上式で表される電位差が生じる。これを**電圧降下**という。

つぎに，キャパシタの電圧または電荷がどのような性質をもっているかを考えてみよう。前式において，$i(t)$ を $t=-\varepsilon$ から $t=+\varepsilon$ まで積分，つまり $t=-\varepsilon$ から $t=+\varepsilon$ の間の面積に相当するが

$$\int_{-\varepsilon}^{+\varepsilon} i(\tau)\, d\tau = q(+\varepsilon) - q(-\varepsilon)$$

となる。ここで $t=-\varepsilon$ と $t=+\varepsilon$ の間で $i(t)$ は無限大のジャンプをしないものとすると，$\varepsilon \longrightarrow 0$ にしたときの $i(t)$ の $-\varepsilon$ と $+\varepsilon$ の間の面積は零となるので

$$\lim_{\varepsilon \to 0} \int_{-\varepsilon}^{+\varepsilon} i(\tau)\,d\tau = \lim\{q(+\varepsilon) - q(-\varepsilon)\} = 0$$

となる。これはキャパシタの電圧についても同じことがいえる。すなわち，キャパシタに蓄えられている電荷と両端の電圧は，キャパシタに流入する電流が無限大のジャンプをしない限り連続となることを示している。

例題 6.1 容量が 1 F のキャパシタに図 6.4(a)，(b)，(c)に示すような電流 $i(t)$ の電流源を接続したとき，キャパシタの両端の電圧 $v(t)$ はどのようになるか図示せよ。ただし，キャパシタの初期電圧は零とする。

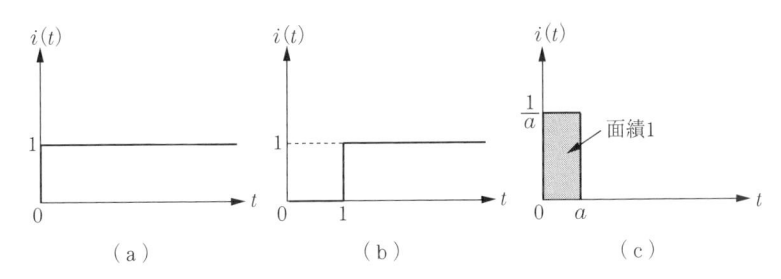

図 6.4 キャパシタに流れる電流と両端の電圧の波形

【解答】

$$v(t) = v_0 + \frac{1}{C}\int_0^t i(\tau)\,d\tau = \int_0^t i(\tau)\,d\tau$$

で，$v_0 = 0$ であるから $v(t)$ の値は $i(t)$ の $0 \sim t$ までの面積になり，それぞれ図 6.5 に示すようになる。

ここで図 6.4(c)に示す波形の $a \to 0$ の場合について考えてみる。$0 \leq t \leq a$ の間

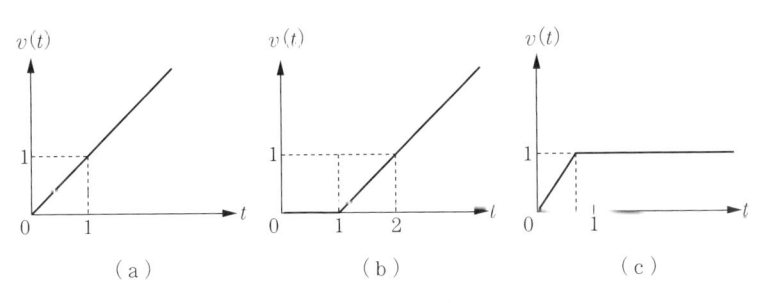

図 6.5 $v(t)$ の波形

では $i(t)$ は図 6.6(a) に示すようになり，a を零に近づけると $i(t)$ は無限大になるが，$v(t)$ は $i(t)$ の積分であるから図 6.6(b) を経て図 6.6(c) のようになる。すなわち $t=0$ で $v(t)$ は 0 から 1 にジャンプし，不連続となる。図 6.4(a) に示すような関数を**単位ステップ関数**といい，図 6.4(c) で $a \to 0$ の場合の関数を**単位インパルス関数**という。以上のことから，単位インパルス関数を積分すると単位ステップ関数となることがわかる。

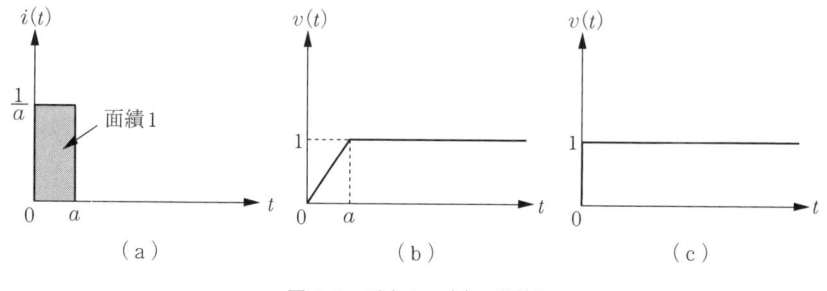

(a) (b) (c)

図 6.6 $i(t)$ と $v(t)$ の関係

例題 6.2 容量が 1 F のキャパシタに図 6.7 に示すような電流 $i(t)$ の電流源をキャパシタの両端に接続したとき，キャパシタの両端の電圧 $v(t)$ を図示せよ。ただし，キャパシタの初期電圧は零とする。

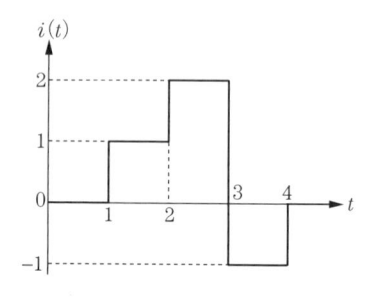

図 6.7 $i(t)$ の波形

【解答】
$$v = \int_0^t i(\tau)\,d\tau$$
であるから，$i(t)$ は t が 0〜1 の間は $v(t)=0$，1〜2 の間では $v(t)$ は傾斜 1 で増加し，2〜3 の間では傾斜 2 で増加し，また 3〜4 の間では傾斜 1 で減少し，$4<t$ では $v(t)$ は一定となることがわかり，図 6.8 で示される波形となる。この場合，電源は電流源であるのでキャパシタの電荷は放電せず，$t \geqq 4$ でいつ

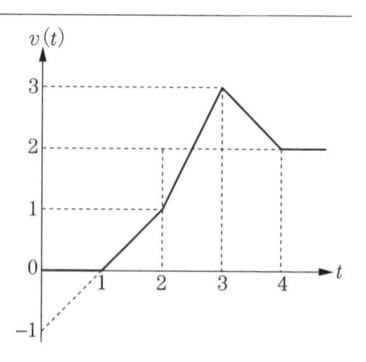

図 6.8 $v(t)$ の波形

までも $v=2\,\mathrm{V}$ に保たれる。 ◆

6.1.2 キャパシタに蓄えられるエネルギー

キャパシタで消費する瞬時電力 $P_C(t)$ は，その電圧 $v(t)$ と流れる電流 $i(t)$ の積となるので

$$P_C(t) = v(t) \cdot i(t)$$

であるから，$\tau=0$ から t の間にキャパシタでなされた仕事 $W_C(t)$ は

$$W_C(t) = \int_0^t P_C(\tau)\,d\tau = \int_0^t v(\tau) \cdot i(\tau)\,d\tau$$

ここで，$i(t) = C\dfrac{dv(t)}{dt}$ を上式に代入すると

$$W_C(t) = \int_0^t v(\tau) \cdot C\frac{dv(\tau)}{d\tau}\,d\tau$$

また $v^2(t)$ を t で微分すると

$$\frac{d}{dt}\{v^2(t)\} = 2\,v(t) \cdot \frac{dv(t)}{dt}$$

となることから

$$v(t) \cdot \frac{dv(t)}{dt} = \frac{1}{2}\frac{d}{dt}\{v^2(t)\}$$

となり

$$W_C(t) = \int_0^t \frac{C}{2}\frac{d}{d\tau}[v^2(\tau)]\,d\tau = \frac{C}{2}\left[v^2(\tau)\right]_0^t$$

となり，$W_C(t)$ は

$$W_C(t) = \left[\frac{q^2(\tau)}{2\,C}\right]_0^t$$

で表される。ここで $q(0)=0$ すなわち $v(0)=0$ の場合には

$$W_C(t) = \frac{C}{2}v^2(t) = \frac{1}{2\,C}q^2(t) \quad \text{〔ジュール，J〕}$$

となり，0 から t の間にキャパシタに蓄えられたエネルギーは時刻 t の電圧または電荷のみで表される。例えば，容量 C〔F〕のキャパシタを充電したとき，両端の電圧が V〔V〕になったとすると，キャパシタに蓄えられたエネ

ルギー W_C は $W_C = (1/2)\,CV^2$ となる。

6.1.3 キャパシタの接続

図 6.9 に示すように,キャパシタを直列に接続した場合について考える。キャパシタに流れる電流 i は共通であり,またキャパシタ $C_1, C_2, \cdots, C_n$ の初期電圧をそれぞれ $v_1(0), v_2(0), \cdots, v_n(0)$ とすると

$$v_1 = \frac{1}{C_1}\int_{-\infty}^{t} i(\tau)\,d\tau = v_1(0) + \frac{1}{C_1}\int_{0}^{t} i(\tau)\,d\tau$$
$$\vdots$$
$$v_n = \frac{1}{C_n}\int_{-\infty}^{t} i(\tau)\,d\tau = v_n(0) + \frac{1}{C_n}\int_{0}^{t} i(\tau)\,d\tau$$

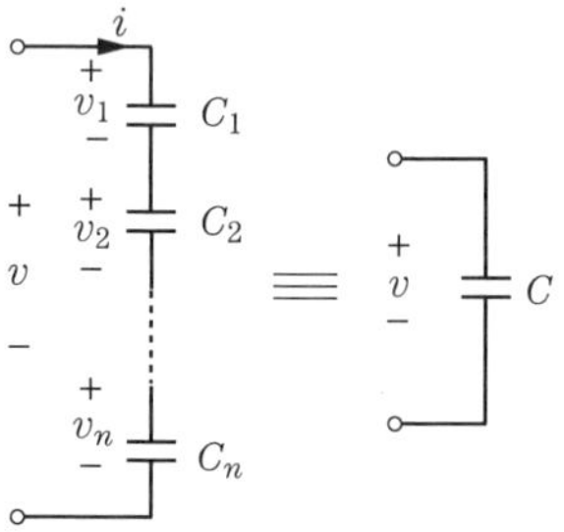

これより

$$\begin{aligned}v &= v_1 + v_2 + \cdots + v_n \\ &= v_1(0) + v_2(0) + \cdots + v_n(0) \\ &\quad + \left(\frac{1}{C_1} + \frac{1}{C_2} + \cdots + \frac{1}{C_n}\right)\int_{0}^{t} i(\tau)\,d\tau\end{aligned}$$

図 6.9 キャパシタの直列接続

したがって,全部のキャパシタ $C_1, C_2, \cdots, C_n$ を直列に接続した場合を一つのキャパシタ C に置き換えると

$$\frac{1}{C} = \frac{1}{C_1} + \frac{1}{C_2} + \cdots + \frac{1}{C_n}$$

となり

$$v(0) = v_1(0) + v_2(0) + \cdots + v_n(0)$$

とおくと

$$v = v(0) + \frac{1}{C}\int_{0}^{t} i(\tau)\,d\tau$$

となる。つぎに**図 6.10** に示すようにキャパシタを並列に接続した場合には,キャパシタの両端の電圧 v は共通であるから

$$\begin{aligned}i &= i_1 + i_2 + \cdots + i_n \\ &= C_1\frac{dv}{dt} + C_2\frac{dv}{dt} + \cdots + C_n\frac{dv}{dt}\end{aligned}$$

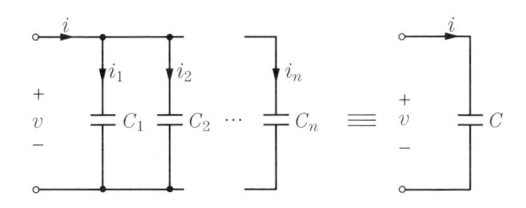

図 6.10　キャパシタの並列接続

となり，全体の容量 C は次式のようになる．

$$C = C_1 + C_2 + \cdots + C_n$$

この場合，v を t で微分しているので初期電圧は無関係となり

$$i = C\frac{dv}{dt}$$

となる．

6.2　インダクタ

6.2.1　インダクタの性質

1本の導体に電流を流すと導体の抵抗により電圧降下が生じるが，電流が時間的に変化するときには，わずかではあるが変化の割合に応じて抵抗の電圧降下とは異なる電圧降下が生じる．導体がコイル状になっている場合には，この電圧降下のほうが大きくなる．この現象は電磁誘導現象として知られている．

図 6.11 に示すコイルで電流 $i(t)$ を流したとき1回巻き当りに生じる磁束を $\phi(t)$〔ウェーバ，Wb〕とするとき，ファラデーの電磁誘導則より N 回巻きのコイルの両端に生じる電圧 $v(t)$ は

$$v(t) = N\frac{d\phi(t)}{dt}$$

となり，コイルが空心の場合には $i(t)$ と $\phi(t)$ は比例するので

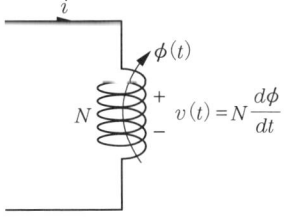

$$N \cdot \phi(t) = L \cdot i(t)$$

図 6.11　コ　イ　ル

で与えられる。この比例定数 L を**自己インダクタンス**といい、単位は〔ヘンリー, H〕を用いる。$i(t)$ と $v(t)$ の関係は

$$v(t) = N\frac{d\phi}{dt} = L\frac{di}{dt}$$

となり、電流が変化することにより電圧降下を生じる。キャパシタの場合と同じように上式を積分することにより

$$i(t) = \frac{1}{L}\int_{-\infty}^{t} v(\tau)\,d\tau$$
$$= \frac{1}{L}\int_{-\infty}^{0} v(\tau)\,d\tau + \frac{1}{L}\int_{0}^{t} v(\tau)\,d\tau$$
$$= i_0 + \frac{1}{L}\int_{0}^{t} v(\tau)\,d\tau$$

となる。i_0 は $t=0$ においてインダクタに流れている電流である。キャパシタの場合と同じように考えると

$$\lim_{t \to 0}\int_{0}^{t} v(\tau)\,d\tau = 0$$

で表されるので、$v(t)$ が $t=0$ で無限大のジャンプをしない限り、電流あるいは磁束は連続となる。すなわち、$v(t)$ が無限大のジャンプをしない限り、電流は任意の瞬間において連続である。

例題 6.3 図 6.12 に示されるような波形の電圧源 (内部抵抗零) を 1 H のインダクタの両端に加えた場合、インダクタに流れる電流を図示せよ。ただし $t=0$ で $i=0$ とする。

【**解答**】 $0 \leq t \leq a$ の区間では

$$v(t) = \frac{t}{a^2}$$

したがって

$$i(t) = \int_0^t \frac{\tau}{a^2}\,d\tau = \left[\frac{\tau^2}{2a^2}\right]_0^t = \frac{t^2}{2a^2}$$

$t=a$ では $i(a)=1/2$、$a \leq t \leq 2a$ の区間では $v(t) = 2/a - t/a^2$ であるから、$t=a$ での i の値 $i(a)=1/2$ を考慮して

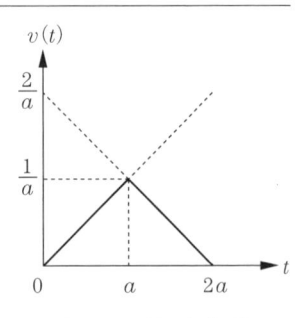

図 6.12 電圧波形

$$i(t) = \frac{1}{2} + \int_a^t v(\tau)\,d\tau = \frac{1}{2} + \int_a^t \left(\frac{2}{a} - \frac{\tau}{a^2}\right)d\tau$$
$$= \frac{1}{2} + \left[\frac{2}{a}\tau - \frac{\tau^2}{2a^2}\right]_a^t$$
$$= \frac{1}{2} + \frac{2t}{a} - \frac{t^2}{2a^2} - 2 + \frac{1}{2}$$
$$= -1 + \frac{2}{a}t - \frac{t^2}{2a^2}$$

となる。これより

$i(2a) = 1$

また, $2a < t$ では $v(t) = 0$ である。

以上より $i(t)$ の概形は**図 6.13** のようになる。$i(t)$ は $2a < t$ の区間では a の値にかかわらず 1 となる。ここで $a \rightarrow 0$ としてみると, $i(t)$ は前に述べた単位ステップ関数となる。$t \geqq 2a$ の場合でも $i(t) = 1$ となり, 永久に $i(t) = 1$ となることは不都合のような気がするが, これは加えた電源が電圧源(内部抵抗零)のためである。図 6.12 の電圧波形で $a \rightarrow 0$ としてみると, $v(t)$ は $t = 0$ で面積が 1 のパルスとなる。すなわち, $v(t)$ は前に述べた単位インパルス関数と同じものになる。

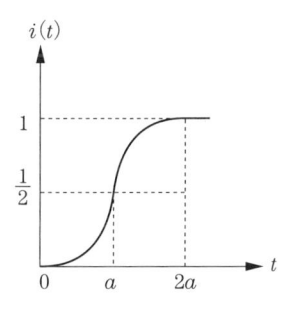

図 6.13 インダクタの電流波形

◆

6.2.2 インダクタに蓄えられるエネルギー

インダクタで消費する瞬時電力 $P_L(t)$ は

$P_L(t) = v(t) \cdot i(t)$

であるから, 0 から t までの間に行われた仕事 $W_L(t)$ は $i(0) = 0$ とすると

$v(t) = L\dfrac{di(t)}{dt}$

であるから

$$W_L(t) = \int_0^t i(\tau) \cdot v(\tau)\,d\tau = \int_0^t i(\tau) \cdot L\frac{di(\tau)}{d\tau}\,d\tau$$

ここで, キャパシタの場合と同じように

$$\frac{d}{d\tau}[i^2(\tau)] = 2i(\tau) \cdot \frac{di(\tau)}{d\tau}$$

を利用すると

$$W_L(t) = \int_0^t \frac{L}{2} \frac{d}{d\tau}[i^2(\tau)] d\tau = \frac{L}{2}\Big[i^2(\tau)\Big]_0^t = \frac{L}{2} i^2(t)$$

となる。すなわち時刻 t でインダクタに蓄えられるエネルギーは $(L/2)i^2(t)$ となる。

6.2.3 インダクタの接続

図 6.14 に示すように n 個のインダクタを直列接続し，電流 i を流すと

$$v = v_1 + v_2 + \cdots + v_n$$
$$= L_1 \frac{di}{dt} + L_2 \frac{di}{dt} + \cdots + L_n \frac{di}{dt}$$
$$= (L_1 + L_2 + \cdots + L_n) \frac{di}{dt}$$

ここで

$$L = L_1 + L_2 + \cdots + L_n$$

とすると1個のインダクタと等価となる。

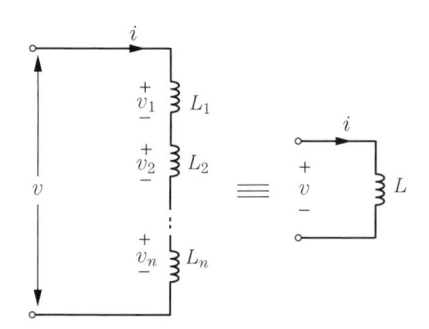

図 6.14 インダクタの直列接続

つぎに，図 6.15 に示すようにインダクタを並列接続すると

$$i_1 = i_1(0) + \frac{1}{L_1} \int_0^t v(\tau) d\tau$$

$$i_2 = i_2(0) + \frac{1}{L_2} \int_0^t v(\tau) d\tau$$

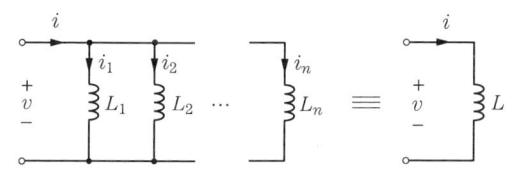

図 6.15 インダクタの並列接続

$$i_n = i_n(0) + \frac{1}{L_n}\int_0^t v(\tau)\,d\tau$$

で表されるので

$$i = i_1 + i_2 + \cdots + i_n$$
$$= i_1(0) + i_2(0) + \cdots + i_n(0) + \left(\frac{1}{L_1} + \frac{1}{L_2} + \cdots + \frac{1}{L_n}\right)\int_0^t v(\tau)\,d\tau$$

すなわち全体のインダクタ L の値は

$$\frac{1}{L} = \frac{1}{L_1} + \frac{1}{L_2} + \cdots + \frac{1}{L_n}$$

初期値 $i(0)$ は

$$i(0) = i_1(0) + i_2(0) + \cdots + i_n(0)$$

となる。

演 習 問 題

(1) 1F のキャパシタに図 6.16 に示す波形の電流源 $i(t)$ を接続した。キャパシタの両端の電圧 v の波形を示せ。ただし最初キャパシタの電荷は零とする。

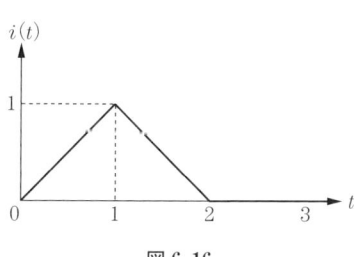

図 6.16

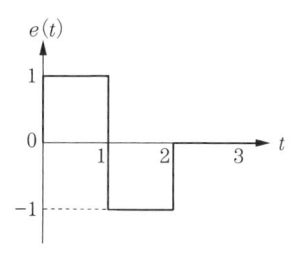

図 6.17

(2) 1Hのインダクタに図 6.17 で示される波形の電圧源 $e(t)$ を接続した。インダクタに流れる電流 i の波形を描け。ただし最初インダクタには電流は流れていないものとする。

(3) 1Fのキャパシタに図 6.18 に示す波形の電流源 $i(t)$ を接続し，キャパシタの両端の電圧 v の波形を示せ。ただし，$t=0$ でキャパシタの電荷は零とする。

(4) 1Hのインダクタに図 6.19 に示す波形の電圧 $v(t)$ を加えたとき，インダクタに流れる電流の波形を描け。ただし，最初のインダクタには電流が流れていないものとする。

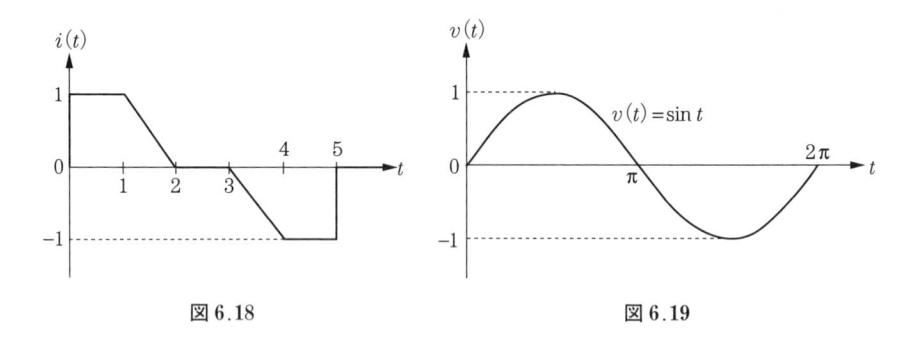

図 6.18

図 6.19

(5) 図 6.20(a)，(b)に示すようにキャパシタが直列・並列および並列・直列に接続されている場合，1-1' 端子からみた容量 C_a，C_b を求めよ。

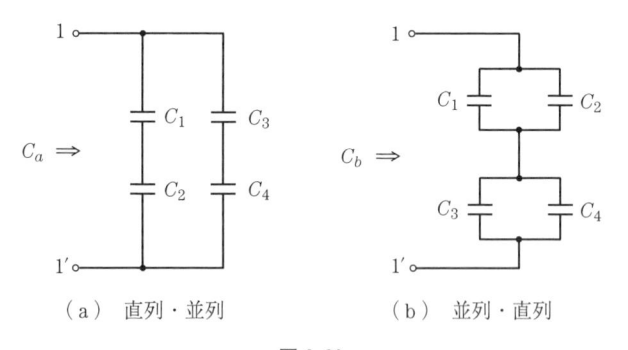

(a) 直列・並列

(b) 並列・直列

図 6.20

(6) 図 6.21 の回路の合成キャパシタ C を求めよ。

(7) 図 6.22(a)，(b)に示すようにインダクタが直列・並列，並列・直列に接続

図 6.21

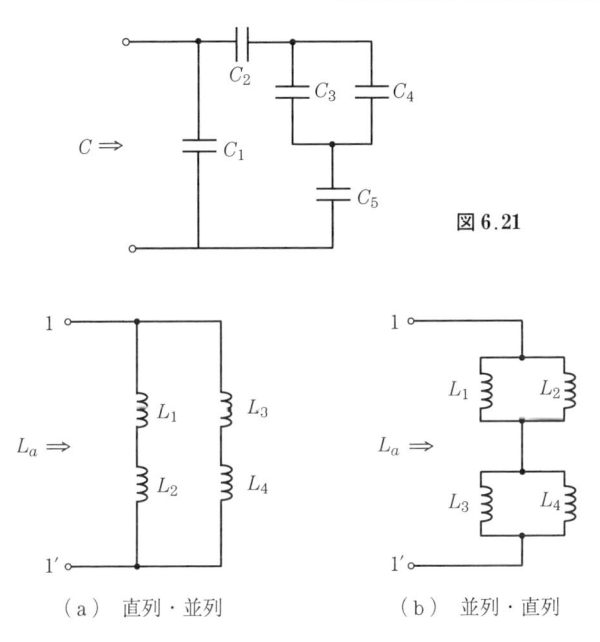

(a) 直列・並列　　(b) 並列・直列

図 6.22

されている場合，1-1′ からみたインダクタ L_a, L_b を求めよ。

(8) 図 6.23 の回路の合成インダクタ L を求めよ。

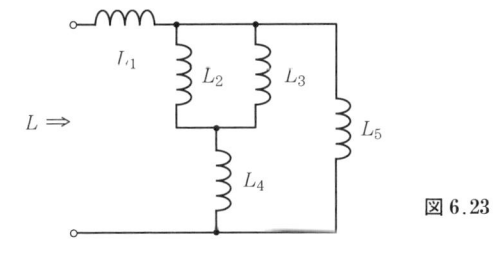

図 6.23

7

基本回路の性質

本章では RC 回路,RL 回路,RLC 回路の微分方程式の作り方,解き方,初期値の意味とその求め方について述べ,基本的な回路の性質について説明する。

7.1　1階微分方程式で表される回路

7.1.1　RC 回 路

図 7.1 に示す回路で $t=0$ でスイッチを閉じた場合について考える。$t \geqq 0$ におけるキャパシタの電圧を v,キャパシタに流入する電流を i とすると,キルヒホッフの法則より

$$E = R \cdot i + v$$

$i = C \dfrac{dv}{dt}$ であるから

$$E = RC \dfrac{dv}{dt} + v$$

これを書き直すと

$$\dfrac{dv}{dt} + \dfrac{1}{RC} v = \dfrac{E}{RC}$$

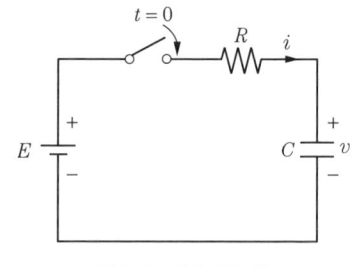

図 7.1　RC 回 路

を得る。ここでキャパシタは最初充電されており,$t=0$ で $v=V_0$ とする。

この方程式は v の 1 階の微係数と v のみを含むので,**1 階の微分方程式**と呼ばれ,この微分方程式を満足する関数を**解**という。この微分方程式の解を求めるために,まず最初 $E=0$ すなわち電源がない場合について考えると

$$\frac{dv}{dt}+\frac{1}{RC}v=0$$

この微分方程式の dv/dt, v はすべての t に対して成立しなければならないので，そのためには v とその微分 dv/dt が同じ形をしていなければならない。関数 v とその微分が同じ形をしているのは指数関数だけであることから

$$v=ke^{st} \quad (k \text{ は任意定数})$$

の形となり，これを微分方程式に代入すると

$$\frac{dv}{dt}+\frac{1}{RC}v=kse^{st}+\frac{1}{RC}ke^{st}=k\left(s+\frac{1}{RC}\right)e^{st}=0$$

が得られる。e^{st} は零となることはないので

$$s+\frac{1}{RC}=0$$

が得られる。この式は**特性方程式**と呼ばれ，特性方程式を満たす s を**特性根**と呼ぶ。したがって

$$s=-\frac{1}{RC}$$

となり

$$v=ke^{-\frac{t}{RC}}$$

が得られる。ここで k は任意定数であり，最初 ($t=0$) の v の値で決まる。先に述べたように $t=0$ で $v=V_0$ であるので，上式に $t=0$ を代入すると

$$v(0)=V_0=ke^0=k$$

となり

$$k=V_0$$

が得られ，結局 $E=0$ の場合の解として

$$v=V_0 e^{-\frac{t}{RC}}$$

を得る。図 **7.2** にその概形を示す。

つぎに，$E\neq 0$ の場合について述べる。微分方程式は先に示したように

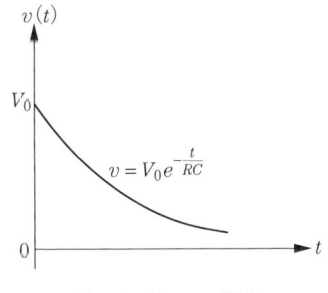

図 7.2　$E=0$ の場合

$$\frac{dv}{dt} + \frac{1}{RC} v = \frac{E}{RC}$$

で表されるが，上式において

$$v = \tilde{v} + V_s$$

とおいてみる。$\tilde{v}$ は $E=0$ すなわち

$$\frac{d\tilde{v}}{dt} + \frac{1}{RC} \tilde{v} = 0$$

の解で，V_s は $\tilde{v}$ とは異なり

$$\frac{dV_s}{dt} + \frac{1}{RC} V_s = \frac{E}{RC}$$

を満足する解であるとして元の微分方程式に代入すると

$$\left(\frac{d\tilde{v}}{dt} + \frac{dV_s}{dt}\right) + \frac{1}{RC}(\tilde{v} + V_s) = \left(\frac{d\tilde{v}}{dt} + \frac{1}{RC}\tilde{v}\right) + \left(\frac{dV_s}{dt} + \frac{1}{RC}V_s\right) = \frac{E}{RC}$$

となり，すでに示したように $\tilde{v}$ については

$$\frac{d\tilde{v}}{dt} + \frac{1}{RC} \tilde{v} = 0$$

となり，V_s については

$$\frac{dV_s}{dt} + \frac{1}{RC} V_s = \frac{E}{RC}$$

を満足しなくてはならない。

　$\tilde{v}$ を**余関数**または**補関数**

　V_s を**特解**または**特別積分**

と呼ぶ。電気回路では $\tilde{v}$ を**過渡解**，V_s を**定常解**と呼ぶ場合が多い。$\tilde{v}$ についてはすでに示したように

$$\tilde{v} = k e^{-\frac{t}{RC}}$$

で示されるので

$$v = k e^{-\frac{t}{RC}} + V_s$$

となる。つぎに V_s を求める方法について述べる。電気回路の場合には E の形として

$$E_0 \text{（定数）}, \quad e^{-\alpha t}, \quad \sin \omega t, \quad \cos \omega t$$

などが考えられるので，これらの場合について説明する。

(1) $E = E_0$ （定数）

$$\frac{dV_s}{dt} + \frac{1}{RC} V_s = \frac{E}{RC}$$

V_s が定数ならば上式を満足することは明らかであるので，$V_s = A$ を上式に代入すると

$$\frac{1}{RC} A = \frac{E_0}{RC}$$

これより，$A = E_0$ となり

$$v = ke^{-\frac{t}{RC}} + E_0$$

となり $t = 0$ で $v = V_0$ から

$$v(0) = V_0 = k + E_0$$

$$k = V_0 - E_0$$

となり

$$v = (V_0 - E_0) e^{-\frac{t}{RC}} + E_0$$

が得られる。v の概形は図 7.3 で示される。

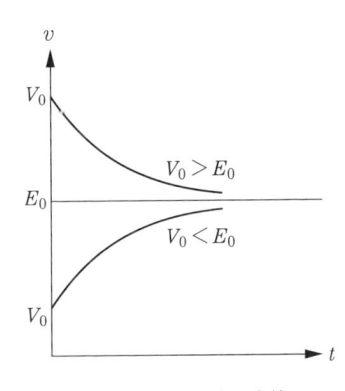

図 7.3　RC 回路の応答

ここで V_s として別なものがあるのではないかと思われるが，微分方程式の理論からほかにはないことがわかっているので，要はどんな方法でも解がみつかればよい。

(2) $E = e^{-\alpha t}$ （$\alpha > 0$）　　$\tilde{v}$ は同じであり，V_s に関する微分方程式は

$$\frac{dV_s}{dt} + \frac{1}{RC} V_s = \frac{1}{RC} e^{-\alpha t}$$

となる。ここで

$$V_s = Ae^{-\alpha t}$$

とおいて微分方程式に代入してみると

$$\frac{dV_s}{dt} + \frac{1}{RC} V_s = -A\alpha e^{-\alpha t} + \frac{1}{RC} Ae^{-\alpha t} = \frac{1}{RC} e^{-\alpha t}$$

これより

$$A\left(-\alpha+\frac{1}{RC}\right)e^{-\alpha t}=\frac{1}{RC}e^{-\alpha t}$$

よって

$$A\left(-\alpha+\frac{1}{RC}\right)=\frac{1}{RC}$$

となり，$1-RC\alpha\neq0$ ならば

$$A=\frac{1}{1-RC\alpha}$$

となる。これより

$$v=\tilde{v}+V_s=ke^{-\frac{t}{RC}}+\frac{1}{1-RC\alpha}e^{-\alpha t}$$

となり，$t=0$ で $v=V_0$ より

$$v(0)=V_0=k+\frac{1}{1-RC\alpha}$$

$$k=V_0-\frac{1}{1-RC\alpha}$$

よって

$$v=\left(V_0-\frac{1}{1-RC\alpha}\right)e^{-\frac{t}{RC}}+\frac{e^{-\alpha t}}{1-RC\alpha}$$

つぎに $\alpha=1/RC$ の場合について考える。実際の回路では素子の値に必ず誤差があるので，完全に $\alpha RC=1$ ということはありえないが，一応このような場合についても触れておく。この場合には

$$V_s=Ate^{-\alpha t}$$

とおいて V_s の微分方程式に代入してみると，左辺は

$$\frac{dV_s}{dt}+\frac{1}{RC}V_s=Ae^{-\alpha t}-\alpha Ate^{-\alpha t}+\frac{1}{RC}Ate^{-\alpha t}=\frac{1}{RC}e^{-\alpha t}$$

となり $e^{-\alpha t}$ と $te^{-\alpha t}$ に関する項をそろえると

$$\left(A-\frac{1}{RC}\right)e^{-\alpha t}=0$$

$$\left(-\alpha+\frac{1}{RC}\right)Ate^{-\alpha t}=0$$

となる。

7.1 1階微分方程式で表される回路

$\alpha = 1/RC$ の場合であるから,第2式は零となり,結局

$$A = \frac{1}{RC}$$

が得られる。$v = \tilde{v} + V_s = k e^{-\frac{\alpha t}{RC}} + \frac{1}{RC} t e^{-\frac{t}{RC}}$ となり,ここで $t=0$ で $v=V_0$ であるから

$$v(0) = V_0 = k \qquad (k = V_0)$$

が得られ,$\alpha = 1/RC$ より

$$v = V_0 e^{-\frac{t}{RC}} + \frac{1}{RC} t e^{-\frac{t}{RC}}$$

を得る。

(3) $E = E_s \sin \omega t$ この場合でも

$$V_s = A_s \sin \omega t \qquad \frac{dV_s}{dt} = \omega A_s \cos \omega t$$

とおいて元の式に代入してみると

$$\frac{dV_s}{dt} + \frac{1}{RC} V_s = \omega A_s \cos \omega t + \frac{1}{RC} A_s \sin \omega t = \frac{E_s}{RC} \sin \omega t$$

すなわち

$$\omega A_s \cos \omega t + \frac{1}{RC} (A_s - E_s) \sin \omega t = 0$$

となる。上式がすべての t において成立するためには $\cos \omega t$ および $\sin \omega t$ の係数が零でなくてはならないので,この式は成立しない。そこで

$$V_s = A_s \sin \omega t + A_c \cos \omega t$$

とおいて微分方程式に代入すると

$$\frac{dV_s}{dt} + \frac{1}{RC} V_s = \omega A_s \cos \omega t - \omega A_c \sin \omega t + \frac{1}{RC} (A_s \sin \omega t + A_c \cos \omega t)$$

$$= \frac{1}{RC} E_s \sin \omega t$$

これを書き替える

$$\left(\omega A_s + \frac{1}{RC} A_c \right) \cos \omega t + \left(-\omega A_c + \frac{1}{RC} A_s - \frac{E_s}{RC} \right) \sin \omega t = 0$$

となり、この式がすべての t で成立するためには、$\sin \omega t$ および $\cos \omega t$ の係数が零となることが必要であり

$$\omega A_s + \frac{1}{RC} A_c = 0$$

$$\frac{1}{RC} A_s - \omega A_c = \frac{E_s}{RC}$$

この二つの式から A_s, A_c を求めると

$$A_s = \frac{E_s}{1+\omega^2 C^2 R^2}, \quad A_c = -\frac{-\omega C R E_s}{1+\omega^2 C^2 R^2}$$

が得られ

$$V_s = \frac{E_s}{1+\omega^2 C^2 R^2} \sin \omega t - \frac{\omega C R E_s}{1+\omega^2 C^2 R^2} \cos \omega t$$

したがって、v として

$$v = k e^{-\frac{t}{RC}} + \frac{E_s}{1+\omega^2 C^2 R^2} \sin \omega t - \frac{\omega C R E_s}{1+\omega^2 C^2 R^2} \cos \omega t$$

ここで $v(0) = V_0$ を用いると

$$v(0) = V_0 = k - \frac{\omega C R E_s}{1+\omega^2 C^2 R^2}$$

したがって

$$k = V_0 + \frac{\omega C R E_s}{1+\omega^2 C^2 R^2}$$

となり、v は

$$v = \left(V_0 + \frac{\omega C R E_s}{1+\omega^2 C^2 R^2} \right) e^{-\frac{t}{RC}} + \frac{E_s}{1+\omega^2 C^2 R^2} \sin \omega t - \frac{\omega C R E_s}{1+\omega^2 C^2 R^2} \cos \omega t$$

となる。E が $\cos \omega t$ の場合にもまったく同様にして

$$V_s = A_s \sin \omega t + A_c \cos \omega t$$

とおいて A_s, A_c を求めればよい。

つぎに、図7.4に示す RC 回路で消費するエネルギーについて調べてみる。微分方程式は先に示したように

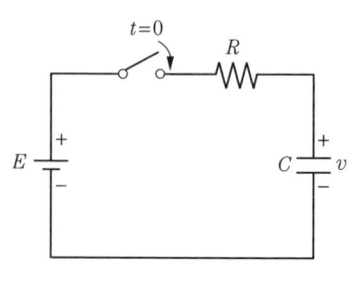

図7.4 RC 回路

7.1 1階微分方程式で表される回路

$$\frac{dv}{dt}+\frac{1}{RC}v=\frac{E}{RC}$$

となり，解は

$$v=ke^{-\frac{t}{RC}}+E$$

で表される。最初キャパシタは充電されていないものとすると

$$v(0)=k+E=0$$

したがって $k=-E$ となり，v は

$$v=E\left(1-e^{-\frac{t}{RC}}\right)$$

で表される。十分時間が経過した後（$t\rightarrow\infty$）には $v=E$ となり，キャパシタに蓄えられたエネルギー W_C は

$$W_C=\frac{1}{2}CE^2$$

となる。つぎに R で消費するエネルギー W_R を求めてみる。

$$\frac{dv}{dt}=\frac{E}{RC}e^{-\frac{t}{RC}},\quad i=C\frac{dv}{dt}=\frac{E}{R}e^{-\frac{t}{RC}}$$

であるから，$t=0\sim\infty$ で R で消費するエネルギーは $W_R=Ri^2$ を $t=0$ から ∞ まで積分すればよいので

$$W_R=\int_0^\infty Ri^2\,dt=\int_0^\infty R\frac{E^2}{R^2}e^{-\frac{2t}{RC}}\,dt=\frac{E^2}{R}\left[-\frac{RC}{2}e^{-\frac{2t}{RC}}\right]_0^\infty$$

$$=\frac{CE^2}{2}(0+1)=\frac{1}{2}CE^2$$

すなわち，キャパシタ C に蓄えられるエネルギーと R で消費するエネルギーは，R の値に関係なく等しいことになる。

例題7.1 図7.5の左に示す回路で，最初スイッチを1に接続し(図(a))，十分時間が経過した後にスイッチを2に切り換えた(図(b))。さらに十分時間が経過した後にキャパシタに蓄えられるエネルギー W_C および二つの抵抗で消費するエネルギーを求めよ。ただし，最初キャパシタの電荷は零とする。

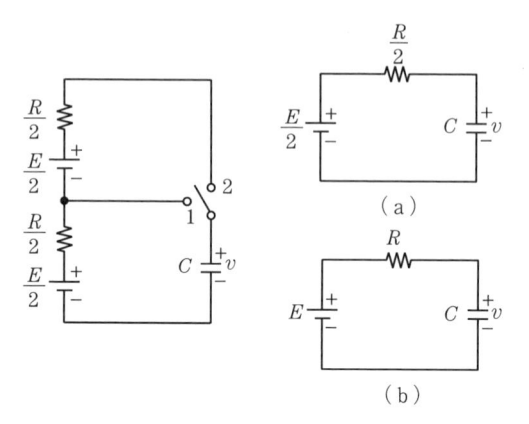

図 7.5　二つの電源をもった RC 回路

【解答】　まずスイッチが 1 に接続された状態で図 7.5(a)を考えると，すでに説明したように C に蓄えられるエネルギー W_{C1} と抵抗で消費するエネルギー W_{R1} は時間が十分経過した後では等しく

$$W_{C1} = W_{R1} = \frac{1}{2} C \left(\frac{E}{2}\right)^2 = \frac{CE^2}{8}$$

つぎにスイッチを 2 に接続した状態では図 7.5(b)について考えればよく，最終的にはキャパシタの電圧は E となるから C に蓄えられるエネルギー W_C は

$$\frac{1}{2} CE^2$$

つぎに抵抗で消費するエネルギーを計算してみる。すでに示したように

$$v = k e^{-\frac{t}{RC}} + E$$

で表され，スイッチを 2 に切り換えた瞬間を改めて $t=0$ とすると $t=0$ で v は $E/2$ であるので

$$\frac{E}{2} = k + E, \quad k = -\frac{E}{2}$$

したがって

$$v = -\frac{E}{2}$$

となり

$$v = -\frac{E}{2} e^{-\frac{t}{RC}} + E = E\left(1 - \frac{1}{2} e^{-\frac{t}{RC}}\right)$$

$$i = C \frac{dv}{dt} = \frac{CE}{2RC} e^{-\frac{t}{RC}} = \frac{E}{2R} e^{-\frac{t}{RC}}$$

抵抗で消費するエネルギー W_{R2} は

$$W_{R2} = \int_0^\infty Ri^2\,dt = \int_0^\infty R\frac{E^2}{4R^2}e^{-\frac{2t}{RC}}\,dt = \frac{E^2}{4R}\int_0^\infty e^{-\frac{2t}{RC}}\,dt$$

$$= \frac{E^2}{4R}\left[-\frac{RC}{2}e^{-\frac{2t}{RC}}\right]_0^\infty = \frac{CE^2}{8}$$

結局

$$W_C = \frac{CE^2}{2}, \qquad W_R = W_{R1} + W_{R2} = \frac{CE^2}{8} + \frac{CE^2}{8} = \frac{CE^2}{4}$$

となる．すなわちキャパシタを E [V] に充電するとき，いきなり E [V] に充電すれば充電するために R で失われるエネルギーは $CE^2/2$ であるが，$E/2$ ずつ 2 回に分けて充電すると R で失われるエネルギーは $1/2$ になる．このことは，E/n ずつ n 回に分けて十分ゆっくりと充電すると C に蓄えられるエネルギーは変わらないが，R で失われるエネルギーは $1/n$ に減少する．このことは，電源の電圧をきわめてゆっくりと上げていけば R で失われるエネルギーは零になることになる． ◆

7.1.2 *RL* 回路の性質

図 7.6 に示す回路で $t=0$ でスイッチを入れたときの回路方程式は，キルヒホッフの法則より

$$E = v_R + v_L = Ri + L\frac{di}{dt}$$

これを書き直すと

$$\frac{di}{dt} + \frac{R}{L}i = \frac{E}{L}$$

となり微分方程式の形は *RC* 回路の場合とまったく同一であるので

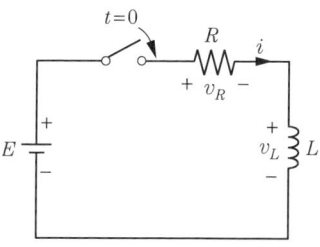

図 7.6 *RL* 回路

$$i = \tilde{i} + I_s \quad (\tilde{i}：余関数,\ I_s：特解)$$

とおくと

$$\frac{d\tilde{i}}{dt} + \frac{R}{L}\tilde{i} = 0$$

$$\frac{dI_s}{dt} + \frac{R}{L}I_s = \frac{E}{L}$$

となり

$$\tilde{i} = ke^{st}$$

とおくと

$$k\left(s+\frac{R}{L}\right)e^{st}=0$$

より $s=-R/L$ となり，また I_s は RC の場合とまったく同じように E/R である。よって

$$i=ke^{-\frac{R}{L}t}+\frac{E}{R}$$

を得る。$t=0$ 以前にはスイッチは切れているから $i=0$ であり，$i(0)=0$ となり

$$i(0)=k+\frac{E}{R}$$

$$\therefore\quad k=-\frac{E}{R}$$

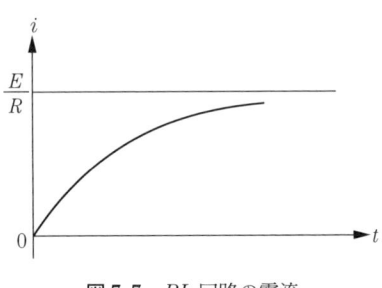

図 7.7　RL 回路の電流

となり，$i(t)$ は

$$i(t)=-\frac{E}{R}e^{-\frac{R}{L}t}+\frac{E}{R}=\frac{E}{R}\left(1-e^{-\frac{R}{L}t}\right)$$

で表される。$i(t)$ の概形は図 7.7 に示す。

7.2　RLC 回路の性質

図 7.8 に示す RLC 直列回路で $t=0$ でスイッチを閉じた場合の回路方程式は，キルヒホッフの電圧則より

$$E=Ri+L\frac{di}{dt}+v$$

となり $i=C(dv/dt)$ を用いると $di/dt=C(d^2v/dt^2)$ より

$$E=RC\frac{dv}{dt}+LC\frac{d^2v}{dt^2}+v$$

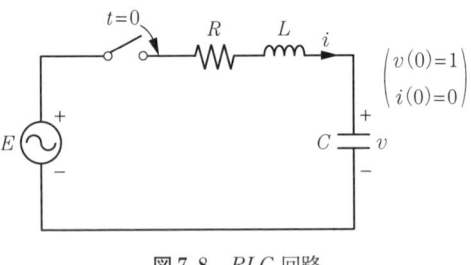

図 7.8　RLC 回路

を得る。これを書き直すと

$$\frac{d^2v}{dt^2}+\frac{R}{L}\frac{dv}{dt}+\frac{1}{LC}v=\frac{E}{LC}$$

となる。このように2階の微係数を含む方程式を**2階微分方程式**といい，L，C，R が定数の場合を定数係数微分方程式という。解法としては先に述べた1階の方程式と同じように，まず $E=0$ の場合について考える。

$$\frac{d^2v}{dt^2}+\frac{R}{L}\frac{dv}{dt}+\frac{1}{LC}v=0$$

となる。1階の場合と同じように考えると，v，dv/dt，d^2v/dt^2 は同じ形の関数でなくてはならない。すなわち，このような関数は指数関数であるから

$$v=ke^{st} \quad (k：任意定数)$$

とおき，微分方程式に代入すると

$$ks^2e^{st}+k\frac{R}{L}se^{st}+\frac{k}{LC}e^{st}=\left(s^2+\frac{R}{L}s+\frac{1}{LC}\right)ke^{st}=0$$

となり，e^{st} は零となることはないので

$$s^2+\frac{R}{L}s+\frac{1}{LC}=0$$

となる。1階の場合と同じように上式を**特性方程式**と呼び，上式を満たす s を**特性根**と呼ぶ。s の値は L，C，R の値により3種類に分けられるが，数値例で示す。

（1）　$L=1\,\mathrm{H}$，$C=0.5\,\mathrm{F}$，$R=3\,\Omega$ の場合　　微分方程式は

$$\frac{d^2v}{dt^2}+3\frac{dv}{dt}+2v=0$$

となり，特性方程式は

$$s^2+3s+2=(s+1)(s+2)=0$$

となる。特性根 s_1，s_2 は二つの異なった実根

$$s_1=-1, \quad s_2=-2$$

となり，解として

$$k_1e^{-t}, \quad k_2e^{-2t} \quad (k_1, k_2 は任意定数)$$

が得られるが，それらの和

$$v=k_1e^{-t}+k_2e^{-2t}$$

を元の微分方程式に代入してみると，やはり解であることがわかる。この解は

二つの任意定数 k_1, k_2 を含む。1階の場合には $t=0$ におけるキャパシタの電圧あるいはインダクタの電流から任意定数が決定できたが，その理由は，この二つが時間的に連続であるからである。ここで $t=0$ でキャパシタは 1 V に充電されており，インダクタには電流が流れていないものとすると

$$v(0)=1, \quad i(0)=0$$

であるから

$$C\left(\frac{dv}{dt}\right)_{t=0}=i(0)=0$$

となり，初期値として $v(0)=1$, $\left(\frac{dv}{dt}\right)_{t=0}=0$ が得られる。

$$v(0)=k_1 e^{-0}+k_2 e^{-0}=k_1+k_2$$

より

$$k_1+k_2=1$$

$$\frac{dv}{dt}=-k_1 e^{-t}-2k_2 e^{-2t}$$

$$\left(\frac{dv}{dt}\right)_{t=0}=-k_1-2k_2=0$$

より

$$k_1+k_2=1$$

$$-k_1-2k_2=0$$

したがって，上式より

$$k_1=2, \quad k_2=-1$$

となり

$$v(t)=2e^{-t}-e^{-2t}$$

$$\frac{dv}{dt}=-2e^{-t}+2e^{-2t}$$

$$i=C\frac{dv}{dt}=0.5\frac{dv}{dt}=-e^{-t}+e^{-2t}$$

$v(t)$ と $i(t)$ の概形を**図 7.9**(a)，(b)に示す。この形は L，C，R，$v(0)$，$i(0)$ の値によりさまざまな形をとる。

7.2 RLC 回路の性質

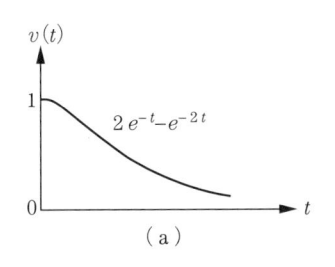

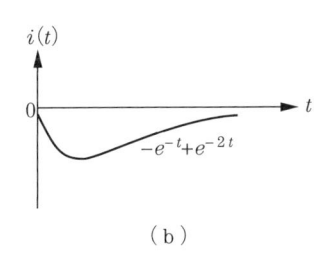

図 7.9 *RLC* 回路の応答

(2) **$L=1$ H, $C=0.2$ F, $R=2$ Ω の場合** 微分方程式は

$$\frac{d^2v}{dt^2}+2\frac{dv}{dt}+5v=0$$

となり, $v=ke^{st}$ を代入すると

$$s^2+2s+5=0$$

特性根は

$$s_1=-1+i2, \quad s_2=-1-i2$$

ただし, i は虚数を表し $(i)^2=-1$ である。電気工学では i が電流を表すことが多いので, 混乱を避けるために虚数の単位として j を用いるのが普通である。したがって

$$(j)^2=-1$$

を用いると

$$s_1=-1+j2, \quad s_2=-1-j2$$

となり, 解は

$$v=k_1e^{(-1+j2)t}+k_2e^{(-1-j2)t}$$

となる。ここでオイラーの公式

$$e^{j\theta}=\cos\theta+j\sin\theta, \quad e^{-j\theta}=\cos\theta-j\sin\theta$$

を用いると, v は

$$v=e^{-t}[(k_1+k_2)\cos 2t+j(k_1-k_2)\sin 2t]$$

となる。ここで $A=k_1+k_2$, $B=j(k_1-k_2)$ すなわち

$$k_1 = \frac{A-jB}{2}, \quad k_2 = \frac{A+jB}{2}$$

と置き換えると

$$v = e^{-t}(A\cos 2t + B\sin 2t)$$

となり，実数の形で表すことができる。任意定数 k_1, k_2 が複素数であるのは奇妙な気がするが，微分方程式に代入してみると複素数でもよいことがわかる。元来任意定数は実数と限ったことではなく，複素数でもよいことになり，v は

$$v = e^{-t}(A\cos 2t + B\sin 2t)$$

と置いてもよい。したがって，特性根が複素数の場合には v として最初から上式を用いてもよいし，またこのほうが理解しやすい。

ここで(1)の例の場合と同じように

$$v(0) = 1, \quad \left(\frac{dv}{dt}\right)_{t=0} = 0$$

の場合について考えてみる。v を t で微分すると

$$\frac{dv}{dt} = -e^{-t}(A\cos 2t + B\sin 2t) + e^{-t}(-2A\sin 2t + 2B\cos 2t)$$

$$= e^{-t}(-A+2B)\cos 2t - e^{-t}(2A+B)\sin 2t$$

$v(0) = 1$, $\left(\dfrac{dv}{dt}\right)_{t=0} = 0$ より

$$A = 1, \quad -A + 2B = 0$$

よって

$$B = \frac{A}{2} = \frac{1}{2}$$

したがって

$$v = e^{-t}\cos 2t + \frac{1}{2}e^{-t}\sin 2t$$

$$\frac{dv}{dt} = -\frac{5}{2}e^{-t}\sin 2t$$

が得られ，$i = C\dfrac{dv}{dt}$ より

$$i = -0.2 \times \frac{5}{2} e^{-t} \sin 2t = -\frac{1}{2} e^{-t} \sin 2t$$

となり，v と i の概形は図 7.10 に示される。

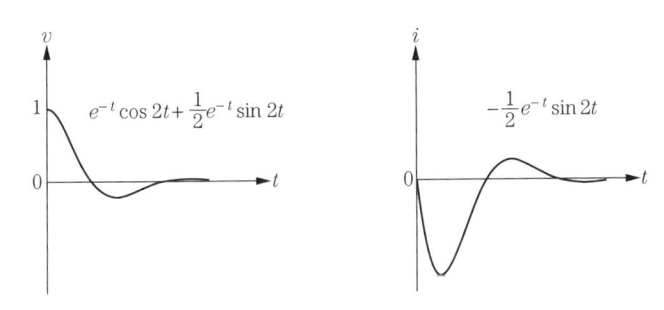

図 7.10 v と i の波形

（3） **$L=1\,\mathrm{H}$，$C=0.25\,\mathrm{F}$，$R=4\,\Omega$ の場合**　　微分方程式は

$$\frac{d^2 v}{dt^2} + 4\frac{dv}{dt} + 4v = 0$$

特性方程式は

$$s^2 + 4s + 4 = (s+2)^2 = 0$$

特性根は $s_1 = -2$，$s_2 = -2$ の2重根となる。回路の場合 L，C，R の値には必然的に誤差があるので，このような場合は現実には存在しないが，ここでは結果だけ述べると v は

$$v = k_1 e^{-2t} + k_2 t e^{-2t}$$

とおけばよい。k_1，k_2 は前の例と同じように

$$v(0) = 1, \quad \left(\frac{dv}{dt}\right)_{t=0} = 0$$

から求められ

$$v = e^{-2t} + 2t e^{-2t}$$

となる。以上のことをまとめると，特性根が

① 二つの異なる実数 $-\alpha_1$，$-\alpha_2$ のとき

$$v = k_1 e^{-\alpha_1 t} + k_2 e^{-\alpha_2 t}$$

② 共役複素数 $(-\alpha \pm j\beta)$ のとき

$$v = k_1 e^{-\alpha t} \cos \beta t + k_2 e^{-\alpha t} \sin \beta t$$

③ 二つの等しい実数 $(-\alpha)$ のとき

$$v = k_1 e^{-\alpha t} + k_2 t e^{-\alpha t}$$

となる．定数係数の2階微分方程式の場合には，これ以外の形はなく，また3階，4階…の微分方程式の場合でも，1階，2階の場合とまったく同じようにして特性根を求め，解を決めることができる．

つぎに $E \neq 0$ の場合について考える．RLC 直列回路の場合の微分方程式は先に示したように

$$\frac{d^2 v}{dt^2} + \frac{R}{L}\frac{dv}{dt} + \frac{1}{LC} v = \frac{1}{LC} E$$

となるが，1階の場合と同様に v を余関数 $\tilde{v}$ と特解 V_s とに分けて考える．

$$\frac{d^2 \tilde{v}}{dt^2} + \frac{R}{L}\frac{d\tilde{v}}{dt} + \frac{1}{LC} \tilde{v} = 0$$

$$\frac{d^2 V_s}{dt^2} + \frac{R}{L}\frac{dV_s}{dt} + \frac{1}{LC} V_s = \frac{1}{LC} E$$

余関数 $\tilde{v}$ についてはすでに学んだので省略し，特解 V_s の求め方について説明する．方法は1階の場合とまったく同一である．

(1) **$E = E$（定数）の場合**

$$V_s = A \quad \text{（定数）}$$

とおくと

$$\frac{A}{LC} = \frac{E}{LC}$$

これより

$$A = E$$

が求められる．

(2) **$E = E_s \sin \omega t + E_c \cos \omega t$ の場合**

$$V_s = A \sin \omega t + B \cos \omega t$$

とおき V_s の微分方程式に代入し，両辺の $\sin \omega t$ の係数および $\cos \omega t$ の係数を等しくおき

7.2 RLC回路の性質

$$\frac{dV_s}{dt} = A\omega \cos \omega t - B\omega \sin \omega t$$

$$\frac{d^2 V_s}{dt^2} = -A\omega^2 \sin \omega t - B\omega^2 \cos \omega t$$

を微分方程式に代入し，整理すると

$(1-\omega^2 LC)A - \omega CRB = E_s$ （sin の係数）

$\omega CRA + (1-\omega^2 LC)B = E_c$ （cos の係数）

となり A, B を求めると

$$A = \frac{(1-\omega^2 LC)E_s + CR\omega E_c}{(1-\omega^2 LC)^2 + \omega^2 C^2 R^2}$$

$$B = \frac{(1-\omega^2 LC)E_c - CR\omega E_s}{(1-\omega^2 LC)^2 + \omega^2 C^2 R^2}$$

が得られ

$$V_s = \frac{(1-\omega^2 LC)E_s + CR\omega E_c}{(1-\omega^2 LC)^2 + \omega^2 C^2 R^2} \sin \omega t + \frac{(1-\omega^2 LC)E_c - CR\omega E_s}{(1-\omega^2 LC)^2 + \omega^2 C^2 R^2} \cos \omega t$$

となる。v として

$$v = \tilde{v} + V_s$$

が得られ，$t=0$ での $v(0)$, $\left(\dfrac{dv}{dt}\right)_{t=0} = 0$ の値より $v(t)$ が求まる。

例題 7.2　図 7.11 に示される回路で $t=0$ でスイッチを閉じた。v に関する微分方程式を立て，解を求めよ。ただし $t=0$ で $v=0$, $i=0$ とする。

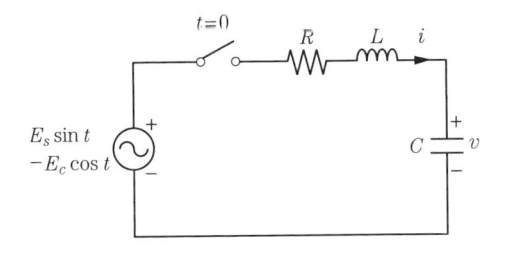

(a) $L=1$ H, $R=3$ Ω, $C=0.5$ F, $E_s=2$ V, $E_c=1$ V
(b) $L=1$ H, $R=2$ Ω, $C=0.5$ F, $E_s=2$ V, $E_c=1$ V

図 7.11　正弦波電源を含む RLC 回路

7. 基本回路の性質

【解答】 回路の微分方程式は

$$\frac{d^2v}{dt^2} + \frac{R}{L}\frac{dv}{dt} + \frac{1}{LC}v = \frac{E_s}{LC}\sin t - \frac{E_c}{LC}\cos t$$

（a） $L=1$ H, $R=3$ Ω, $C=0.5$ F, $E_s=2$ V, $E_c=1$ V

$$\frac{d^2v}{dt^2} + 3\frac{dv}{dt} + 2v = 4\sin t - 2\cos t$$

であるから，特性方程式は

$$s^2 + 3s + 2 = (s+1)(s+2) = 0$$

であるから

$$\tilde{v} = k_1 e^{-t} + k_2 e^{-2t}, \quad V_s = A\sin t + B\cos t$$

とおき，A，B を計算すると

$$A = 1, \quad B = -1$$

よって

$$v = k_1 e^{-t} + k_2 e^{-2t} + \sin t - \cos t$$

$$\frac{dv}{dt} = -k_1 e^{-t} - 2k_2 e^{-2t} + \cos t + \sin t$$

$t=0$ で $v=0$，$C\left(\dfrac{dv}{dt}\right)_{t=0} = i(0)$ より $\left(\dfrac{dv}{dt}\right)_{t=0} = 0$ となるから

$$k_1 + k_2 - 1 = 0$$
$$-k_1 - 2k_2 + 1 = 0$$

これより，$k_1=1$，$k_2=0$ が得られ，結局

$$v = e^{-t} + \sin t - \cos t$$

となり，t が十分大きくなると e^{-t} は零となり

$$v = \sin t - \cos t$$

（b） $L=1$ H, $R=2$ Ω, $C=0.5$ F, $E_s=2$ V, $E_c=-1$ V
微分方程式は

$$\frac{d^2v}{dt^2} + 2\frac{dv}{dt} + 2v = 4\sin t - 2\cos t$$

特性根は

$$s_1 = -1+j, \quad s_2 = -1-j$$

であるから

$$\tilde{v} = k_1 e^{-t}\sin t + k_2 e^{-t}\cos t$$

$V_s = A\sin t + B\cos t$ とおき A，B を計算してみると

$$A=0, \quad B=-2$$

$$v = k_1 e^{-t}\sin t + k_2 e^{-t}\cos t - 2\cos t$$

$$\frac{dv}{dt} = k_1(-e^{-t}\sin t + e^{-t}\cos t) + k_2(-e^{-t}\cos t - e^{-t}\sin t) + \frac{2}{5}\sin t$$

$$= (-k_1 - k_2)e^{-t}\sin t + (k_1 - k_2)e^{-t}\cos t + \frac{8}{5}\cos t + \frac{2}{5}\sin t$$

$t=0$ で $v=0$, $\dfrac{dv}{dt}=0$

$$v(0) = k_2 - \frac{2}{5} = 0 \text{ より } k_2 = \frac{2}{5}$$

$$\frac{dv}{dt} = k_1 - k_2 + \frac{8}{5} = 0 \text{ より } k_1 = -\frac{6}{5}$$

$$v = -\frac{6}{5}e^{-t}\sin t + \frac{2}{5}e^{-t}\cos t + \frac{8}{5}\sin t - \frac{2}{5}\cos t$$

$$= \frac{2}{5}(4 - 3e^{-t})\sin t + \frac{2}{5}(-1 + e^{-t})\cos t$$

ここで t が十分大きくなると，v は

$$v = \frac{8}{5}\sin t - \frac{2}{5}\cos t$$

となる。

 (a)の場合でも(b)の場合でも，$t \to \infty$ のときの v すなわち定常状態のみの解析は8章で詳しく述べる。 ◆

演 習 問 題

(1) 図7.12に示す回路で，スイッチを入れてから十分時間が経過してからスイッチを切った。スイッチを切った時刻を $t=0$ としたとき，$t \geq 0$ における v を求めよ。

(2) 図7.13に示す回路で，スイッチを入れてから十分時間が経過してからスイッチを切った。スイッチを切った時刻を $t=0$ としたとき，$t \geq 0$ における i を求

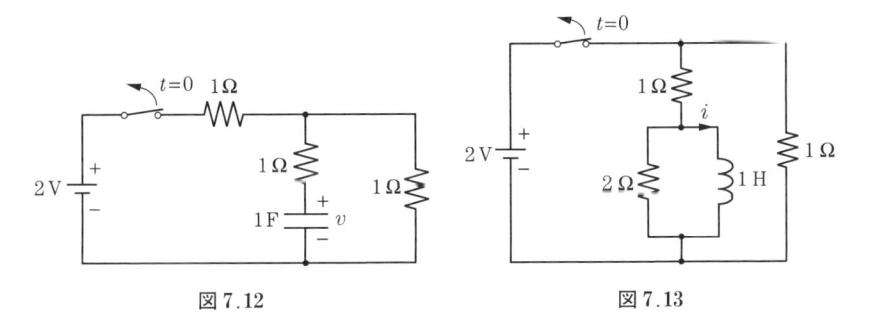

図7.12

図7.13

めよ。
(3) 図 7.14 に示す回路で，$t=0$ でスイッチを閉じた。
　　　$t \geqq 0$ において
　(ⅰ) 節点 n におけるキルヒホッフの電流則を式で示せ。
　(ⅱ) i_C と v，i_R と v の関係を式で表せ。
　(ⅲ) 閉路 l についてキルヒホッフの電圧則を式で示せ。
　(ⅳ) v に関する微分方程式を示せ。
　(ⅴ) (ⅳ)において $R_1 = R_2 = 1\,\Omega$，$C = 1\,\text{F}$，$E = 2\,\text{V}$ の場合の v に関する微分方程式とその解を求めよ。ただし，$t=0$ で $v=0$ とする。

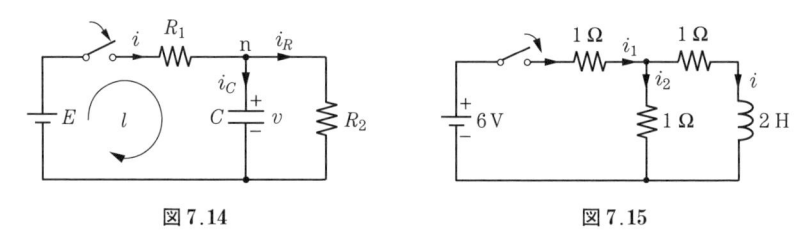

図 7.14　　　　　図 7.15

(4) 図 7.15 の回路で，$t=0$ でスイッチを閉じた。
　(ⅰ) $t \geqq 0$ において i に関する微分方程式を示せ。
　(ⅱ) $t \geqq 0$ における i を求めよ。
(5) 図 7.16 の回路で，十分時間が経過してから $t=0$ でスイッチを開いた。
　(ⅰ) $t \geqq 0$ での v に関する微分方程式を示せ。
　(ⅱ) $t=0$ における v と dv/dt を求めよ。
　(ⅲ) $t \geqq 0$ で v の微分方程式を解き，v を求めよ。

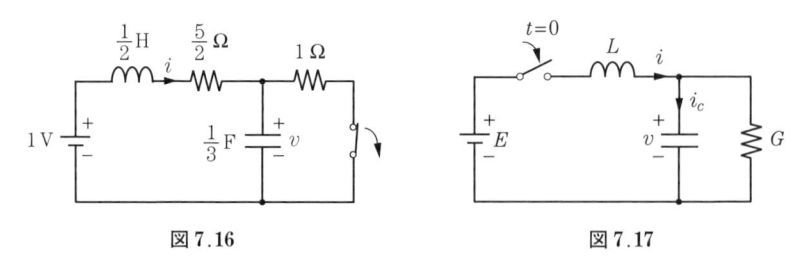

図 7.16　　　　　図 7.17

(6) 図 7.17 の回路で，$t=0$ でスイッチを閉じた。
　(ⅰ) $t \geqq 0$ における v の微分方程式を立てよ。
　(ⅱ) $C=1\,\text{F}$，$L=1/6\,\text{H}$，$G=5\,\text{S}$，$E=2\,\text{V}$ のとき，v を求めよ。ただし，$t=0$，$v=0\,\text{V}$ とする。

(7) 図7.18の回路で，$t=0$でスイッチを閉じた．
 (i) $t \geq 0$でのiに関する微分方程式をたてよ．
 (ii) $E(t)=1\,\mathrm{V}$のとき，$t \geq 0$におけるiの解を求めよ．ただし，$t=0$で$i=0$とする．
 (iii) $E(t)=10\cos 3t$の場合のiを求めよ．ただし，$t=0$で$i=0$とする．

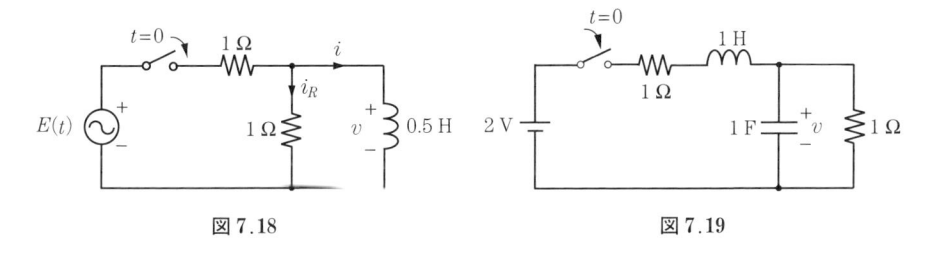

図 7.18

図 7.19

(8) 図7.19の回路で，$t=0$でスイッチを閉じた．
 (i) $t \geq 0$におけるvに関する微分方程式をたてよ．
 (ii) $t \geq 0$におけるvの表現を求めよ．ただし，$t=0$で$v=0$とする．
(9) 図7.20に示す回路で$t=0$でスイッチを閉じた．$t \geq 0$におけるvの表現を求めよ．ただし，$t=0$で$v=0$とする．
(10) 図7.21の回路で$t=0$でスイッチを閉じた．$t \geq 0$でのvを求めよ．ただし，最初キャパシタは$1\,\mathrm{V}$に充電されているものとする．

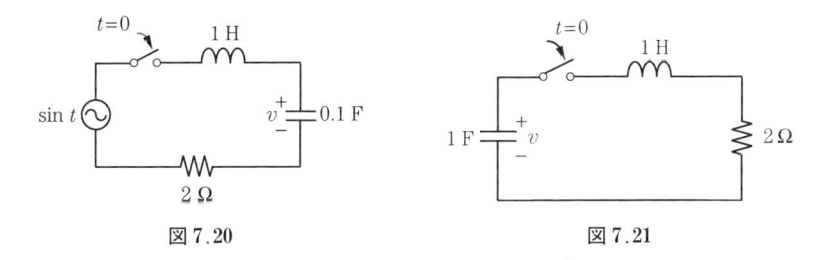

図 7.20

図 7.21

8

正弦波定常状態の解析

本章では正弦波交流電源のみを含む回路で時間が十分経過した後，すなわち定常状態の解析法について述べる。この方法はフェーザ法と呼ばれる。7章で示した微分方程式を直接解く場合と比較してきわめて有効であり，フェーザ法は正弦波交流回路の解析に便利であることを示す。

8.1 インピーダンスとアドミタンス

7章では回路に種々の形の電源を含む場合について解析したが，実用上最も重要であるのは電源が正弦波の場合であり，さらに十分時間が経過した後の電流あるいは電圧のみを求めたい場合である。すなわち微分方程式の特解だけが必要な場合である。これまでは，電源の角周波数を ω としたとき，特解を V を

$$V = A \sin \omega t + B \cos \omega t$$

とおいて微分方程式に代入し，A，B を求めたが，その過程が大変面倒であった。本章では正弦波定常状態の電流，電圧を複素数の代数計算に置き換えて行うという，きわめて便利な方法について述べる。この方法の根本的な考え方は，正弦波を何回微分しても積分してもやはり正弦波であることに基づいている。

図 8.1 に示す RLC 直列回路のコンデンサの電圧 v に関する微分方程式は，

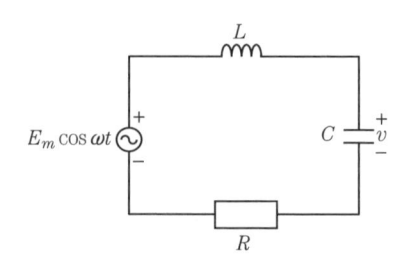

図 8.1　RLC 直列回路

8.1 インピーダンスとアドミタンス

すでに学んだように

$$LC\frac{d^2v}{dt^2} + RC\frac{dv}{dt} + v = E_m \cos \omega t$$

となる。この場合には特解（ここでは正弦波の定常解）のみを求めればよいのであるから，初期値を考える必要がなく，回路中のどこの電圧あるいは電流を変数にとってもよい。図 8.1 の電流 i を変数にとると方程式は

$$L\frac{di}{dt} + Ri + \frac{1}{C}\int i\,dt = E_m \cos \omega t$$

となる。7 章と同じように i の特解を I_s とすると

$$I_s = A \sin \omega t + B \cos \omega t$$

とおいて

$$L\frac{dI_s}{dt} + RI_s + \frac{1}{C}\int I_s\,dt = E_m \cos \omega t$$

に代入して上式の両辺の $\sin \omega t$ および $\cos \omega t$ の係数を等しくおくことにより，A, B を決定すればよい。また解を

$$I_s = I_m \cos(\omega t - \varphi)$$

とおいて I_m, φ を求めてもよい。

ここで電源 $E_m \cos \omega t$ の代わりに電源としてオイラーの公式を用いて

$$E_m e^{j\omega t} = E_m (\cos \omega t + j \sin \omega t)$$

とおいてみよう。そうすると解の定常電流も

$$I_m e^{j(\omega t - \varphi)} = I_m \{\cos(\omega t - \varphi) + j \sin(\omega t - \varphi)\}$$

の形をとるであろう。これより

$$\frac{dI_s}{dt} = j\omega I_m e^{j(\omega t - \varphi)}, \qquad \int I_s\,dt = \frac{I_m}{j\omega} e^{j(\omega t - \varphi)}$$

となり，これを

$$L\frac{dI_s}{dt} + RI_s + \frac{1}{C}\int I_s\,dt = E_m e^{j\omega t}$$

に代入すると

$$\left(j\omega L + R + \frac{1}{j\omega C}\right) I_m e^{j(\omega t - \varphi)} = E_m e^{j\omega t}$$

となり両辺に $e^{-j\omega t}$ を乗ずると

$$\left(j\omega L + R + \frac{1}{j\omega C}\right) I_m \, e^{-j\varphi} = E_m$$

となる。これより

$$I_m \, e^{-j\varphi} = I_m(\cos\varphi - j\sin\varphi) = \frac{E_m}{R + j\left(\omega L - \frac{1}{\omega C}\right)}$$

$$= \frac{E_m\left\{R - j\left(\omega L - \frac{1}{\omega C}\right)\right\}}{R^2 + \left(\omega L - \frac{1}{\omega C}\right)^2}$$

となり，ここで両辺の実数部および虚数部をそれぞれ等しくおくと

$$I_m \cos\varphi = \frac{RE_m}{R^2 + \left(\omega L - \frac{1}{\omega C}\right)^2}, \quad -I_m \sin\varphi = \frac{-\left(\omega L - \frac{1}{\omega C}\right)E_m}{R^2 + \left(\omega L - \frac{1}{\omega C}\right)^2}$$

$I_m{}^2 \cos^2\varphi + I_m{}^2 \sin^2\varphi = I_m{}^2$ であるから

$$I_m{}^2 = \frac{\left\{R^2 + \left(\omega L - \frac{1}{\omega C}\right)^2\right\}E_m{}^2}{\left\{R^2 + \left(\omega L - \frac{1}{\omega C}\right)^2\right\}^2} = \frac{E_m{}^2}{R^2 + \left(\omega L - \frac{1}{\omega C}\right)^2}$$

よって

$$I_m = \frac{E_m}{\sqrt{R^2 + \left(\omega L - \frac{1}{\omega C}\right)^2}}$$

また

$$\tan\varphi = \frac{\sin\varphi}{\cos\varphi} = \frac{\omega L - \frac{1}{\omega C}}{R}$$

が得られる。これまでは電源が $E_m \cos\omega t$ で表される場合について説明してきたが，電源が $E_m \sin\omega t$ の場合でも解を $I_m \sin(\omega t - \varphi)$ として考えればまったく同様であり，要は微分方程式を解く代わりに，単に複素数の計算に置き換えることができるということである。

以上のことから正弦波定常状態の解を求める方法として

8.1 インピーダンスとアドミタンス

電源 $E_m \cos \omega t$, $(E_m \sin \omega t) \longrightarrow E_m$

電流 $I_m \cos(\omega t - \varphi)$, $\{I_m \sin(\omega t - \varphi)\} \longrightarrow I_m e^{-j\varphi}$

微分 $j\omega$

積分 $\dfrac{1}{j\omega} = -j\dfrac{1}{\omega}$

と置き換え，さらに図 8.1 の回路を**図 8.2** に示す回路に置き換え，直流と同じように回路方程式を立て，I_m，φ を求めればよい．

$$Z = R + j\omega L + \frac{1}{j\omega C}$$

$$= R + j\left(\omega L - \frac{1}{\omega C}\right)$$

Z は直列のときの抵抗に相当し，この Z を**インピーダンス**（impedance）と呼び，単位はオーム〔Ω〕である．このインピーダンスを複素平面上で図示すると**図 8.3** のようになる．

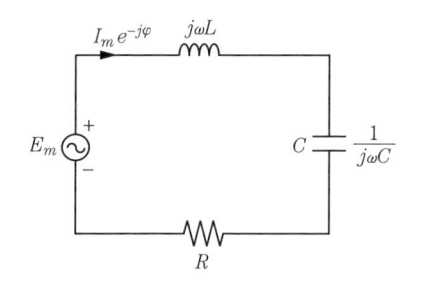

図 8.2 RLC 直列回路

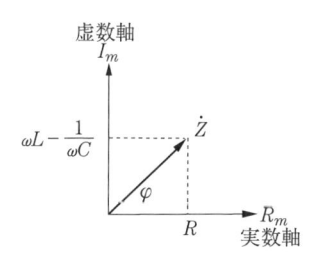

図 8.3 複素平面上における Z

$$ZI_m e^{-j\varphi} = \dot{E}_m$$

$$I_m e^{-j\varphi} = \dot{I}_m$$

とおき，Z が複素数であることをはっきり示すために，上部に点をつけ $\dot{Z}$ と表すと

$$\dot{Z}\dot{I}_m = \dot{E}_m$$

となり

$$\dot{I}_m = \frac{E_m}{R + j\left(\omega L - \dfrac{1}{\omega C}\right)}, \quad I_m = |\dot{I}_m| = \frac{E_m}{\sqrt{R^2 + \left(\omega L - \dfrac{1}{\omega C}\right)^2}}$$

$$\tan\varphi = \frac{\omega L - \dfrac{1}{\omega C}}{R}$$

とおける．また先に述べたように電源が $E_m\sin(\omega t-\theta)$ で表される場合には，前と同じように E_m の代わりに $E_m e^{-j\theta}=\dot{E}_m$ とおけばまったく同じようにして $\dot{I}_m$ を求めることができる．

　以上に述べた解析法は**フェーザ**（phasor）**法**と呼ばれ，交流回路の定常状態の解析にきわめて便利なために，この手法を用いた回路理論を交流理論と呼ぶこともある．フェーザ法は定常状態における振幅と位相を求める方法であって，演算の中で時間 t の関係が含まれておらず，角周波数 ω と振幅 I_m，位相 φ の関係のみを表しているので，周波数解析と呼ばれることもある．

　フェーザ法を用いて回路解析を行う場合にも，直流の場合と同じようにキルヒホッフの法則，重ねの理，テブナンの定理，相反定理などが成立する．

　インピーダンス $\dot{Z}$ を

$$\dot{Z}=R+jX$$

とするとき，実部 R を**レジスタンス**（resistance），虚部 X を**リアクタンス**（reactance）と呼び，単位はオーム〔Ω〕である．また $\dot{Z}$ の逆数 $\dot{Y}$

$$\dot{Y}=\frac{1}{\dot{Z}}$$

を**アドミタンス**（admittance）と呼び，単位はジーメンス〔S〕であり

$$\dot{Y}=G+jB$$

とするとき，実部 G を**コンダクタンス**（conductance），虚部 B を**サセプタンス**（susceptance）と呼ぶ．

　インピーダンスおよびアドミタンスの直列接続あるいは並列接続したときの全体のインピーダンス，アドミタンスは**図8.4**に示すように

$$\dot{V}=\dot{V}_1+\dot{V}_2+\cdots+\dot{V}_n=(\dot{Z}_1+\dot{Z}_2+\cdots+\dot{Z}_n)\dot{I}=\dot{Z}\dot{I}$$
$$\dot{I}=\dot{I}_1+\dot{I}_2+\cdots+\dot{I}_n=(\dot{Y}_1+\dot{Y}_2+\cdots+\dot{Y}_n)\dot{V}=\dot{Y}\dot{V}$$

となるので，インピーダンスの直列接続の場合の総インピーダンス $\dot{Z}$ は

$$\dot{Z}=\dot{Z}_1+\dot{Z}_2+\cdots+\dot{Z}_n$$

また，アドミタンスの並列接続の場合の総アドミタンス $\dot{Y}$ は

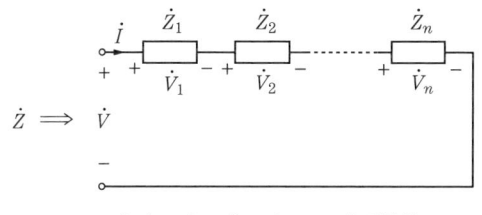

8.1 インピーダンスとアドミタンス

(a) インピーダンスの直列接続

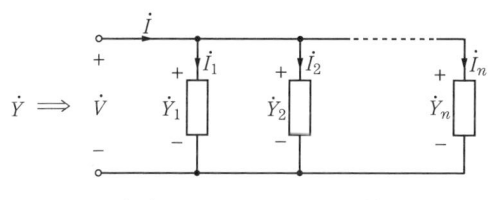

(b) アドミタンスの並列接続

図 8.4 インピーダンスの直列接続, アドミタンスの並列接続

$$\dot{Y} = \dot{Y}_1 + \dot{Y}_2 + \cdots + \dot{Y}_n$$

となる。

例題 8.1 図 8.5 に示す回路の 1-1′ 端子間のアドミタンス $\dot{Y}$ を求めよ。また, $R_1 = R_2 = R$, $R^2 = L/C$ のときの $\dot{Y}$ を求めよ。

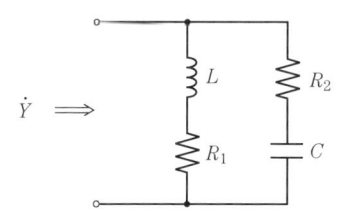

図 8.5 RLC 回路のインピーダンス

【解答】 L, R_1 および C, R_2 の直列インピーダンスをそれぞれ $\dot{Z}_1$, $\dot{Z}_2$ とすると

$$\dot{Z}_1 = R_1 + j\omega L, \quad \dot{Z}_2 = R_2 + \frac{1}{j\omega C} = \frac{j\omega C R_2 + 1}{j\omega C}$$

これより, $\dot{Z}_1$, $\dot{Z}_2$ の並列アドミタンス $\dot{Y}$ は

$$\dot{Y} = \frac{1}{\dot{Z}_1} + \frac{1}{\dot{Z}_2}$$

$$= \frac{1}{R_1 + j\omega L} + \frac{j\omega C}{j\omega C R_2 + 1} = \frac{R_1 - j\omega L}{R_1^2 + \omega^2 L^2} + \frac{(1 - j\omega C R_2)j\omega C}{1 + \omega^2 C^2 R_2^2}$$

8. 正弦波定常状態の解析

$$= \left(\frac{R_1}{R_1^2+\omega^2 L^2} + \frac{\omega^2 C^2 R_2}{1+\omega^2 C^2 R_2^2}\right) + j\left(\frac{-\omega L}{R_1^2+\omega^2 L^2} + \frac{\omega C}{1+\omega^2 C^2 R_2^2}\right)$$

ここで $R_1 = R_2 = R$, $R^2 = L/C$ の関係を用い, C を消去すると

$$\dot{Y} = \left(\frac{R}{R^2+\omega^2 L^2} + \frac{\omega^2 \frac{L^2}{R^4} R}{1+\omega^2 \frac{L^2}{R^4} R^2}\right) + j\left(\frac{-\omega L}{R^2+\omega^2 L^2} + \frac{\omega \frac{L}{R^2}}{1+\omega^2 \frac{L^2}{R^4} R^2}\right)$$

$$= \frac{1}{R}\left(\frac{R^2+\omega^2 L^2}{R^2+\omega^2 L^2}\right) + j\left(\frac{-\omega L+\omega L}{R^2+\omega^2 L^2}\right) = \frac{1}{R}$$

となり, $\dot{Y}$ は ω に無関係に $1/R$ となる。このような回路を定抵抗回路という。◆

例題 8.2 図 8.6 に示す回路の $\dot{Z}$ を求めよ。つぎに 1-1′ に $E\cos\omega t$ の電源を接続したとき, この回路に流れる電流 $I(t)$ を求めよ。ただし, $\omega = 1/CR$ とする。

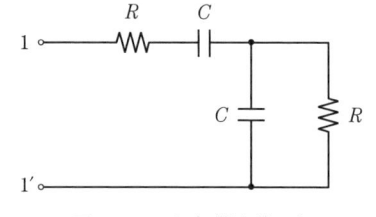

図 8.6 RC 直列並列回路

【解答】 RC 直列回路のインピーダンス $\dot{Z}_1$ は

$$\dot{Z}_1 = R + \frac{1}{j\omega C} = R - \frac{j}{\omega C}$$

RC 並列回路のインピーダンス $\dot{Z}_2$ は

$$\dot{Z}_2 = \frac{1}{\frac{1}{R}+j\omega C} = \frac{R}{1+j\omega CR} = \frac{R(1-j\omega CR)}{1+\omega^2 C^2 R^2} = \frac{R-j\omega CR^2}{1+\omega^2 C^2 R^2}$$

1-1′間のインピーダンス $\dot{Z}$ は

$$\dot{Z} = R - \frac{j}{\omega C} + \frac{R-j\omega CR^2}{1+\omega^2 C^2 R^2} = R + \frac{R}{1+\omega^2 C^2 R^2} - j\left(\frac{1}{\omega C} + \frac{\omega CR^2}{1+\omega^2 C^2 R^2}\right)$$

$\omega = \dfrac{1}{CR}$ の場合には

$$\dot{Z} = R + \frac{R}{2} - j\left(R + \frac{R}{2}\right) = \frac{3R}{2}(1-j)$$

したがって, 電流 $\dot{I}_m$ は

$$\dot{I}_m = \frac{E}{\dot{Z}} = \frac{2E}{3R(1-j)} = \frac{2E}{3R}\cdot\frac{(1+j)}{(1-j)(1+j)}$$

$$= \frac{2E}{3R}\cdot\frac{(1+j)}{2} = \frac{E}{3R}(1+j)$$

したがって

$$|\dot{I}_m|=\frac{\sqrt{2}E}{3R}, \quad \tan\varphi=-1, \quad \varphi=-\frac{\pi}{4}$$

となり，よって

$$I(t)=\frac{\sqrt{2}E}{3R}\cos\left(\omega t+\frac{\pi}{4}\right) \qquad \blacklozenge$$

例題 8.3 図 8.7 に示す回路において，定常状態における $i(t)$ を求めよ。

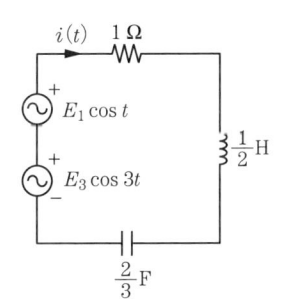

図 8.7 二つの異なる周波数の電源をもつ回路

【解答】 この場合 $\omega=1$ と $\omega=3$ の二つの電源を含むので，図 8.8 に示すように重ねの定理を適用し $\omega=1$ の電源のみがある場合の解 $i_1(t)=I_1\cos(t-\varphi_1)$ と，$\omega=3$ のみの電源がある場合の解 $i_3(t)=I_3\cos(3t-\varphi_3)$ とを別々に求め，$i(t)=i_1(t)+i_3(t)$ を求めなければならない。

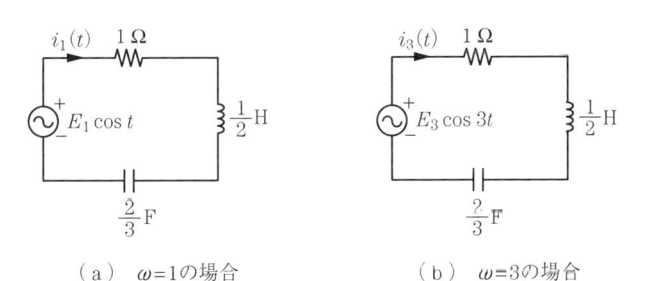

（a） $\omega=1$ の場合　　　　（b） $\omega=3$ の場合

図 8.8 $\omega=1$ と $\omega=3$ の場合の回路

$\omega=1$ のときのインピーダンスを $\dot{Z}_{\omega=1}$ とすると

$$Z_{\omega=1}=1+j\frac{1}{2}+\frac{1}{j\frac{2}{3}}=1+j\left(\frac{1}{2}-\frac{3}{2}\right)=1-j$$

したがって電流 $i_1(t)$ の振幅 I_1 は

$$I_1 = \frac{E_1}{\sqrt{1^2+1^2}} = \frac{E_1}{\sqrt{2}}$$

$$\tan\varphi_1 = \frac{虚数部}{実数部} = -1, \quad \varphi_1 = -\frac{\pi}{4}$$

$\omega=3$ のときのインピーダンス $\dot{Z}_{\omega=3}$ は

$$\dot{Z}_{\omega=3} = 1 + j\,3 \cdot \frac{1}{2} + \frac{1}{j\,3 \cdot \frac{2}{3}} = 1+j$$

この電流 $i_3(t)$ の振幅 I_3 は

$$I_3 = \frac{E_3}{\sqrt{1^2+1^2}} = \frac{E_3}{\sqrt{2}}, \quad \varphi_3 = \frac{\pi}{4}$$

したがって

$$i(t) = \frac{E_1}{\sqrt{2}} \cos\left(t + \frac{\pi}{4}\right) + \frac{E_3}{\sqrt{2}} \cos\left(3t - \frac{\pi}{4}\right)$$

◆

8.2 正弦波定常状態における電力

図 8.9 に示すように，ある回路の両端の電圧が $v(t) = V_m\sin\omega t$ であり，流れる電流が $i(t) = I_m\sin(\omega t - \varphi)$ で表されるとき，この回路に供給される瞬時電力 $p(t)$ は

$$\begin{aligned}p(t) &= v(t) \cdot i(t) = V_m I_m \sin\omega t \cdot \sin(\omega t - \varphi)\\ &= \frac{V_m I_m}{2}\{\cos\varphi - \cos(2\omega t - \varphi)\}\end{aligned}$$

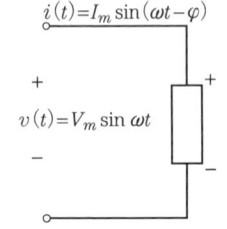

図 8.9 定常状態の電力

となる。すなわち $p(t)$ は $(V_m I_m \cos\varphi)/2$ の定数項と振幅が $V_m I_m/2$ で，角周波数 2ω の正弦波の和で表される。正弦波の項は正と負の部分が相殺され，平均値は零となる。結局，定数項 $(V_m I_m \cos\varphi)/2$ のみが残ってしまい，回路で消費する電力は $p(t)$ の平均値で表される。これを平均電力 P_a とすると

$$\begin{aligned}P_a &= \frac{1}{2\pi/\omega}\int_0^{\frac{2\pi}{\omega}} \frac{V_m I_m}{2}\{\cos\varphi - \cos(2\omega t - \varphi)\}dt\\ &= \frac{V_m I_m}{2}\cos\varphi\end{aligned}$$

となり，直流の場合と異なり，$\cos\varphi$ が重要な役割を果たすことになる。例え

ば，$\varphi=\pi/2$ のときには $\cos \pi/2=0$ となり，平均電力は零となる．この $\cos \varphi$ を**力率**という．

これまではフェーザ法を用いて $I_m=|\dot{I}_m|$ と $\cos \varphi$ を求め，これより平均電力 P_a を計算してきたが，フェーザ法を用いて直接 P_a を求めてみる．電圧を $\dot{V}_m = V_m$，電流を $\dot{I}_m = I_m e^{-j\varphi}$ とし，$V_m{}^*$ および $I_m{}^*$ を $\dot{V}_m$，$\dot{I}_m$ の共役複素数とすると

$$\dot{V}_m = V_m, \qquad \dot{I}_m = I_m(\cos \varphi - j \sin \varphi) = I_m e^{-j\varphi}$$

であるから

$$V_m{}^* \dot{I}_m = V_m I_m e^{-j\varphi} = V_m I_m (\cos \varphi - j \sin \varphi)$$

$$\dot{V}_m I_m{}^* = V_m I_m e^{+j\varphi} = V_m I_m (\cos \varphi + j \sin \varphi)$$

また $P_a = 1/2(V_m I_m \cos \varphi)$ であるから，上の二つの式より

$$P_a = \frac{1}{2} R_e(V_m{}^* \dot{I}_m) = \frac{1}{2} R_e(\dot{V}_m I_m{}^*)$$

$R_e(\dot{A})$ は $(\dot{A})$ の実数部の意味

また

$$\dot{V}_m I_m{}^* + V_m{}^* \dot{I}_m = 2 V_m I_m \cos \varphi = 4 P_a$$

であるから，平均電力 P_a は

$$P_a = \frac{1}{4}(\dot{V}_m I_m{}^* + V_m{}^* \dot{I}_m)$$

と表すこともできる．

例題 8.4 図 8.10 に示す回路で消費する平均電力 P_a を求めよ．

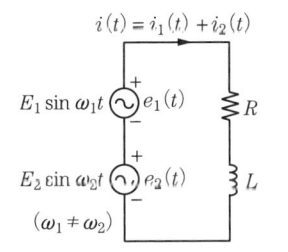

図 8.10 二つの異なる周波数の電源を含む回路

【解答】 まず，例題 8.3 と同じように重ねの理を用いて $e_1(t)$ のみがあるときに流れる電流 $i_1(t)$ と $e_2(t)$ のみがあるときの電流 $i_2(t)$ を求めると，$i(t)=i_1(t)+i_2(t)$ となる。

$$i_1(t)=I_1\sin(\omega_1 t-\varphi_1),\quad i_2(t)=I_2\sin(\omega_2 t-\varphi_2)$$

とおくと，瞬時電力 $p(t)$ は

$$\begin{aligned}p(t)&=e(t)\cdot i(t)=\{E_1\sin\omega_1 t+E_2\sin\omega_2 t\}\times\{I_1\sin(\omega_1 t-\varphi_1)\\&\quad+I_2\sin(\omega_2 t-\varphi_2)\}\\&=E_1I_1\sin\omega_1 t\cdot\sin(\omega_1 t-\varphi_1)+E_1I_2\sin\omega_1 t\cdot\sin(\omega_2 t-\varphi_2)\\&\quad+E_2I_1\sin\omega_2 t\cdot\sin(\omega_1 t-\varphi_1)+E_2I_2\sin\omega_2 t\cdot\sin(\omega_2 t-\varphi_2)\end{aligned}$$

ここで，公式 $\sin x\cdot\sin y=1/2\{\cos(x-y)-\cos(x+y)\}$ を用いると上式は

$$\begin{aligned}p(t)&=\frac{E_1I_1}{2}\{\cos\varphi_1-\cos(2\omega_1 t-\varphi_1)\}+\frac{E_2I_2}{2}\{\cos\varphi_2-\cos(2\omega_2 t-\varphi_2)\}\\&\quad+\frac{E_1I_2}{2}[\cos\{(\omega_1-\omega_2)t+\varphi_2\}-\cos\{(\omega_1+\omega_2)t-\varphi_2\}]\\&\quad+\frac{E_2I_1}{2}[\cos\{(\omega_2-\omega_1)t+\varphi_1\}-\cos\{(\omega_1+\omega_2)t-\varphi_1\}]\end{aligned}$$

となり，平均電力 P_a は $p(t)$ の平均値であるから，$p(t)$ の中の t に関係する正弦波の項は平均して零となり

$$P_a=\frac{E_1I_1}{2}\cos\varphi_1+\frac{E_2I_2}{2}\cos\varphi_2$$

$$I_1=\frac{E_1}{\sqrt{R^2+\omega_1^2L^2}},\quad I_2=\frac{E_2}{\sqrt{R^2+\omega_2^2L^2}}$$

$$\cos\varphi_1=\frac{R}{\sqrt{R^2+\omega_1^2L^2}},\quad \cos\varphi_2=\frac{R}{\sqrt{R^2+\omega_2^2L^2}}$$

であるから，結局

$$P_a=\frac{RE_1^2}{2(R^2+\omega_1^2L^2)}+\frac{RE_2^2}{2(R^2+\omega_2^2L^2)}$$

となる。以上のことから，異なる周波数の電源をもつ回路で消費する平均電力は，別々に電源を加えた場合に消費する各平均電力の和になることを示しており，この性質は異なる周波数の電源が何個あっても同様である。このことは，後で述べる 12 章のひずみ波交流回路のところで詳しく述べる。　◆

8.3 交流電圧・電流の実効値

直流の場合には，電圧・電流の値が一定であるが，正弦波交流の場合にはそ

8.3 交流電圧・電流の実効値

の値が時間的に変化するので，電圧・電流の値を表すのにどのようにしたらよいだろうか？正弦波の場合その振幅で表すのも一つの方法であるが，交流の場合，直流と同じ仕事をするとき同じ値の電圧・電流とすべきであろう。ここで R〔Ω〕の抵抗に直流 I〔A〕の電流を流したときの消費電力 P_{dc} は

$$P_{dc} = RI^2 \text{〔W〕}$$

である。つぎに直流の代わりに正弦波電流 $I_m \sin \omega t$ を流したときの消費電力 P_{ac} はすでに学んだように

$$P_{ac} = \frac{RI_m^2}{2} \text{〔W〕}$$

となるから

$$P_{dc} = P_{ac}$$

となるためには

$$RI^2 = \frac{R}{2} I_m^2 = R\left(\frac{I_m}{\sqrt{2}}\right)^2$$

$$= R\boldsymbol{I}^2$$

より，$\boldsymbol{I} = I_m/\sqrt{2}$ となる。つまり，振幅 1〔A〕の正弦波交流電流は直流の場合の $1/\sqrt{2}$〔A〕の仕事しかしないことになる。この $\boldsymbol{I}$ を**実効値**と呼ぶ。正弦波交流電圧についてもまったく同じで，振幅 V_m の正弦波電圧の実効値 V は $V_m/\sqrt{2}$ となる。われわれの家庭には通常 100 V の交流電圧が供給されているが，電圧の振幅値は $\sqrt{2} \times 100 = 141.4$ V である。

すでに示したように，電圧と電流の振幅が V_m，I_m で，これらの位相差が φ のときの平均電力 P_a は

$$P_a = \frac{1}{2} V_m I_m \cos \varphi = \boldsymbol{V} \cdot \boldsymbol{I} \cos \varphi$$

$$= R_e(V^* \dot{I}) = R_e(\dot{V} I^*)$$

$$= \frac{1}{2}(\boldsymbol{V}^* \dot{\boldsymbol{I}} + \dot{\boldsymbol{V}} \boldsymbol{I}^*)$$

で表される。

例題 8.5 図 8.11 に示す回路で消費する電力を求めよ。

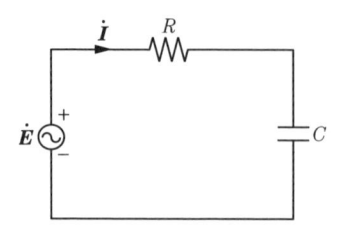

図 8.11 RC 回路

【解答】 回路のインピーダンス $\dot{Z}$ は

$$\dot{Z} = R + \frac{1}{j\omega C} = R - j\frac{1}{\omega C}$$

回路に流れる電流 $\dot{I}$ は

$$\dot{I} = \frac{\dot{E}}{R - j\frac{1}{\omega C}} = \frac{\dot{E}\left(R + j\frac{1}{\omega C}\right)}{R^2 + \frac{1}{\omega^2 C^2}}$$

であるから

$$P_a = R_e(\dot{E}\dot{I}^*)$$

より

$$P_a = R_e\left\{\dot{E} \cdot \frac{E^*\left(R + j\frac{1}{\omega C}\right)}{R^2 + \frac{1}{\omega^2 C^2}}\right\}$$

となり，また $\dot{E}E^* = E^2$ であるから

$$P_a = R_e\left\{\frac{E^2\left(R + j\frac{1}{\omega C}\right)}{R^2 + \frac{1}{\omega^2 C^2}}\right\} = \frac{RE^2}{R^2 + \frac{1}{\omega^2 C^2}}$$

一方，電力は R でしか消費しないことから，$P_a = RI^2$ を計算すると

$$RI^2 = \frac{RE^2\left(R^2 + \frac{1}{\omega^2 C^2}\right)}{\left(R^2 + \frac{1}{\omega^2 C^2}\right)^2} = \frac{RE^2}{R^2 + \frac{1}{\omega^2 C^2}}$$

からも P_a が求められる。　◆

例題 8.6 図 8.12 に示す回路で，3 個の電圧計の読みから $\dot{Z}$ で消費する電力を求めよ。ただし，3 個の電圧計の内部抵抗は無限大とし，電圧計は実効値

8.3 交流電圧・電流の実効値

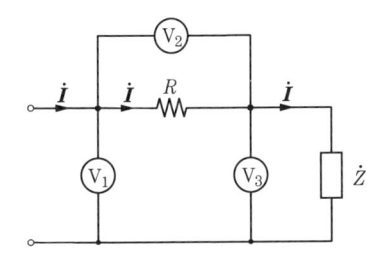

図 8.12 三つの電圧計による電力測定

を示すものとする。

【解答】 $\dot{Z}$ で消費する電力 P_a は回路より

$$P_a = \frac{1}{2}(\dot{V}_3 \dot{I}^* + \dot{V}_3^* \dot{I})$$

であり，$\dot{V}_3 = \dot{V}_1 - \dot{V}_2$, $\dot{V}_2 = R\dot{I}$ を上式に代入すると

$$P_a = \frac{1}{2}\left\{(\dot{V}_1 - \dot{V}_2)\frac{\dot{V}_2^*}{R} + (\dot{V}_1^* - \dot{V}_2^*)\frac{\dot{V}_2}{R}\right\}$$

$\dot{V}_2 \dot{V}_2^* = V_2^2$ より

$$P_a = \frac{1}{2R}(\dot{V}_1 \dot{V}_2^* + \dot{V}_1^* \dot{V}_2 - 2V_2^2)$$

一方

$$\dot{V}_3 \dot{V}_3^* = V_3^2 = (\dot{V}_1 - \dot{V}_2)(\dot{V}_1^* - \dot{V}_2^*)$$
$$= V_1^2 + V_2^2 - (\dot{V}_1 \dot{V}_2^* + \dot{V}_1^* \dot{V}_2)$$

また上式を書き替えると

$$V_1^2 + V_2^2 - V_3^2 = \dot{V}_1 \dot{V}_2^* + \dot{V}_1^* \dot{V}_2$$

これより

$$P_a = \frac{1}{2R}(\dot{V}_1 \dot{V}_2^* + \dot{V}_1^* \dot{V}_2 - 2V_2^2)$$
$$= \frac{1}{2R}(V_1^2 + V_2^2 - V_3^2 - 2V_2^2)$$
$$= \frac{1}{2R}(V_1^2 - V_2^2 - V_3^2)$$

を得る。すなわち，電圧計 3 個と R より $\dot{Z}$ で消費する電力を求めることができる。 ◆

例題 8.7

$$i(t) = I_1 \sin \omega_1 t + I_2 \cos \omega_2 t \quad (\omega_1 \neq \omega_2)$$
$$v(t) = V_1 \sin \omega_1 t + V_2 \sin \omega_2 t \quad (\omega_1 \neq \omega_2)$$

の実効値 I と V を求めよ。

【解答】 1Ω の抵抗に $i(t)$ を流したとき抵抗で消費する電力 P_I は

$$P_I = \frac{I_1^2}{2} + \frac{I_2^2}{2} = \boldsymbol{I}_1^2 + \boldsymbol{I}_2^2 \quad \left(\boldsymbol{I}_1 = \frac{I_1}{\sqrt{2}}, \quad \boldsymbol{I}_2 = \frac{I_2}{\sqrt{2}}\right)$$

同じ電力を消費する直流電流 I を実効値としたのであるから、実効値 I の2乗は

$$\boldsymbol{I}^2 = \boldsymbol{I}_1^2 + \boldsymbol{I}_2^2$$

よって

$$\boldsymbol{I} = \sqrt{\boldsymbol{I}_1^2 + \boldsymbol{I}_2^2}$$

同じように電圧が $v(t)$ のときの実効値 V は

$$\boldsymbol{V} = \sqrt{\boldsymbol{V}_1^2 + \boldsymbol{V}_2^2} \qquad V_1 = \frac{V_1}{\sqrt{2}}, \quad V_2 = \frac{V_2}{\sqrt{2}}$$

この場合には周波数が二つであるが、多くの周波数を含む場合でも、それぞれの周波数の成分の実効値の2乗の和が全体の実効値の2乗になる。 ◆

8.4 ベクトル軌跡

これまで交流回路の定常状態を表すために、電圧、電流、インピーダンス、アドミタンスを複素数で表示してきたが、電源の周波数、回路素子の値などを変化させた場合、ある部分の電圧や流れる電流が複素平面上でどのように変化するかを調べることは重要である。これらを複素平面上のベクトルと考え、このベクトルの先端が描く軌跡を**ベクトル軌跡**という。例として RL 直列回路のインピーダンス $\dot{Z}$ の ω を 0 から ∞ まで変えたときの $\dot{Z}$ のベクトル軌跡について考える。

$$\dot{Z} = R + j\omega L$$

であるから、ω を 0 から ∞ まで変化させたときの $\dot{Z}$ のベクトル軌跡は図 8.13 に示すようになる。

つぎに RC 直列回路で、ω を 0 から ∞ まで変化させたときのアドミタンス $\dot{Y}$ のベク

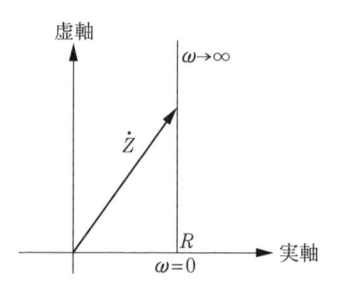

図 8.13 RL 直列回路の $\dot{Z}$ のベクトル軌跡

トル軌跡について考える。

$$\dot{Y}=\frac{1}{R+\dfrac{1}{j\omega C}}=\frac{1}{R-j\dfrac{1}{\omega C}}=\frac{R+j\dfrac{1}{\omega C}}{R^2+\dfrac{1}{\omega^2 C^2}}$$

であるから，$\dot{Y}$ の実部を x，虚部を y とおくと

$$x=\frac{R}{R^2+\dfrac{1}{\omega^2 C^2}}, \quad y=\frac{\dfrac{1}{\omega C}}{R^2+\dfrac{1}{\omega^2 C^2}}$$

より

$$x^2+y^2=\frac{R^2+\dfrac{1}{\omega^2 C^2}}{\left(R^2+\dfrac{1}{\omega^2 C^2}\right)^2}=\frac{1}{R^2+\dfrac{1}{\omega^2 C^2}}=\frac{R}{R^2+\dfrac{1}{\omega^2 C^2}}\frac{1}{R}=\frac{x}{R}$$

であるから，上式を書き替え，両辺に $1/4\,R^2$ を加えると

$$x^2-\frac{x}{R}+\frac{1}{4R^2}+y^2=\frac{1}{4R^2}$$

すなわちベクトル軌跡を表す式は

$$\left(x-\frac{1}{2R}\right)^2+y^2=\left(\frac{1}{2R}\right)^2$$

となり，$(1/2\,R,\ 0)$ を中心とし，半径 $1/2\,R$ の円を表す。$\dot{Y}$ の実数部と虚数部はともに正であるからベクトル軌跡は第1象限のみとなり，図8.14のようになる。

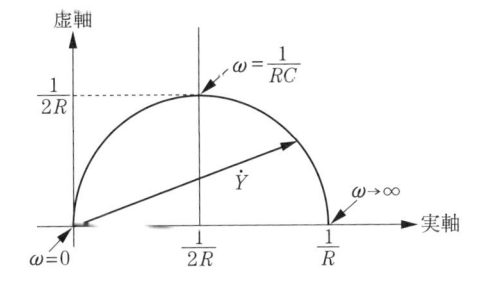

図8.14　RC 直列回路の $\dot{Y}$ のベクトル軌跡

8.5 共 振 回 路

RLC 直列回路のインピーダンス $\dot{Z}$ は，すでに学んだように

$$\dot{Z} = R + j\omega L + \frac{1}{j\omega C} = R + j\left(\omega L - \frac{1}{\omega C}\right)$$

となり，この回路を 1 V の電圧源に接続すると流れる電流 $\dot{I}$ は実数部を x，虚数部を y とおくと

$$\dot{I} = \frac{1}{R + j\left(\omega L - \frac{1}{\omega C}\right)} = \frac{R - j\left(\omega L - \frac{1}{\omega C}\right)}{R^2 + j\left(\omega L - \frac{1}{\omega C}\right)^2} = x + jy$$

$$x^2 + y^2 = \frac{R^2 + \left(\omega L - \frac{1}{\omega C}\right)^2}{\left\{R^2 + \left(\omega L - \frac{1}{\omega C}\right)^2\right\}^2} = \frac{1}{R^2 + \left(\omega L - \frac{1}{\omega C}\right)^2} = \frac{x}{R}$$

これより上式を書き替えると

$$x^2 - \frac{x}{R} + \frac{1}{4R^2} + y^2 = \frac{1}{4R^2}$$

すなわち

$$\left(x - \frac{1}{2R}\right)^2 + y^2 = \left(\frac{1}{2R}\right)^2$$

となり，ベクトル軌跡は図 8.15 に示すようになる。

$|\dot{I}|$ が最大になるのは図 8.15 より，虚数部が零のときであり，このとき $\omega L = 1/\omega C$，すなわち $\omega = 1/\sqrt{LC}$ となる。$\omega = \omega_1$ および ω_2 は，$|\dot{I}|$ がその最大値の $1/\sqrt{2}$ のときである。図 8.16 に $|\dot{I}|$ と ω の関係を示す。

以上のように $\dot{Z}$ の虚数部が，ある角周波数 ω_0 で零となり，流れる電流 $|\dot{I}|$ が最大となるような現象を**共振現象**と呼び，ω_0 を**共振角周波数**，また図 8.16 で示される曲線を**共振曲線**という。

ここで $\dot{Z}$ を変えてみる。$\omega_0^2 = 1/LC$ とすると，$\dot{Z}$ は

$$\dot{Z} = R + j\left(\omega L - \frac{1}{\omega C}\right) = R\left\{1 + j\frac{\omega_0 L}{R}\left(\frac{\omega}{\omega_0} - \frac{1}{\omega_0 L \cdot \omega C}\right)\right\}$$

8.5 共 振 回 路

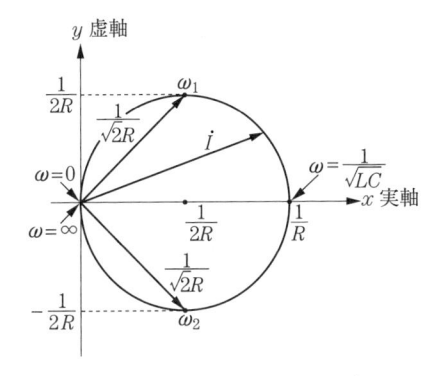

図 8.15 RLC 直列回路の電流 $\dot{I}$ の
　　　　ベクトル軌跡

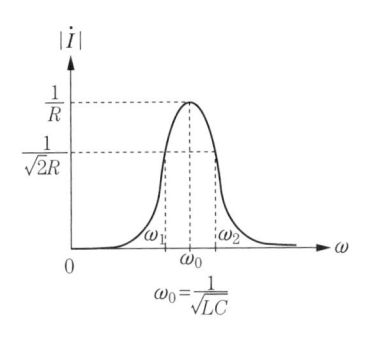

図 8.16 1 V の電圧源を RLC 回路に
　　　　加えた場合に流れる電流

ここで，$1/LC = \omega_0^2$ を用いると

$$\dot{Z} = R\left\{1 + j\frac{\omega_0 L}{R}\left(\frac{\omega}{\omega_0} - \frac{\omega_0}{\omega}\right)\right\}$$

となる．ここで $\omega_0 L/R = 1/\omega_0 CR = Q$ とおくと

$$\dot{Z} = R\left\{1 + jQ\left(\frac{\omega}{\omega_0} - \frac{\omega_0}{\omega}\right)\right\}$$

となり

$$|\dot{I}| = \frac{1}{R\left|1 + jQ\left(\frac{\omega}{\omega_0} - \frac{\omega_0}{\omega}\right)\right|}$$

となる．Q は**回路の良さ** (quality factor) と呼ばれている．$|\dot{I}|$ が最大になるのは $\omega/\omega_0 = \omega_0/\omega$ のときで，$|\dot{I}| = 1/R$ となり $|\dot{I}|$ が最大値の $1/\sqrt{2}$ になるのは $Q(\omega/\omega_0 - \omega_0/\omega) = \pm 1$ のときであり，このときの ω を ω_1, ω_2 ($\omega_1 < \omega_2$) とすると

$$\frac{\omega_1}{\omega_0} - \frac{\omega_0}{\omega_1} = -\frac{1}{Q}, \quad \frac{\omega_2}{\omega_0} - \frac{\omega_0}{\omega_2} = \frac{1}{Q}$$

となり，両式の和をとると

$$\frac{\omega_1 + \omega_2}{\omega_0} = \frac{\omega_0(\omega_2 + \omega_1)}{\omega_1 \omega_2} \quad \text{すなわち} \quad \frac{1}{\omega_0} = \frac{\omega_0}{\omega_1 \omega_2}$$

より $\omega_1 \omega_2 = \omega_0^2$，また両式の差をとると

$$\frac{\omega_2-\omega_1}{\omega_0}-\frac{\omega_0}{\omega_2}+\frac{\omega_0}{\omega_1}=\frac{\omega_2-\omega_1}{\omega_0}+\frac{(\omega_2-\omega_1)\omega_0}{\omega_1\omega_2}$$

$$=(\omega_2-\omega_1)\left(\frac{\omega_0}{\omega_1\omega_2}+\frac{\omega_0}{\omega_1\omega_2}\right)=(\omega_2-\omega_1)\frac{2}{\omega_0}=\frac{2}{Q}$$

よって

$$Q=\frac{\omega_0}{\omega_2-\omega_1}, \quad \omega_1\omega_2=\omega_0{}^2$$

が得られる。別の見方をすると Q は共振角周波数 ω_0 と $|\dot{I}|$ の最大値の $1/\sqrt{2}$ 以上になる二つの角周波数間の幅（**半値幅**）との比で表される。

つぎに，RLC 直列共振回路の共振時のキャパシタおよびインダクタの両端の電圧 $\dot{V}_C$, $\dot{V}_L$ を求めてみる。加える電圧源の電圧を $\dot{E}$ とすると，回路に流れる電流 $\dot{I}$ は

$$\dot{I}=\frac{\dot{E}}{R+j\left(\omega L-\dfrac{1}{\omega C}\right)}$$

ここで，$\omega_0 L=1/\omega_0 C$ すなわち共振時には $\dot{I}=\dot{E}/R$，C の両端の電圧 $\dot{V}_C$ は

$$\dot{V}_C=-j\frac{1}{\omega_0 C}\cdot\frac{\dot{E}}{R}=-j\frac{\dot{E}}{\omega_0 CR}=-jQ\dot{E}$$

同様にして $\dot{V}_L$ は

$$\dot{V}_L=j\frac{\omega_0 L}{R}\dot{E}=jQ\dot{E}$$

となる。すなわち RLC 直列回路の共振時の C および L の両端の電圧は，電源電圧の Q 倍になる。

例題 8.8　電源電圧 1 V，$L=10^{-2}$ H，$C=10^{-6}$ F，$R=10$ Ω の RLC 直列回路の共振角周波数 ω_0 と，共振時の C および L の両端の電圧を求め，つぎに半値幅を求めよ。

【解答】　共振角周波数 ω_0 は

$$\omega_0=\frac{1}{\sqrt{LC}}=10^4$$

このとき流れる電流 $\dot{I} = \dfrac{\dot{E}}{R} = \dfrac{1}{10} = 0.1\,\mathrm{A}$

$$Q = \dfrac{10^4 \cdot 10^{-2}}{10} = 10$$
$$\dot{V}_L = jQ\dot{E} = j\,10, \quad |\dot{V}_L| = 10\,\mathrm{V}$$
$$\dot{V}_C = -jQ\dot{E} = -j\,10, \quad |\dot{V}_C| = 10\,\mathrm{V}$$

すなわち $|\dot{V}_L|$, $|\dot{V}_C|$ は電源電圧の 10 倍となる。つぎに半値幅を求めてみる。

$$\omega_1 \cdot \omega_2 = \omega_0{}^2 = (10^4)^2 = 10^8$$
$$Q = 10 = \dfrac{\omega_0}{\omega_2 - \omega_1} = \dfrac{10^4}{\omega_2 - \omega_1}$$
$$\omega_2 - \omega_1 = 10^3, \quad \omega_1 = \dfrac{\omega_0{}^2}{\omega_2} = \dfrac{10^8}{\omega_2}$$

より

$$\omega_2 - \dfrac{10^8}{\omega_2} = 10^3$$

となり，これより

$$\omega_2{}^2 - 10^3\,\omega_2 - 10^8 = 0$$
$$\omega_2 = \dfrac{1}{2}\left(10^3 \pm \sqrt{10^6 + 4 \times 10^8}\right)$$
$$= \dfrac{10^3}{2}\left(1 \pm \sqrt{1 + 4 \times 10^2}\right) \fallingdotseq \dfrac{10^3}{2}(1 + 20) \quad \text{（負符号は不適）}$$
$$\fallingdotseq 1.05 \times 10^4$$

$\omega_2 = \omega_0{}^2/\omega_1 = 10^8/\omega_1$ より

$$\dfrac{10^8}{\omega_1} - \omega_1 = 10^3$$

となり，$\omega_1{}^2 + 10^3\,\omega_1 - 10^8 = 0$ を解くと

$$\omega_1 = \dfrac{1}{2}\left(-10^3 \pm \sqrt{10^6 + 4 \times 10^8}\right)$$
$$= \dfrac{10^3}{2}\left(-1 \pm \sqrt{1 + 4 \times 10^2}\right)$$

負符号は不適であるので

$$\omega_1 \fallingdotseq \dfrac{10^3}{2}(-1 + 20) = 0.95 \times 10^4$$

よって，半値幅は

$$\omega_2 - \omega_1 = (1.05 - 0.95) \times 10^4 = 0.1 \times 10^4 = 1\,000$$

◆

演習問題

(1) 図 8.17 に示す回路で 1-1' からみたインピーダンス $\dot{Z}$ を求めよ。

(2) 図 8.18 に示す回路で $\dot{E}$ と $\dot{I}$ が同相となるための条件と，このとき回路で消費する平均電力 P を求めよ。

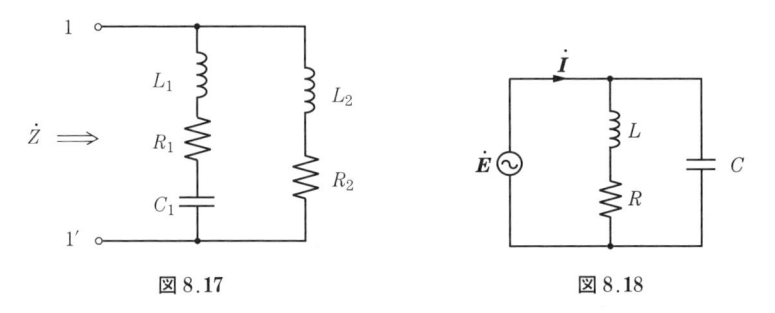

図 8.17

図 8.18

(3) 図 8.19 に示す回路において，電流計 A_1, A_2, A_3 の読み(実効値)からインピーダンス $\dot{Z}$ で消費する電力 P を求めよ。ただし，電流計の内部抵抗は零とする。

(4) 図 8.20 において，合成インピーダンス $\dot{Z}$ が $\dot{Z}_1$ に等しくなるための条件を求めよ。

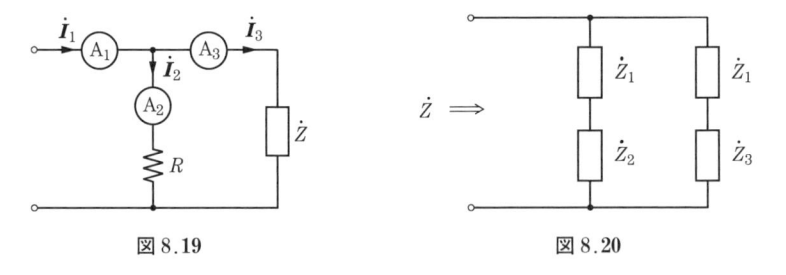

図 8.19

図 8.20

(5) 図 8.21 の回路でインピーダンス $\dot{Z}$ の値に関わらず $\dot{I}_z$ が一定となるための条件を求め，かつ，そのときの $\dot{I}_z$ を求めよ。

(6) 図 8.22 に示す回路において，インピーダンス $\dot{Z}$ の値に関わらず $\dot{Z}$ の両端の電圧 $\dot{V}_z$ が一定となるための条件とそのときの $\dot{V}_z$ を求めよ。

図 8.21

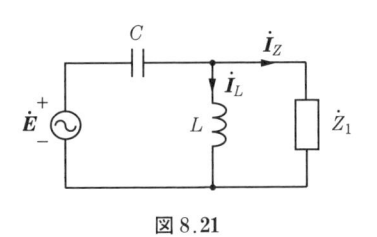

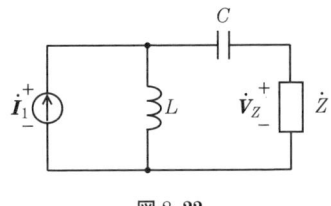

図 8.22

(7) 図 8.23 に示す RLC 回路に角周波数 ω で 25 V の交流電圧源を加えたところ，5 A の電流が流れた．このとき ω はいくらか．また，このとき L, C の両端の電圧 $\dot{V}_L$, $\dot{V}_C$ は何ボルトか．

(8) 図 8.24 に示す回路の 1-1′ 間に $\dot{V}$ の電圧源を接続したとき，$\dot{V}_1$ と $\dot{V}_2$ の位相差が $\pi/2$ で，かつ，$|\dot{V}_1|=|\dot{V}_2|$ となる条件を求めよ．

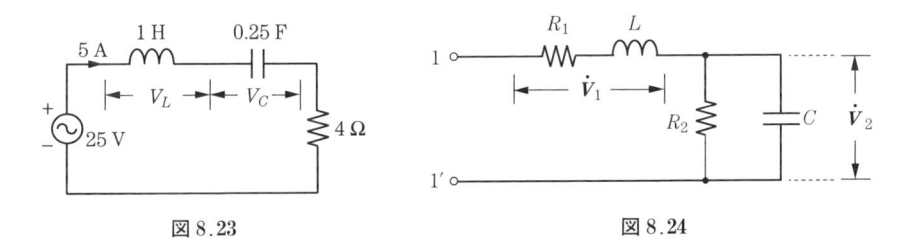

図 8.23

図 8.24

(9) 図 8.25 に示す回路の 1-1′ 間に 1 V の交流電源を接続したとき，2-2′ の電圧 $\dot{V}$ の ω に対するベクトル軌跡を描け．

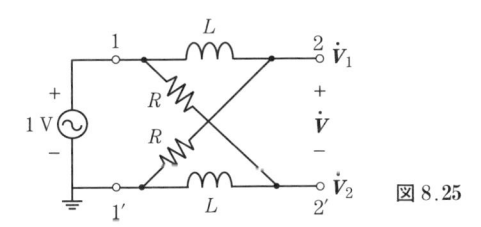

図 8.25

(10) 電源電圧 1 V，$L=10^{-3}$ H，$C=10^{-7}$ F，$R=1\,\Omega$ の RLC 直列回路の共振回路の共振角周波数 ω_0 と共振時の C および L の両端の電圧および半値幅を求めよ．

9

相互インダクタ

これまでに，抵抗，キャパシタ，インダクタのような 2 端子回路素子について考察してきたが，本章では，四つの端子をもった相互インダクタの種々の性質について説明する。

9.1 相互インダクタとは

独立した一つのインダクタ L_1 に流れる電流 i_1 とその両端の電圧 v_1 との関係は

$$v_1 = L_1 \frac{di_1}{dt}$$

で示される。

ここで図 9.1 に示すように，もう一つのインダクタ L_2 が L_1 に接近して置かれ，たがいに影響を与え合うならば，L_2 に流れる電流 i_2 が電磁誘導により L_1 の電圧に影響を及ぼし

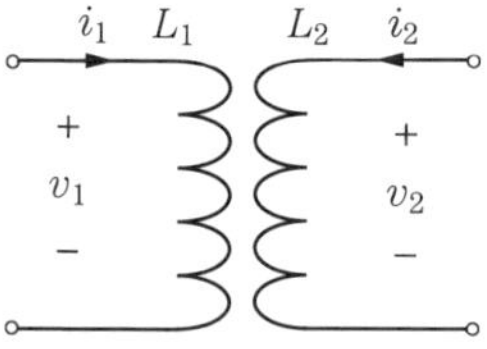

$$v_1 = L_1 \frac{di_1}{dt} + M_{12} \frac{di_2}{dt}$$

図 9.1 相互結合された二つのインダクタ

となる。また同じように L_2 の両端の電圧 v_2 も i_1 の影響を受け，v_2 は

$$v_2 = L_2 \frac{di_2}{dt} + M_{21} \frac{di_1}{dt}$$

で表される。M_{12}, M_{21} は値が等しく，$M_{12} = M_{21} = M$ である。M は**相互インダクタ**（相互インダクタンス）と呼ばれ単位はヘンリー〔H〕である。線の巻き方によって M は正または負の値をとる。

図9.2(a)に示すように，i_1 と i_2 による磁束が同じ向きの場合には M は正，図(b)に示すように i_1 と i_2 による磁束が逆向きの場合には M は負となる。本来ならば，コイルの巻き方を毎回図示しなければならないが，毎回図示するのは煩雑であるので図に示すように，コイルに黒い点を打ち，黒い点に対して i_1 と i_2 がともに流入する場合，またはともに流出するように選んだ場合には M の値は正であり，逆の場合には負であるようにコイルが巻いてあると定めることにする。M は L_1 と L_2 の結合の度合によって決まるが

$$M = \pm k\sqrt{L_1 L_2} \qquad (k \leq 1)$$

で表され，k は**結合係数**と呼ばれている。

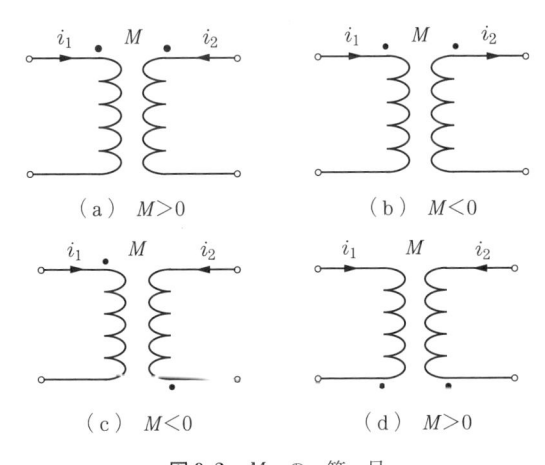

(a) $M>0$ (b) $M<0$

(c) $M<0$ (d) $M>0$

図9.2 M の符号

9.2 相互インダクタを含む回路

図9.3に示す回路を例にとって，相互インダクタを含む回路を解析してみよ

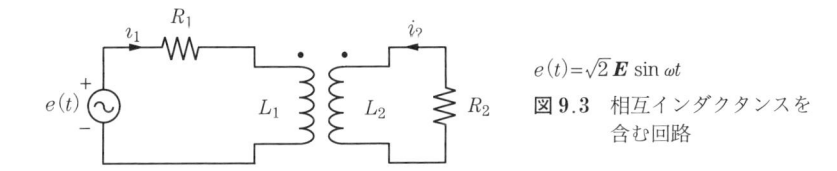

$e(t) = \sqrt{2}\,\boldsymbol{E}\sin\omega t$

図9.3 相互インダクタンスを含む回路

う。電流の方向を図に示すようにとると，回路方程式は

$$R_1 i_1 + L_1 \frac{di_1}{dt} + M \frac{di_2}{dt} = e(t)$$

$$R_2 i_2 + L_2 \frac{di_2}{dt} + M \frac{di_2}{dt} = 0$$

となる。$e(t)$ が正弦波であり，かつ定常状態ならば，フェーザ法で表すと回路方程式は

$$(R_1 + j\omega L_1) \dot{I}_1 + j\omega M \dot{I}_2 = \dot{E}$$

$$j\omega M \dot{I}_1 + (R_2 + j\omega L_2) \dot{I}_2 = 0$$

となり，これより $\dot{I}_1$ を求めると

$$\dot{I}_1 = \frac{(R_2 + j\omega L_2) \dot{E}}{(R_1 + j\omega L_1)(R_2 + j\omega L_2) + \omega^2 M^2}$$

$$= \frac{(R_2 + j\omega L_2) \dot{E}}{(R_1 R_2 - \omega^2 L_1 L_2 + \omega^2 M^2) + j\omega(L_1 R_2 + L_2 R_1)}$$

同じようにして

$$\dot{I}_2 = \frac{-j\omega M \dot{E}}{(R_1 R_2 - \omega^2 L_1 L_2 + \omega^2 M^2) + j\omega(L_1 R_2 + L_2 R_1)}$$

となり，これより $|\dot{I}_1|$, $|\dot{I}_2|$ を求めることができる。ここでもう一度回路方程式に戻り，回路方程式をつぎのように書き替えてみよう。まず第1式から $j\omega M \dot{I}_1$ を引き，また加え，つぎに第2式でも $j\omega M \dot{I}_2$ を引き，加えると次式のようになる。

$$\{R_1 + j\omega(L_1 - M)\} \dot{I}_1 + j\omega M (\dot{I}_1 + \dot{I}_2) = \dot{E}$$

$$j\omega M (\dot{I}_1 + \dot{I}_2) + \{R_2 + j\omega(L_2 - M)\} \dot{I}_2 = 0$$

そうすると，この方程式は**図9.4**に示す回路の方程式とまったく同じものになっていることがわかる。すなわち，図9.3の回路と図9.4の回路の方程式はまったく同一になっている。したがって，図9.3の回路の代わりに図9.4の回路を用いてもよいことにな

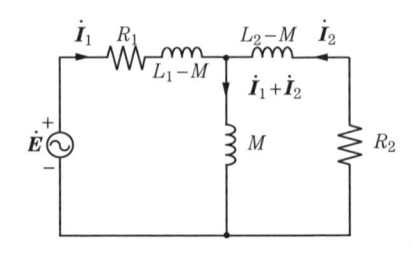

図9.4 相互インダクタの等価回路

る。このようなとき，両回路はたがいに**等価**であるという。

例題 9.1　図 9.5 に示す各回路において，1-1′ 端子からみたインピーダンス $\dot{Z}$ を求めよ。

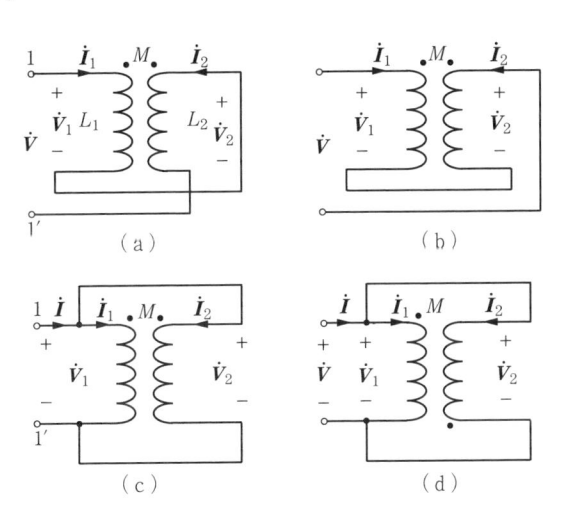

図 9.5　相互インダクタの直列・並列接続

【解答】　相互インダクタの電圧と電流の関係式は
$$\dot{V}_1 = j\omega L_1 \dot{I}_1 \pm j\omega M \dot{I}_2$$
$$\dot{V}_2 = \pm j\omega M \dot{I}_1 + j\omega L_2 \dot{I}_2$$
図 (a) の場合には
$$\dot{V} = \dot{V}_1 + \dot{V}_2, \qquad \dot{I}_1 = \dot{I}_2 = \dot{I}, \qquad M > 0$$
であるから
$$\dot{V}_1 = j\omega (L_1 + M) \dot{I}$$
$$\dot{V}_2 = j\omega (L_2 + M) \dot{I}$$
上の両式の和をとると
$$\dot{V} = j\omega (L_1 + L_2 + 2M) \dot{I}$$
$$\dot{Z} = \frac{\dot{V}}{\dot{I}} = j\omega (L_1 + L_2 + 2M)$$
図 (b) の場合には
$$\dot{V} = \dot{V}_1 - \dot{V}_2, \qquad \dot{I}_1 = \dot{I}, \qquad \dot{I}_2 = -\dot{I}, \qquad M > 0$$

であるから
$$\dot{V}_1 = j\omega(L_1-M)\dot{I}$$
$$\dot{V}_2 = j\omega(-L_2+M)\dot{I}$$
$$\dot{V} = \dot{V}_1 - \dot{V}_2 = j\omega(L_1+L_2-2M)\dot{I}$$
$$\dot{Z} = j\omega(L_1+L_2-2M)$$

図(c)の場合には
$$\dot{V}_1 = \dot{V}_2 = \dot{V}, \quad \dot{I} = \dot{I}_1 + \dot{I}_2, \quad M > 0$$

であるから
$$\dot{V} = j\omega L_1 \dot{I}_1 + j\omega M \dot{I}_2$$
$$\dot{V} = j\omega M \dot{I}_1 + j\omega L_2 \dot{I}_2$$

これより
$$\dot{I}_1 = \frac{j\omega(L_2-M)\dot{V}}{\omega^2(M^2-L_1L_2)}, \quad \dot{I}_2 = \frac{j\omega(L_1-M)\dot{V}}{\omega^2(M^2-L_1L_2)}$$
$$\dot{I} = \dot{I}_1 + \dot{I}_2 = \frac{j\omega(L_1+L_2-2M)}{\omega^2(M^2-L_1L_2)}\dot{V}$$

したがって
$$\dot{Z} = \frac{\dot{V}}{\dot{I}} = \frac{\omega^2(M^2-L_1L_2)}{j\omega(L_1+L_2-2M)} = j\omega \cdot \frac{L_1L_2-M^2}{L_1+L_2-2M}$$

図(d)の場合には
$$\dot{V}_1 = \dot{V}_2 = \dot{V}, \quad \dot{I} = \dot{I}_1 + \dot{I}_2, \quad M < 0$$

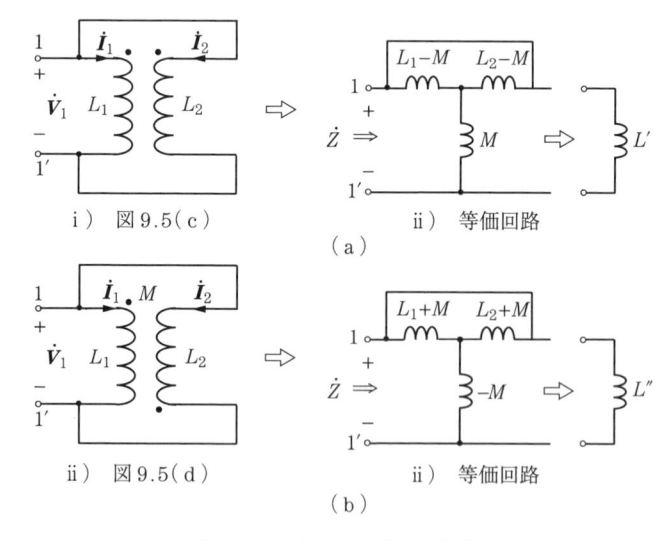

i) 図9.5(c)　　　　　ii) 等価回路
(a)

ii) 図9.5(d)　　　　　ii) 等価回路
(b)

図 9.6 図9.5(c), (d)の等価回路

であるから，図(c)の場合で M の代わりに $-M$ とすると

$$\dot{Z} = j\omega \cdot \frac{L_1 L_2 - M^2}{L_1 + L_2 + 2M}$$

ここで先に示した等価回路について考えてみよう。図9.5(a)，(b)の回路は等価回路を作ることはできないが，図(c)，(d)の回路の場合は，**図9.6**に示すような等価回路を作ることができる。図9.6(a)，(b)を求めてみると

$$L' = \frac{L_1 L_2 - M^2}{L_1 + L_2 - 2M}, \quad L'' = \frac{L_1 L_2 - M^2}{L_1 + L_2 + 2M}$$

となり，インピーダンス $\dot{Z}$ はそれぞれ

$$\dot{Z} = j\omega L' = j\omega \frac{L_1 L_2 - M^2}{L_1 + L_2 - 2M}$$

$$\dot{Z} = j\omega L'' = j\omega \frac{L_1 L_2 - M^2}{L_1 + L_2 + 2M}$$

で表され，等価回路を用いない場合の $\dot{Z}$ と一致することがわかる。◆

例題9.2 図9.7(a)に示す回路はキャンベルのブリッジと呼ばれている。検流計Dに電流が流れないための条件を求めよ。

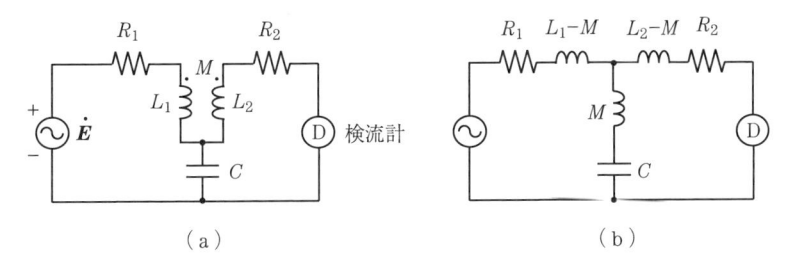

(a)　　　　　　　　　　(b)

図9.7 キャンベルのブリッジ回路

【**解答**】 図9.7(a)の回路の等価回路は図(b)で示されるが，検流計Dの電流が零となるためには，図(b)に示される等価回路の M と C の直列インピーダンスが零とならなくてはならない。したがって

$$j\left(\omega M - \frac{1}{\omega C}\right) = 0$$

すなわち $\omega = \dfrac{1}{\sqrt{MC}}$ の条件が必要となる。◆

例題 9.3 図 9.8 に示す回路において，R に流れる電流が電源電圧 $\dot{E}$ と同相になるための条件を求めよ．

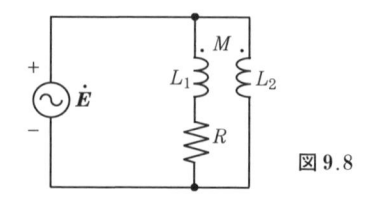

図 9.8

【解答】 図 9.8 の回路の等価回路は図 9.9 の回路で表されるから，回路方程式として

$$\dot{E}=j\omega M(\dot{I}_1+\dot{I}_2)+\{j\omega(L_1-M)+R\}\dot{I}_1$$

$$\{j\omega(L_1-M)+R\}\dot{I}_1=j\omega(L_2-M)\dot{I}_2$$

上の第 2 式から $\dot{I}_2$ を求めると

$$\dot{I}_2=\frac{j\omega(L_1-M)+R}{j\omega(L_2-M)}\dot{I}_1$$

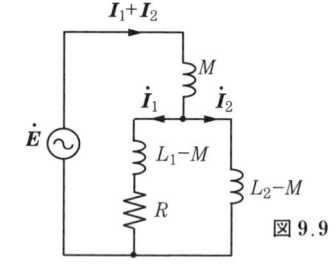

これを最初の式に代入すれば

$$\dot{E}=\left\{j\omega M+j\omega M\,\frac{j\omega(L_1-M)+R}{j\omega(L_2-M)}+j\omega(L_1-M)+R\right\}\dot{I}_1$$

$$=\left\{j\omega M+\frac{j\omega M(L_1-M)+MR}{L_2-M}+j\omega(L_1-M)+R\right\}\dot{I}_1$$

図 9.9

R に流れる電流 $\dot{I}_1$ が $\dot{E}$ と同相または逆相になるための条件は，上式で虚数部が零となることであるから

$$M+\frac{M(L_1-M)}{L_2-M}+(L_1-M)=0$$

が求められ，上式を計算すると

$$M^2=L_1L_2$$

すなわち，結合係数が 1 でなくてはならない．また，$\dot{E}$ と $\dot{I}_1$ との関係は

$$\dot{E}=\left(\frac{MR}{L_2-M}+R\right)\dot{I}_1=\left(\frac{L_2R}{L_2-M}\right)\dot{I}_1$$

で表され，両者が同相であるための条件は $L_2-M>0$ でなくてはならず

$$L_2-M=L_2-\sqrt{L_1L_2}=\sqrt{L_2}(\sqrt{L_2}-\sqrt{L_1})>0$$

したがって，$\sqrt{L_2}-\sqrt{L_1}>0$ となり，結局

$$L_1L_2=M^2,\quad L_2>L_1$$

が求める条件となる．　◆

演習問題

(1) 図9.10に示す回路において，1-1'よりみたインピーダンスを求めよ。
(2) 図9.11に示す回路において，1-1'からみたインピーダンスを求めよ。

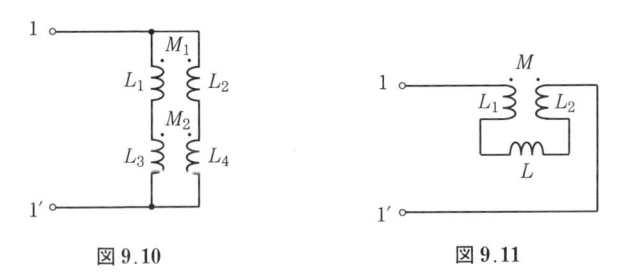

図9.10

図9.11

(3) 図9.12の回路で1-1'に電圧源を接続したとき i_0 が零となるための条件と，そのとき1-1'からみたインピーダンスを求めよ。

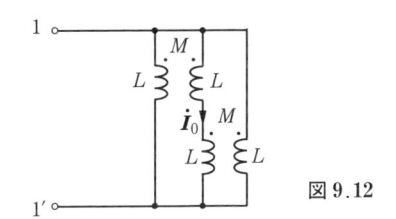

図9.12

(4) 図9.13(a)に示す回路を図(b)に示す相互インダクタ回路に置き換えよ。

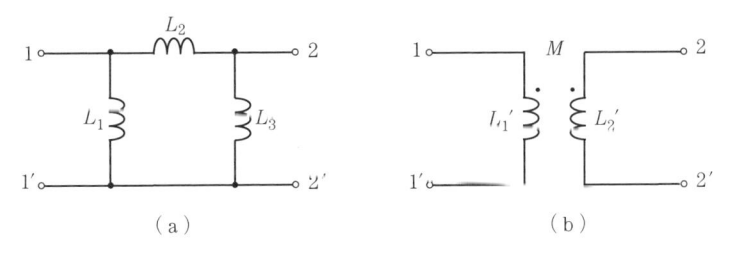

(a)　　　(b)

図9.13

10

2 端子対回路

　ある回路を通じて電気信号やエネルギーを送る場合に，回路の構造や内部状態を考えずに，送る側と受ける側の電圧や電流の関係のみを考える場合がある。このとき，回路を一種のブラックボックスとみなすことができる。このようなとき回路を2端子対回路と呼ぶ。

10.1　2 端 子 対 回 路

　これまでに学んだように，回路の状態を表現するのに節点方程式，網路方程式，閉路方程式などがあったが，図 10.1 に示すように電源 V_1，V_2 のみを含む回路について考えてみる。I_1, I_2, I_3 に関する回路方程式としてすでに学んだように

$$Z_1 I_1 + Z_4(I_1 - I_3) = V_1$$
$$Z_4(I_3 - I_1) + Z_3 I_3 + Z_5(I_3 + I_2) = 0$$
$$Z_2 I_2 + Z_5(I_2 + I_3) = V_2$$

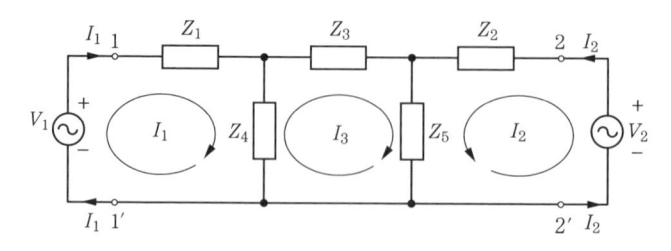

図 10.1　2 端子対回路の例

10.1 2端子対回路

が得られる。これを書き直すと

$$(Z_1+Z_4)I_1 \qquad -Z_4I_3 \qquad = V_1$$
$$-Z_4I_1 \;+Z_5I_2\; +(Z_3+Z_4+Z_5)I_3 = 0$$
$$(Z_2+Z_5)I_2 \qquad +Z_5I_3 \qquad = V_2$$

上の第2式より

$$I_3 = \frac{Z_4I_1 - Z_5I_2}{Z_3+Z_4+Z_5}$$

が得られ，これを第1式，第3式に代入して真中の電流 I_3 を消去し，書き直すと

$$\left(Z_1+Z_4-\frac{Z_4^2}{Z_3+Z_4+Z_5}\right)I_1+\left(\frac{Z_4Z_5}{Z_3+Z_4+Z_5}\right)I_2 = V_1$$

$$\left(\frac{Z_4Z_5}{Z_3+Z_4+Z_5}\right)I_1+\left(Z_2+Z_5-\frac{Z_5^2}{Z_3+Z_4+Z_5}\right)I_2 = V_2$$

すなわち**図10.2**に示すように

$$\begin{bmatrix} Z_{11} & Z_{12} \\ Z_{21} & Z_{22} \end{bmatrix}\begin{bmatrix} I_1 \\ I_2 \end{bmatrix} = \begin{bmatrix} V_1 \\ V_2 \end{bmatrix}$$

の形となる。回路がどのように複雑になっても，回路の V_1，V_2，I_1，I_2 は上の行列の形で表すことができることは明白である。

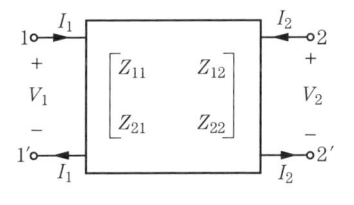

図10.2 インピーダンス行列

このように回路の状態を2組の端子対の電圧，電流の関係のみで取り扱うとき，これを**2端子対回路**といい，図10.2に示すように端子対1-1′側を1次側，2-2′側を2次側という。また先に示した

$$\begin{bmatrix} Z_{11} & Z_{12} \\ Z_{21} & Z_{22} \end{bmatrix}$$

を2端子対回路の**インピーダンス行列**（Z行列）と呼び，Z_{11}，Z_{12}，Z_{21}，Z_{22} を **Zパラメータ**と呼ぶ。

例題 10.1 図 10.3 に示す 2 端子対回路の Z 行列を求めよ。

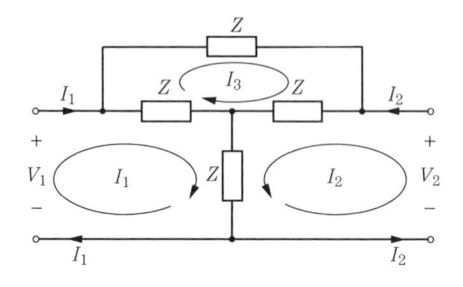

図 10.3 Z 行列の例

【解答】　図のように V_1, V_2, I_1, I_2 をとるとき

$$Z(I_1-I_3)+Z(I_1+I_2)=V_1$$
$$Z(I_2+I_3)+Z(I_2+I_1)=V_2$$
$$ZI_3+Z(I_2+I_3)+Z(I_3-I_1)=0$$

これを書き直すと

$$2ZI_1+ZI_2-ZI_3=V_1$$
$$ZI_1+2ZI_2+ZI_3=V_2$$
$$-ZI_1+ZI_2+3ZI_3=0$$

となり，第 3 式を用いて I_3 を消去すると

$$\begin{bmatrix} \dfrac{5}{3}Z & \dfrac{4}{3}Z \\ \dfrac{4}{3}Z & \dfrac{5}{3}Z \end{bmatrix} \begin{bmatrix} I_1 \\ I_2 \end{bmatrix} = \begin{bmatrix} V_1 \\ V_2 \end{bmatrix}$$

が得られ，インピーダンス行列として

$$\frac{1}{3}\begin{bmatrix} 5Z & 4Z \\ 4Z & 5Z \end{bmatrix}$$

が得られる。

つぎに，図 10.4 に示す回路で端子対 1-1′ および 2-2′ に電流源 I_1, I_2 を接続して回路方程式を立てると

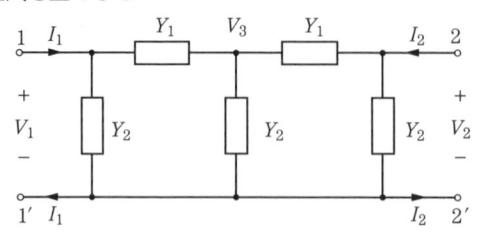

図 10.4 Y 行列の例

$$Y_2 V_1 + Y_1 (V_1 - V_3) = I_1$$
$$Y_2 V_2 + Y_1 (V_2 - V_3) = I_2$$
$$Y_2 V_3 + Y_1 (V_3 - V_1) + Y_1 (V_3 - V_2) = 0$$

となる。上の第3式より

$$V_3 = \frac{Y_1 V_1 + Y_1 V_2}{2Y_1 + Y_2}$$

が得られ，これを第1，第2式に代入し，V_3 を消去すると

$$\left(\frac{Y_1^2 + 3Y_1 Y_2 + Y_2^2}{2Y_1 + Y_2}\right) V_1 + \left(\frac{-Y_1^2}{2Y_1 + Y_2}\right) V_2 = I_1$$

$$\left(\frac{-Y_1^2}{2Y_1 + Y_2}\right) V_1 + \left(\frac{Y_1^2 + 3Y_1 Y_2 + Y_2^2}{2Y_1 + Y_2}\right) V_2 = I_2$$

となる。これを書き替えると

$$\begin{bmatrix} Y_{11} & Y_{12} \\ Y_{21} & Y_{22} \end{bmatrix} \begin{bmatrix} V_1 \\ V_2 \end{bmatrix} = \begin{bmatrix} I_1 \\ I_2 \end{bmatrix}$$

の形で表される。この場合にも先のインピーダンス行列と同じように上の行列を**アドミタンス行列**，Y_{11}，Y_{12}，Y_{21}，Y_{22} を **Y パラメータ**と呼び，端子対 1-1′ と 2-2′ の電流・電圧の関係のみを取り扱うものである。

これまでは電流 I_1，I_2 と電圧 V_1，V_2 との関係を Z 行列や Y 行列で表してきたが，端子対 1-1′ の電圧・電流と端子対 2-2′ の電圧・電流の関係が必要な場合が多い。そこでインピーダンス行列（Z 行列）

$$\begin{bmatrix} Z_{11} & Z_{12} \\ Z_{21} & Z_{22} \end{bmatrix} \begin{bmatrix} I_1 \\ I_2 \end{bmatrix} = \begin{bmatrix} V_1 \\ V_2 \end{bmatrix}$$

を書き替えると

$$Z_{11} I_1 + Z_{12} I_2 = V_1$$
$$Z_{21} I_1 + Z_{22} I_2 = V_2$$

となり，第2式を書き直すと

$$I_1 = \frac{1}{Z_{21}} V_2 - \frac{Z_{22}}{Z_{21}} I_2$$

となる。また上式を第1式に代入すると

$$V_1 = Z_{11} \left(\frac{1}{Z_{21}} V_2 - \frac{Z_{22}}{Z_{21}} I_2\right) + Z_{12} I_2$$

$$= \frac{Z_{11}}{Z_{21}} V_2 - \left(\frac{Z_{11} Z_{22} - Z_{12} Z_{21}}{Z_{21}}\right) I_2$$

が得られる。以上の二つの式を行列の形にまとめると

$$\begin{bmatrix} V_1 \\ I_1 \end{bmatrix} = \frac{1}{Z_{21}} \begin{bmatrix} Z_{11} & -(Z_{11} Z_{22} - Z_{12} Z_{21}) \\ 1 & -Z_{22} \end{bmatrix} \begin{bmatrix} V_2 \\ I_2 \end{bmatrix}$$

$$= \begin{bmatrix} A & -B \\ C & -D \end{bmatrix} \begin{bmatrix} V_2 \\ I_2 \end{bmatrix}$$

の形となり，1次側の電圧・電流と2次側の電圧・電流の関係が行列の形で結ばれる。

ここで2次側の電流の向きを図 **10.5** に示すように，$Z \cdot Y$ 行列の場合とは逆にとると

$$\begin{bmatrix} V_1 \\ I_1 \end{bmatrix} = \begin{bmatrix} A & B \\ C & D \end{bmatrix} \begin{bmatrix} V_2 \\ -I_2 \end{bmatrix}$$

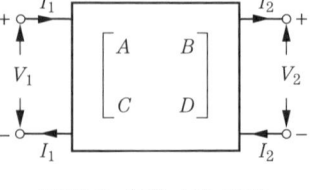

図 **10.5** 伝送（F）行列

となる。

$$\begin{bmatrix} A & B \\ C & D \end{bmatrix}$$

を **伝送行列**，**基本行列** あるいは **縦続行列**（F 行列）と呼び，A，B，C，D を **伝送パラメータ** と呼ぶ。2次側の電流の向きを図 10.5 に示すように Z 行列および Y 行列と逆にとるのは，2端子対回路を図 **10.6** に示すように複数段縦続に接続する場合に便利であるからであるが，これに関しては後で述べる。

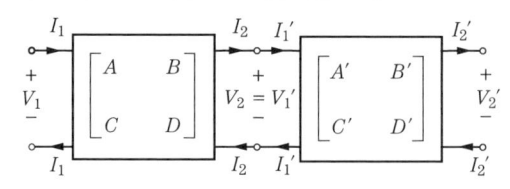

図 **10.6** 2端子対回路の縦続接続

アドミタンス行列を伝送行列に変換した場合にも，まったく同じようにして

$$\begin{bmatrix} V_1 \\ I_1 \end{bmatrix} = \begin{bmatrix} A & B \\ C & D \end{bmatrix} \begin{bmatrix} V_2 \\ -I_2 \end{bmatrix} = \frac{1}{Y_{21}} \begin{bmatrix} -Y_{22} & 1 \\ Y_{12} Y_{21} - Y_{11} Y_{22} & Y_{11} \end{bmatrix} \begin{bmatrix} V_2 \\ I_2 \end{bmatrix}$$

$$= \frac{1}{Y_{21}} \begin{bmatrix} -Y_{22} & -1 \\ Y_{12} Y_{21} - Y_{11} Y_{22} & -Y_{11} \end{bmatrix} \begin{bmatrix} V_2 \\ -I_2 \end{bmatrix}$$

となる。 ◆

10.2　2端子対回路のパラメータの意味

10.2.1　Z パラメータの意味

Z パラメータを用いた場合の電流と電圧の関係は

10.2　2端子対回路のパラメータの意味

$$Z_{11}I_1 + Z_{12}I_2 = V_1$$
$$Z_{21}I_1 + Z_{22}I_2 = V_2$$

で表されるが，Z_{11} を求めたい場合には，図 10.7(a)に示すように上の第 1 式で $I_2 = 0$ すなわち 2 次側 2-2′ を開放した場合の V_1/I_1 を求めればよく，Z_{22}，Z_{12}，Z_{21} も同様に考えればよい。

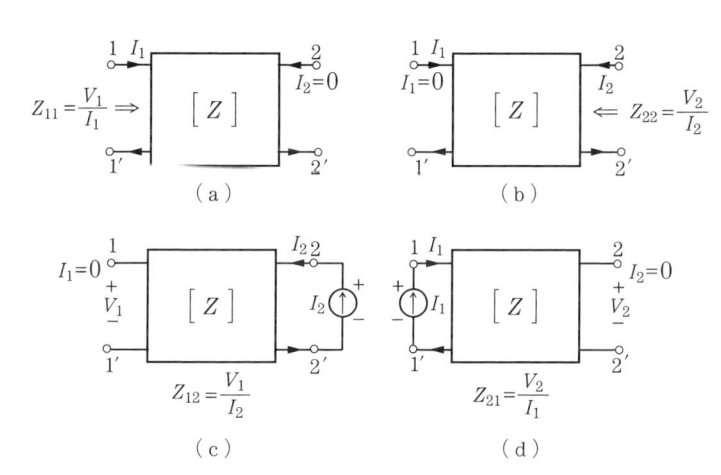

図 10.7 Z パラメータの意味

$$Z_{11} = \left(\frac{V_1}{I_1}\right)_{I_2=0} \quad \text{図 10.7(a)}, \quad Z_{22} = \left(\frac{V_2}{I_2}\right)_{I_1=0} \quad \text{図 10.7(b)}$$

$$Z_{12} = \left(\frac{V_1}{I_2}\right)_{I_1=0} \quad \text{図 10.7(c)}, \quad Z_{21} = \left(\frac{V_2}{I_1}\right)_{I_2=0} \quad \text{図 10.7(d)}$$

例題 10・2　図 10.8 に示す 2 端子対回路の Z パラメータを求めよ。

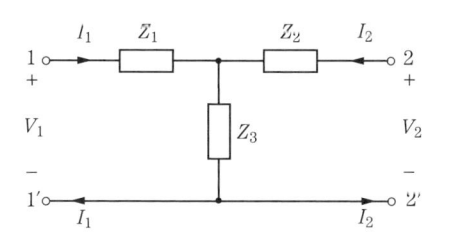

図 10.8　2 端子対回路の Z パラメータの例

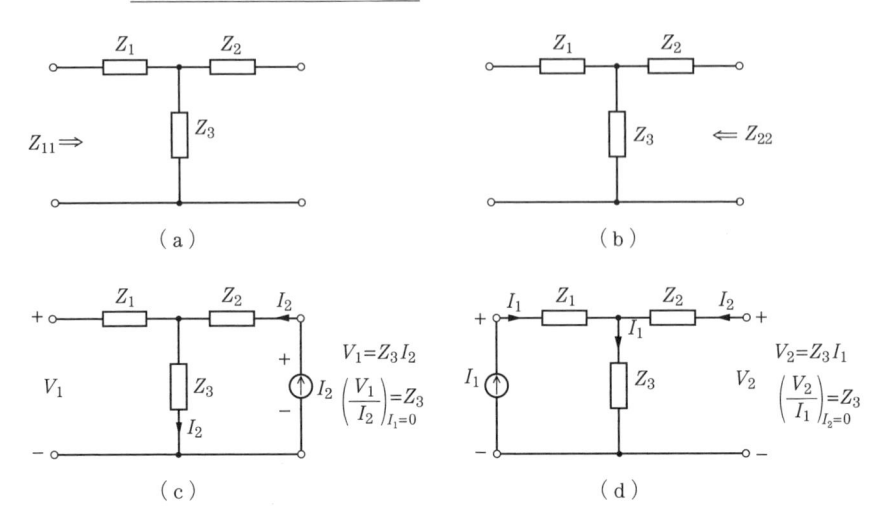

図 10.9 Z パラメータの意味

【解答】 まず Z_{11} を求める。図 10.9 (a) より

$$Z_{11} = \left(\frac{V_1}{I_1}\right)_{I_2=0} = Z_1 + Z_3$$

同様にして

$$Z_{22} = \left(\frac{V_2}{I_2}\right)_{I_1=0} = Z_2 + Z_3$$

Z_{12} を求めたい場合には、$I_1=0$ とするために図(c)を参考にして1次側を開放し、2次側に電流源 I_2 を接続したときの1次側の電圧を V_1 とすると

$$Z_{12} = \left(\frac{V_1}{I_2}\right)_{I_1=0} = Z_3$$

また、図(d)より

$$Z_{21} = \left(\frac{V_2}{I_1}\right)_{I_2=0} = Z_3$$

が得られる。もし2端子対回路が RLC のみで構成されているならば相反定理が成り立ち $V_1 = V_2$ とおくと $I_1 = I_2$ となり、したがって $Z_{12} = Z_{21}$ が成立する。◆

10.2.2 Y パラメータの意味

Y パラメータを用いた場合の電流と電圧の関係は

$$Y_{11} V_1 + Y_{12} V_2 = I_1$$

$$Y_{21} V_1 + Y_{22} V_2 = I_2$$

であるから，Y_{11} は $V_2=0$ すなわち 2-2' を短絡したときの 1-1' からみたアドミタンスであるから，図 10.10(a)で示されるようになる。Y_{22}，Y_{12}，Y_{21} も図(b)，(c)，(d)で示される。この場合にも 2 端子対回路が RLC のみで構成されているならば $Y_{12}=Y_{21}$ が成立する。

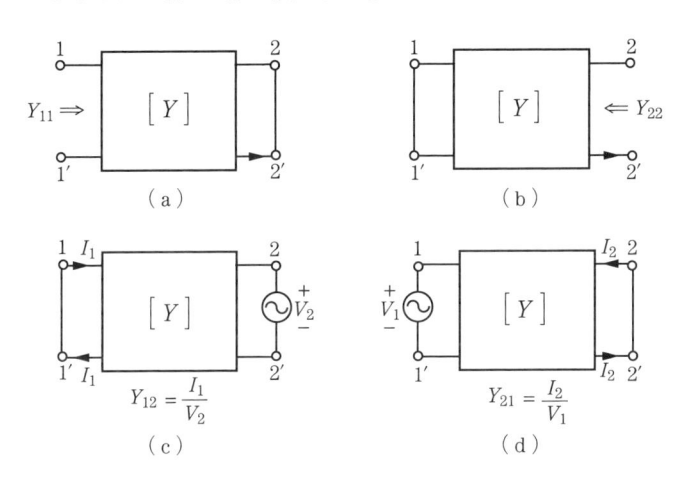

図 10.10　Y 行列の意味

例題 10.3　図 10.11 に示す 2 端子対回路の Y パラメータを求めよ。

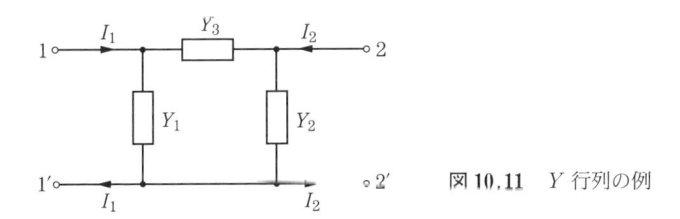

図 10.11　Y 行列の例

【解答】　まず Y_{11}，Y_{22} を求める。Y_{11} は図 10.12 に従うと
$$Y_{11}=Y_1+Y_3, \qquad Y_{22}=Y_2+Y_3$$
Y_{12} については図 10.12(c)の回路から
$$I_1=-Y_3V_2, \qquad Y_{12}=\frac{I_1}{V_2}=-Y_3$$
同様に $Y_{21}=Y_{12}=-Y_3$　◆

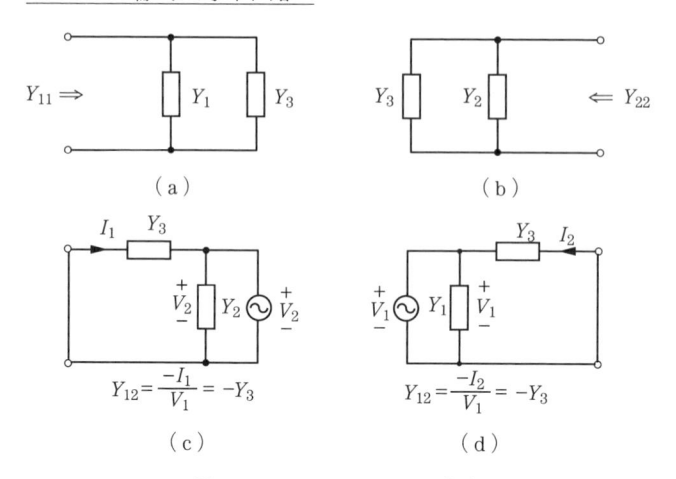

図 10.12 Y パラメータの意味

10.2.3 伝送パラメータ

伝送パラメータについても Y, Z パラメータの場合とまったく同様に考えると, 1 次側と 2 次側の関係は

$$AV_2 - BI_2 = V_1, \quad CV_2 - DI_2 = I_1$$

より, 図 10.13 を参考にして A は $I_2 = 0$ のとき, つまり 2 次側を開放したと

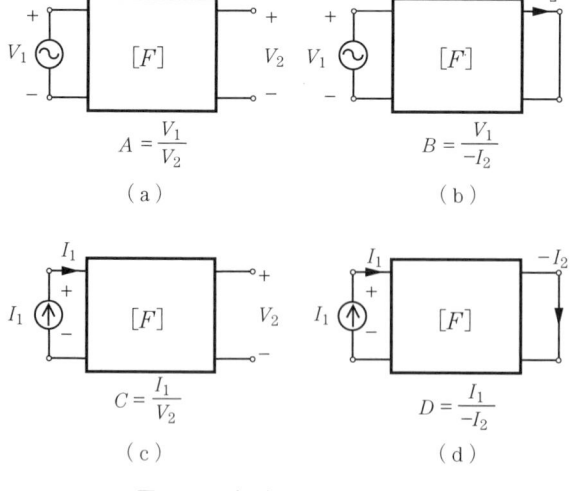

図 10.13 伝送パラメータの意味

きの V_1/V_2 は

$$A = \left(\frac{V_1}{V_2}\right)_{I_2=0}$$

同じように B は $V_2=0$，つまり2次側を短絡したときの $V_1/(-I_2)$ で

$$B = \left(\frac{V_1}{-I_2}\right)_{V_2=0}$$

となり，同じように C は2次側を開放したときの I_1/V_2 で

$$C = \left(\frac{I_1}{V_2}\right)_{I_2=0}$$

D は2次側を短絡したときの1次と2次の電流の比

$$D = \left(\frac{I_1}{-I_2}\right)_{V_2=0}$$

で表される。ここで注目されるのは2端子対回路が RLC のみで構成されている場合，$AD-BC=1$ になることである。

例題 10.4 図 10.14 に示す2端子対回路の伝送パラメータを求め，$AD-BC=1$ となることを確かめよ。

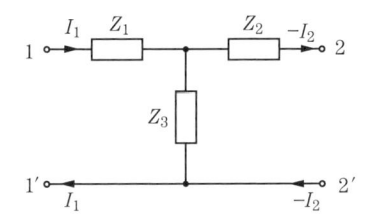

図 10.14 伝送パラメータ

【解答】 図 10.15(a) より

$$A = \left(\frac{V_1}{V_2}\right)_{I_2=0}, \quad V_2 = \frac{Z_3}{Z_1+Z_3} V_1$$

より

$$A = \frac{V_1}{V_2} = \frac{Z_1+Z_3}{Z_3}$$

図(b) より

$$B = \left(\frac{V_1}{-I_2}\right)_{V_2=0}, \quad I_1 = \frac{V_1}{Z_1 + \dfrac{Z_2 \cdot Z_3}{Z_2+Z_3}}$$

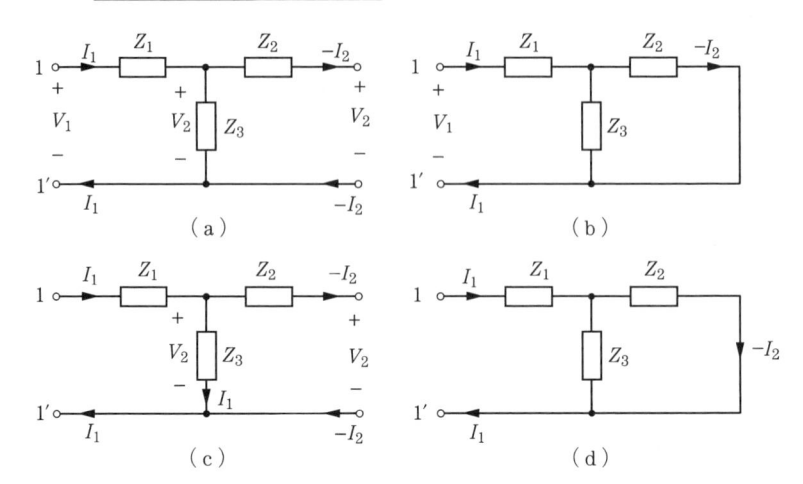

図 10.15 伝送パラメータの例

$$-I_2 = \frac{Z_3}{Z_2+Z_3} I_1 = \frac{Z_3(Z_2+Z_3)V_1}{(Z_2+Z_3)(Z_1Z_2+Z_1Z_3+Z_2Z_3)}$$

$$= \frac{Z_3 V_1}{Z_1Z_2+Z_2Z_3+Z_3Z_1}$$

$$B = \frac{V_1}{-I_2} = \frac{Z_1Z_2+Z_2Z_3+Z_3Z_1}{Z_3} = Z_1+Z_2+\frac{Z_1Z_2}{Z_3}$$

図(c)より

$$C = \left(\frac{I_1}{V_2}\right)_{I_2=0}$$

$$V_2 = I_1 Z_3$$

$$\frac{I_1}{V_2} = \frac{1}{Z_3}$$

図(d)より

$$D = \left(\frac{I_1}{-I_2}\right)_{V_2=0}$$

$$-I_2 = \frac{Z_3}{Z_2+Z_3} I_1$$

$$D = \frac{Z_2+Z_3}{Z_3} = 1+\frac{Z_2}{Z_3}$$

ここで $AD-BC$ を計算してみると

$$AD-BC = \frac{(Z_1+Z_3)}{Z_3}\frac{(Z_2+Z_3)}{Z_3} - \frac{(Z_1Z_2+Z_2Z_3+Z_1Z_3)}{Z_3}\frac{1}{Z_3} = 1$$

となることがわかる。

10.3　2端子対回路の等価

これまで示したように，2端子対回路では1次側と2次側の二つの端子対の電圧と電流の関係についてのみ注目し，内部構造については考えなかったが，内部の構造が異なる二つの2端子回路で Y, Z, F 行列がたがいに等しい値をもつ場合がある。このような場合，これら二つの2端子対回路は外部からみるとまったく同じ回路にみえることになる。すなわち，外部からみたときまったく同じ働きをし，区別がつかない。このような場合，これら二つの2端子対回路はたがいに**等価**であるという。

例題 10.5　図 10.16(a)，(b)に示す二つの2端子対回路がたがいに等価であるためには，どのような条件が必要となるか。

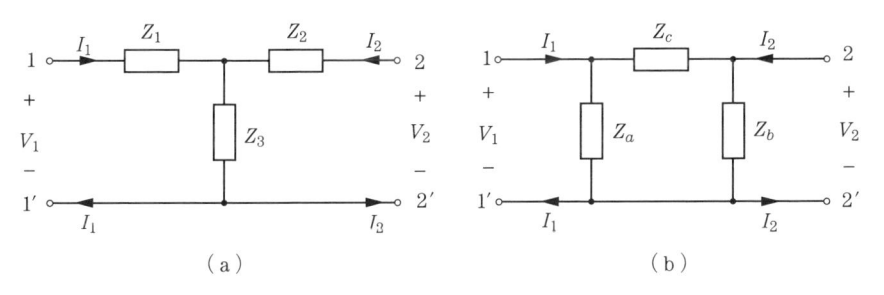

図 10.16　二つの2端子対回路

【**解答**】　図 10.16(a)の2端子対回路の Z パラメータを計算してみると，Z_{11}, Z_{12}, Z_{22} は**図 10.17** より求められる。

また図 10.16(b)の Z パラメータは図 10.17(a)，(b)，(c)を参考にして求めると**図 10.18** に示すようになる。

ここで図 10.16(a)と(b)の2端子対回路が等価であるためには，Z パラメータがたがいに等しくなくてはならない。

図(a)の Z パラメータは図 10.17 を参考にすると

$$Z_{11}=Z_1+Z_3, \quad Z_{12}=Z_{21}=Z_3, \quad Z_{22}=Z_2+Z_3$$

図(b)の Z パラメータは図 10.18 を参考にすると

124　　10. 2 端 子 対 回 路

(a)
$$Z_{11} = \left(\frac{V_1}{I_1}\right)_{I_2=0} = Z_1 + Z_3$$

(b)
$$Z_{12} = Z_{21} = \left(\frac{V_1}{I_2}\right)_{I_1=0} = Z_3$$

(c)
$$Z_{22} = \left(\frac{V_2}{I_2}\right)_{I_1=0} = Z_2 + Z_3$$

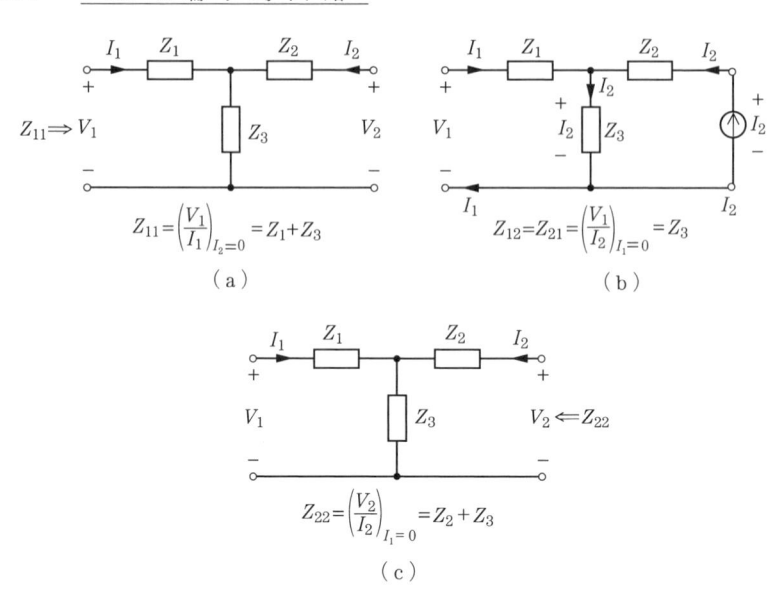

図 10.17　図 10.16(a) の 2 端子対回路の Z パラメータの導出

(a)
$$Z_{11} = \left(\frac{V_1}{I_1}\right)_{I_2=0} = \frac{1}{\frac{1}{Z_a} + \frac{1}{Z_b + Z_c}}$$
$$= \frac{Z_a Z_b + Z_a Z_c}{Z_a + Z_b + Z_c}$$

(b)
$$Z_{12} = \left(\frac{V_1}{I_2}\right)_{I_1=0}$$
$$I' = I_2 \times \frac{Z_a}{(Z_a + Z_b) + Z_c}, \quad V_1 = Z_a I' = \frac{Z_a \cdot Z_b I_2}{Z_a + Z_b + Z_c}$$
$$Z_{12} = \frac{V_1}{I_2} = \frac{Z_a Z_b}{Z_a + Z_b + Z_c}$$

(c)
$$Z_{22} = \frac{Z_a Z_b + Z_b Z_c}{Z_a + Z_b + Z_c}$$

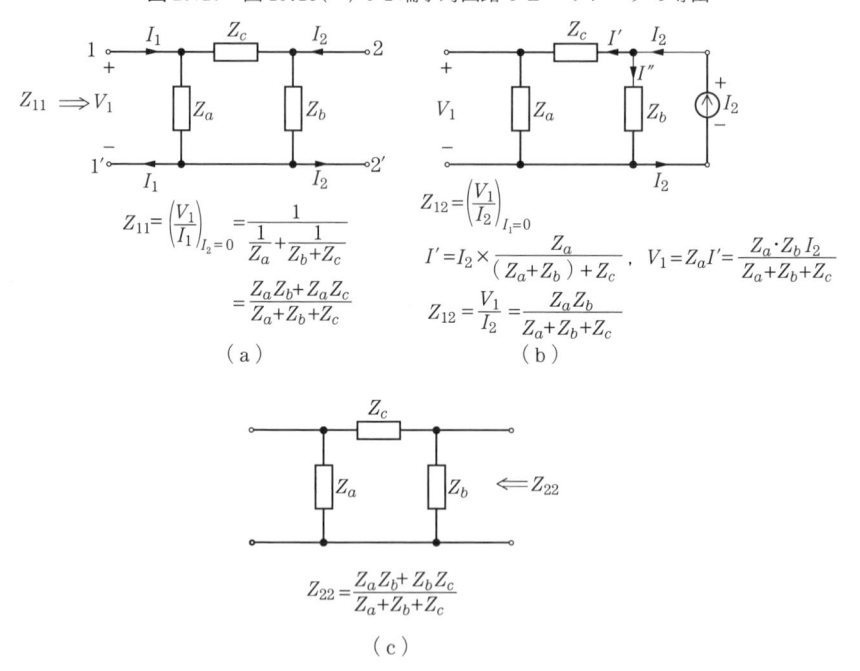

図 10.18　図 10.16(b) の 2 端子対回路の Z パラメータの導出

$$Z_{11} = \frac{Z_a Z_b + Z_a Z_c}{Z_a + Z_b + Z_c}, \quad Z_{12} = Z_{21} = \frac{Z_a Z_b}{Z_a + Z_b + Z_c}, \quad Z_{22} = \frac{Z_a Z_b + Z_b Z_c}{Z_a + Z_b + Z_c}$$

両方を比較すると

$$Z_{11} = Z_1 + Z_3 = \frac{Z_a Z_b + Z_a Z_c}{Z_a + Z_b + Z_c}$$

$$Z_{12} = Z_{21} = Z_3 = \frac{Z_a Z_b}{Z_a + Z_b + Z_c}$$

$$Z_{22} = Z_2 + Z_3 = \frac{Z_a Z_b + Z_b Z_c}{Z_a + Z_b + Z_c}$$

上の第1式から第2式を引くと

$$Z_1 = \frac{Z_a Z_c}{Z_a + Z_b + Z_c}$$

第3式から第2式を引くと

$$Z_2 = \frac{Z_b Z_c}{Z_a + Z_b + Z_c}$$

Z_3 は第2式そのままであるので

$$Z_3 = \frac{Z_a Z_b}{Z_a + Z_b + Z_c}$$

となる。以上の関係があれば図 10.16(a) と図(b) は等価となる。 ◆

例題 10.6　Z 行列が

$$\begin{bmatrix} Z_{11} & Z_{12} \\ Z_{21} & Z_{22} \end{bmatrix} \quad ただし\ Z_{11} = Z_{22}$$

で表される2端子対回路と，**図 10.19**(a)に示す T 形回路および図(b)に示す対称格子形回路が等価であるための各素子の値を求めよ。

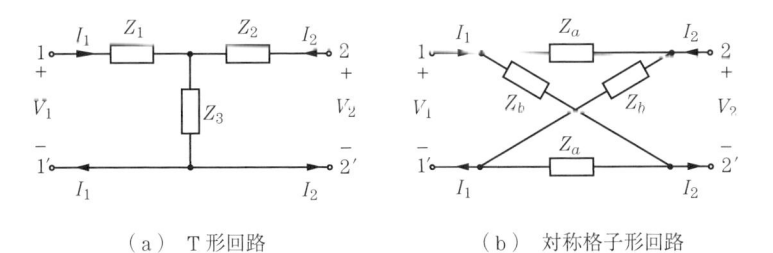

（a）T 形回路　　　　　　（b）対称格子形回路

図 10.19　T 形回路と対称格子形回路

【解答】 例題 10.5 の結果を用いると図(a)の回路の Z 行列は

$$\begin{bmatrix} Z_1+Z_3 & Z_3 \\ Z_3 & Z_2+Z_3 \end{bmatrix}$$

であるから

$$Z_{11}=Z_1+Z_3, \quad Z_{12}=Z_{21}=Z_3, \quad Z_{22}=Z_2+Z_3$$

でなければならない。したがって

$$Z_1=Z_{11}-Z_3=Z_{11}-Z_{12}$$
$$Z_2=Z_{22}-Z_3=Z_{22}-Z_{12}=Z_{11}-Z_{12}$$
$$Z_3=Z_{12}$$

つぎに図 10.19(b)の 2 端子対回路の Z パラメータは

$$Z_{11}=\left(\frac{V_1}{I_1}\right)_{I_2=0}=Z_{22}, \quad Z_{12}=\left(\frac{V_1}{I_2}\right)_{I_1=0}=Z_{21}$$

であるから、図 10.20(a)より

$$Z_{11}=\frac{1}{2}(Z_a+Z_b)$$

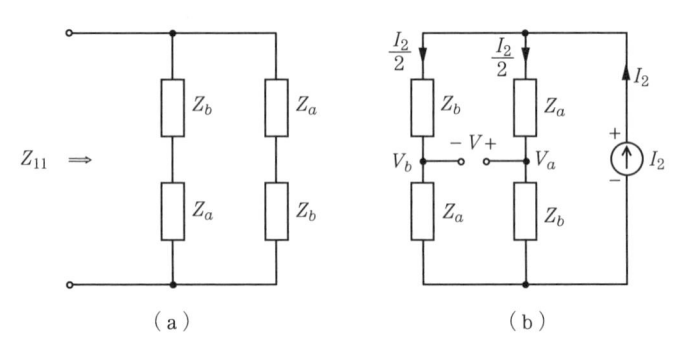

図 10.20 二つの 2 端子対回路

つぎに図 10.20(b)より

$$V_a=\frac{I_2}{2}Z_b, \quad V_b=\frac{I_2}{2}Z_a$$

$$V_1=V_a-V_b=\frac{I_2}{2}(Z_b-Z_a)$$

$$Z_{12}=\frac{V_1}{I_2}=\frac{1}{2}(Z_b-Z_a)=Z_{21}$$

したがって

$$Z_a=Z_{11}-Z_{12}, \quad Z_b=Z_{11}+Z_{12}$$

となる。

10.4 2端子対回路の接続

先に伝送パラメータのところで図 10.6 で示したように，2 端子対回路を複数個接続する場合に，接続によってできる新しい 2 端子対回路パラメータが元の二つのパラメータで表現できる場合があることが示され，そのための条件と注意すべき点について説明する。

10.4.1 縦　続　接　続

先に図 10.6 で示したように二つの 2 端子対回路を接続した場合を縦続接続という。この場合，もう一度**図 10.21** で示すと

$$\begin{bmatrix} V_1 \\ I_1 \end{bmatrix} = \begin{bmatrix} A_1 & B_1 \\ C_1 & D_1 \end{bmatrix} \begin{bmatrix} V_2 \\ -I_2 \end{bmatrix}, \quad \begin{bmatrix} V_3 \\ I_3 \end{bmatrix} = \begin{bmatrix} A_2 & B_2 \\ C_2 & D_2 \end{bmatrix} \begin{bmatrix} V_4 \\ -I_4 \end{bmatrix}$$

であり，また

$$V_2 = V_3, \quad -I_2 = I_3$$

であるから，端子対 1-1′ と 4-4′ 間の関係を伝送行列で表すと

$$\begin{bmatrix} V_1 \\ I_1 \end{bmatrix} = \begin{bmatrix} A_1 & B_1 \\ C_1 & D_1 \end{bmatrix} \begin{bmatrix} A_2 & B_2 \\ C_2 & D_2 \end{bmatrix} \begin{bmatrix} V_4 \\ -I_4 \end{bmatrix}$$

$$= \begin{bmatrix} A_1 A_2 + B_1 C_2 & A_1 B_2 + B_1 D_2 \\ C_1 A_2 + D_1 C_2 & C_1 B_2 + D_1 D_2 \end{bmatrix} \begin{bmatrix} V_4 \\ -I_4 \end{bmatrix}$$

となり，二つの 2 端子対回路を縦続接続した場合の全体の伝送行列は，元の二つの伝送行列の積になる。すなわち二つの 2 端子対回路がともに伝送行列で表されている場合，縦続された全体の 2 端子対回路の伝送行列はそれらの積で表

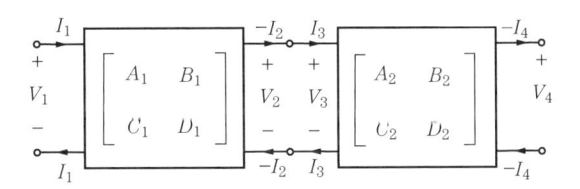

図 10.21　二つの 2 端子対回路の縦続接続

されることになる。

例題 10.7 図 10.22 (a), (b), (c) に示す三つの2端子対回路の伝送行列を求めよ。

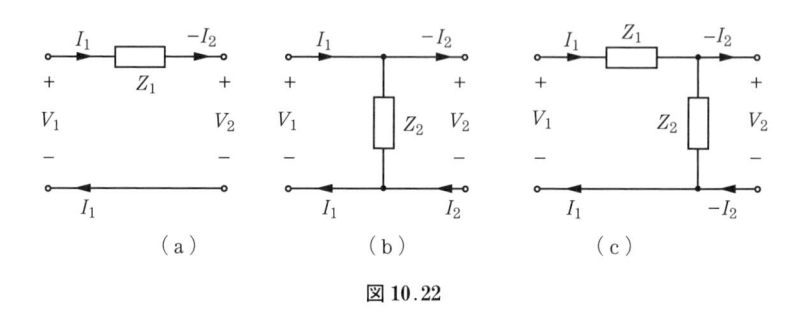

図 10.22

【解答】 まず,図(a)の2端子対回路の伝送行列を求めてみよう。図より
$$V_1 - V_2 = I_1 Z_1, \quad I_1 = -I_2$$
したがって
$$V_1 = V_2 - Z_1 I_2$$
$$I_1 = -I_2$$
これより
$$\begin{bmatrix} V_1 \\ I_1 \end{bmatrix} = \begin{bmatrix} 1 & Z_1 \\ 0 & 1 \end{bmatrix} \begin{bmatrix} V_2 \\ -I_2 \end{bmatrix}$$
つぎに図(b)の回路の伝送行列を求めてみる。
$$V_1 = V_2, \quad V_2 = Z_2(I_1 + I_2)$$
これより
$$\begin{bmatrix} V_1 \\ I_1 \end{bmatrix} = \begin{bmatrix} 1 & 0 \\ \dfrac{1}{Z_2} & 1 \end{bmatrix} \begin{bmatrix} V_2 \\ -I_2 \end{bmatrix}$$
図(c)の回路は図(a),(b)の回路を縦続接続したものであるから,伝送行列は図(a),(b)の伝送行列の積となり
$$\begin{bmatrix} V_1 \\ I_1 \end{bmatrix} = \begin{bmatrix} 1 & Z_1 \\ 0 & 1 \end{bmatrix} \begin{bmatrix} 1 & 0 \\ \dfrac{1}{Z_2} & 1 \end{bmatrix} \begin{bmatrix} V_2 \\ -I_2 \end{bmatrix} = \begin{bmatrix} 1+\dfrac{Z_1}{Z_2} & Z_1 \\ \dfrac{1}{Z_2} & 1 \end{bmatrix} \begin{bmatrix} V_2 \\ -I_2 \end{bmatrix}$$
となる。 ◆

10.4.2 並列接続

図 10.23 に示すように,二つの 2 端子対回路を接続するとき,これを並列接続という。

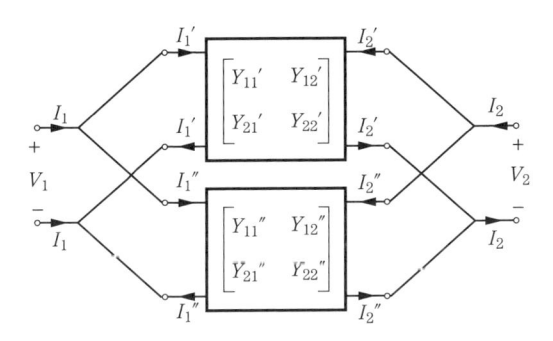

図 10.23 並列接続された 2 端子対回路

この場合

$$\begin{bmatrix} Y_{11}' & Y_{12}' \\ Y_{21}' & Y_{22}' \end{bmatrix} \begin{bmatrix} V_1 \\ V_2 \end{bmatrix} = \begin{bmatrix} I_1' \\ I_2' \end{bmatrix}$$

$$\begin{bmatrix} Y_{11}'' & Y_{12}'' \\ Y_{21}'' & Y_{22}'' \end{bmatrix} \begin{bmatrix} V_1 \\ V_2 \end{bmatrix} = \begin{bmatrix} I_1'' \\ I_2'' \end{bmatrix}$$

であり

$$I_1 = I_1' + I_1'', \qquad I_2 = I_2' + I_2''$$

の関係があるから,並列接続によりできた全体の Y パラメータは,元の二つの Y パラメータの和となり

$$\begin{bmatrix} Y_{11} & Y_{12} \\ Y_{21} & Y_{22} \end{bmatrix} = \begin{bmatrix} Y_{11}' + Y_{11}'' & Y_{12}' + Y_{12}'' \\ Y_{21}' + Y_{21}'' & Y_{22}' + Y_{22}'' \end{bmatrix}$$

で表される。

例題 10.8 図 10.24(a)に示す 2 端子対回路の Y パラメータを,図(b)に示す並列接続された二つの 2 端子対回路の Y パラメータの和として計算せよ。

(a)

(b)

図 10.24

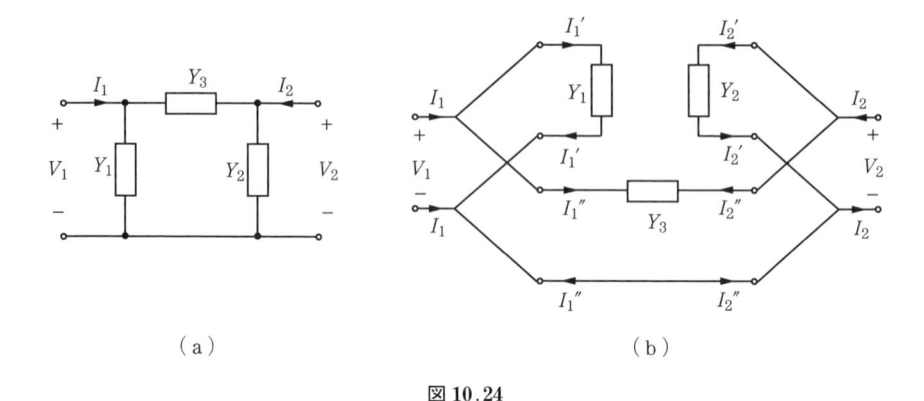

【解答】 図 10.24(b) の上の部分の Y 行列を求めると

$$I_1' = Y_1 V_1, \quad I_2' = Y_2 V_2$$

より

$$\begin{bmatrix} Y_1 & 0 \\ 0 & Y_2 \end{bmatrix} \begin{bmatrix} V_1 \\ V_2 \end{bmatrix} = \begin{bmatrix} I_1' \\ I_2' \end{bmatrix}$$

また,図(b)の下の部分の Y 行列は

$$I_1'' = Y_3(V_1 - V_2), \quad I_1'' = -I_2''$$

より

$$\begin{bmatrix} Y_3 & -Y_3 \\ -Y_3 & Y_3 \end{bmatrix} \begin{bmatrix} V_1 \\ V_2 \end{bmatrix} = \begin{bmatrix} I_1'' \\ I_2'' \end{bmatrix}$$

これより,全体の Y 行列は上下の Y 行列の和となり

$$\begin{bmatrix} Y_1 & 0 \\ 0 & Y_2 \end{bmatrix} + \begin{bmatrix} Y_3 & -Y_3 \\ -Y_3 & Y_3 \end{bmatrix} = \begin{bmatrix} Y_1+Y_3 & Y_3 \\ -Y_3 & Y_2+Y_3 \end{bmatrix}$$

となる。二つの2端子対回路を並列接続した場合,その Y パラメータは元の二つの Y パラメータの和になることを示したが,どのような場合にも和になるとは限らない。その理由をつぎに示してみる。2端子対回路とは端子1から流入した電流 I_1 が端子 1′ から流れ,端子2から流入した電流 I_2 がそのまま端子 2″ から流れるという条件を暗黙のうちに認めてきたのであるが,二つの2端子対回路を並列接続することにより,この条件が破れると並列接続による計算はできない。例えば図 10.25 に示される例の場合には,接続により Y が短絡されるので二つの Y 行列の和とはならず,改めて Y 行列を計算しなくてはならない。

しかしながら,図 10.26 に示すように,二つの2端子対回路とも端子 1′ と 2′ とが

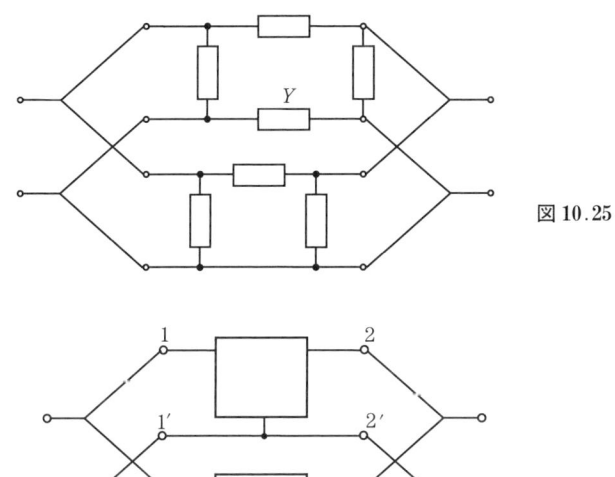

図 10.25　並列接続の計算ができない例

図 10.26　共通帰線をもつ 2 端子対回路の接続

直接結ばれている場合（共通帰線をもつ場合）には，無条件に並列接続の計算が可能である。

縦続接続の場合には，その接続の仕方からみて，接続により 2 端子対回路の条件が破れることはないので，無条件に縦続接続の計算が可能である。　　◆

10.4.3　直　列　接　続

図 10.27 に示すように，二つの 2 端子対回路を接続する場合，これを直列接続という。

この場合

$$\begin{bmatrix} V_1' \\ V_2' \end{bmatrix} = \begin{bmatrix} Z_{11}' & Z_{12}' \\ Z_{21}' & Z_{22}' \end{bmatrix} \begin{bmatrix} I_1 \\ I_2 \end{bmatrix},$$

$$\begin{bmatrix} V_1'' \\ V_2'' \end{bmatrix} = \begin{bmatrix} Z_{11}'' & Z_{12}'' \\ Z_{21}'' & Z_{22}'' \end{bmatrix} \begin{bmatrix} I_1 \\ I_2 \end{bmatrix}$$

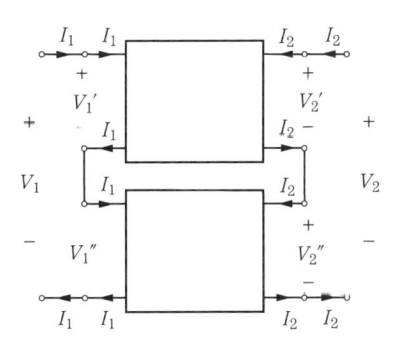

図 10.27　2 端子対回路の直列接続

$$V_1 = V_1' + V_1'', \qquad V_2 = V_2' + V_2''$$

で表されるから

$$\begin{bmatrix} V_1 \\ V_2 \end{bmatrix} = \begin{bmatrix} V_1' + V_1'' \\ V_2' + V_2'' \end{bmatrix} = \begin{bmatrix} Z_{11}' + Z_{11}'' & Z_{12}' + Z_{12}'' \\ Z_{21}' + Z_{21}'' & Z_{22}' + Z_{22}'' \end{bmatrix} \begin{bmatrix} I_1 \\ I_2 \end{bmatrix}$$

となる。すなわち,二つの2端子対回路を直列接続してできる2端子対回路の Z パラメータは,元の二つの2端子対回路の Z パラメータの和で表されることになる。しかしながら,この場合にも直列接続により元の2端子対回路の条件が破れることがあるので,この場合にも上記の計算はできず注意を要する。

例題 10.9 図 10.28(a)に示す回路のインピーダンス行列を図(b)に示す直列接続2端子対回路として計算せよ。

(a)

(b)

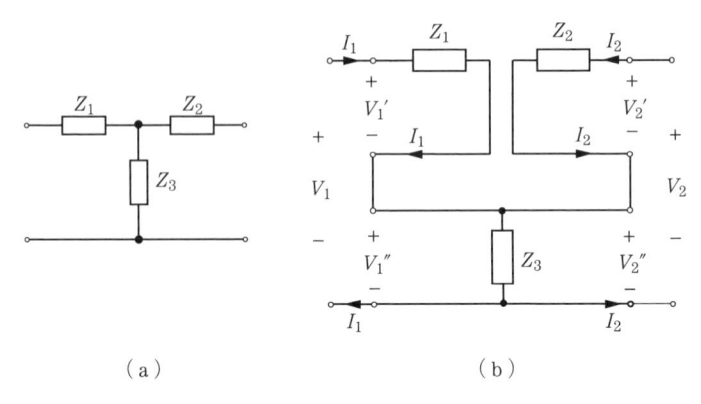

図 10.28

【解答】 この場合

$$\begin{bmatrix} V_1' \\ V_2' \end{bmatrix} = \begin{bmatrix} Z_1 & 0 \\ 0 & Z_2 \end{bmatrix} \begin{bmatrix} I_1 \\ I_2 \end{bmatrix}, \qquad \begin{bmatrix} V_1'' \\ V_2'' \end{bmatrix} = \begin{bmatrix} Z_3 & Z_3 \\ Z_3 & Z_3 \end{bmatrix} \begin{bmatrix} I_1 \\ I_2 \end{bmatrix}$$

$$V_1 = V_1' + V_1'', \qquad V_2 = V_2' + V_2''$$

よって

$$\begin{bmatrix} V_1 \\ V_2 \end{bmatrix} = \begin{bmatrix} Z_1 + Z_3 & Z_3 \\ Z_3 & Z_2 + Z_3 \end{bmatrix} \begin{bmatrix} I_1 \\ I_2 \end{bmatrix}$$

◆

演 習 問 題

(1) 図 10.29 に示す対称格子形回路の伝送行列を求めよ。

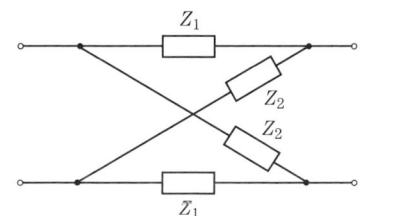

図 10.29

(2) 図 10.30(a), (b), (c)に示す2端子対回路の Y パラメータを求めよ。

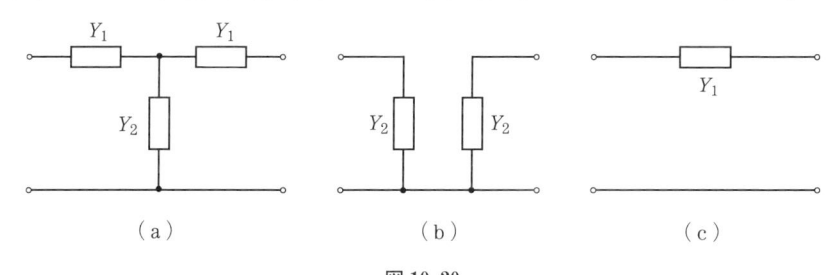

(a)　　　　　　　(b)　　　　　　　(c)

図 10.30

(3) 図 10.31 に示す2端子対回路の Y パラメータを，前問の(a), (b), (c)の結果を並列接続することにより求めよ。

(4) 図 10.32 に示す2端子対回路の $\dot{Z}$ 行列を求めよ。

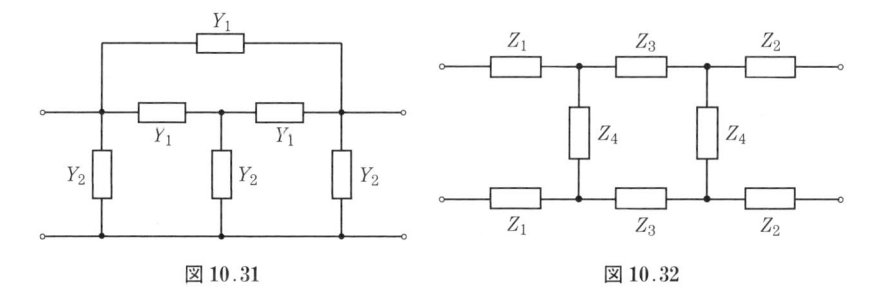

図 10.31　　　　　　　図 10.32

(5) 図 10.33 に示す2端子対回路の 2-2' 間に Z を接続したとき，1-1' からみたインピーダンス Z_i を求めよ。

(6) 図 10.34 に示す2端子対回路の全体の Y 行列を求めよ。

図 10.33

図 10.34

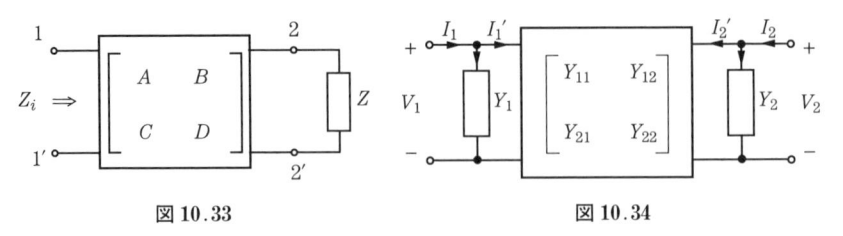

（7） 図 10.35 に示す 2 端子対回路の Z 行列を求めよ。

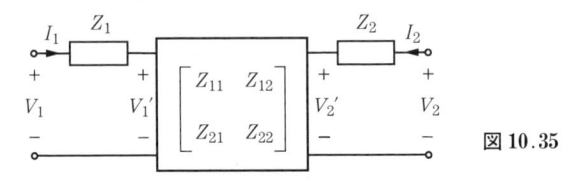

図 10.35

11 三相交流

通常われわれが家庭内で用いる交流は 100 V の交流であるが,用途に応じて三相交流が用いられる場合がある。通常の三相交流は周波数,振幅は等しく,位相差が $2\pi/3$ だけ異なる三つの電圧を用いる方式で,電力を送る場合に通常の単相交流よりも送電効率が高く,さらに回転磁界が容易に得られるのでモータの駆動に適しており,産業用に広く用いられている。ここではおもに最も利用されている対称三相方式について述べる。

11.1 対称三相交流

三相交流は通常,三相発電機により作られる。発電機に巻数の等しい3個のコイルを等間隔に置いた場合に各コイルに発生する電圧は,角周波数を ω とした場合

$$e_a = E_m \sin \omega t$$

$$e_b = E_m \sin\left(\omega t - \frac{2}{3}\pi\right)$$

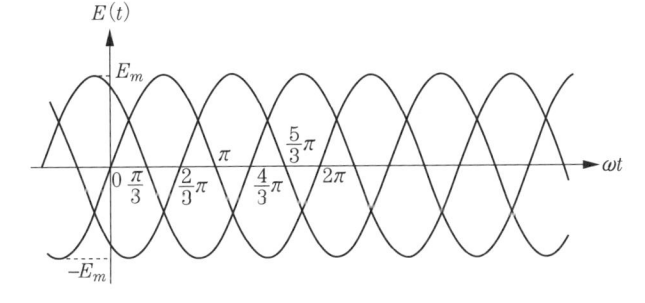

図 11.1 対称三相交流電圧の波形

$$e_c = E_m \sin\left(\omega t - \frac{4}{3}\pi\right)$$

で表される。これを対称三相交流という。図 11.1 にその波形を示す。

これを実効値 $E = \dfrac{E_m}{\sqrt{2}}$ で示すと

$$\bm{E}_a = \bm{E}e^{j0} = \bm{E}$$

$$\bm{E}_b = \bm{E}e^{-j\frac{2}{3}\pi} = \bm{E}\left\{\cos\left(-\frac{2}{3}\pi\right) + j\sin\left(-\frac{2}{3}\pi\right)\right\} = \left(-\frac{1}{2} - j\frac{\sqrt{3}}{2}\right)\bm{E}$$

$$\bm{E}_c = \bm{E}e^{-j\frac{4}{3}\pi} = \bm{E}e^{+j\frac{2}{3}\pi} = \left(-\frac{1}{2} + j\frac{\sqrt{3}}{2}\right)\bm{E}$$

となり，ベクトル図は図 11.2 に示される。

通常，対称三相電源の電圧は位相の進んでいる順番に e_a, e_b, e_c で表され，相回転が a, b, c の順番となっている。いま

$$\bm{a} = e^{j\frac{2}{3}\pi} = -\frac{1}{2} + j\frac{\sqrt{3}}{2}$$

とおくと，$\bm{a}^2$ は

$$\bm{a}^2 = e^{j\frac{4}{3}\pi} = -\frac{1}{2} - j\frac{\sqrt{3}}{2}$$

$$\bm{a}^3 = \bm{a} \cdot \bm{a}^2$$

$$= \left(-\frac{1}{2} + j\frac{\sqrt{3}}{2}\right)\left(-\frac{1}{2} - j\frac{\sqrt{3}}{2}\right) = 1$$

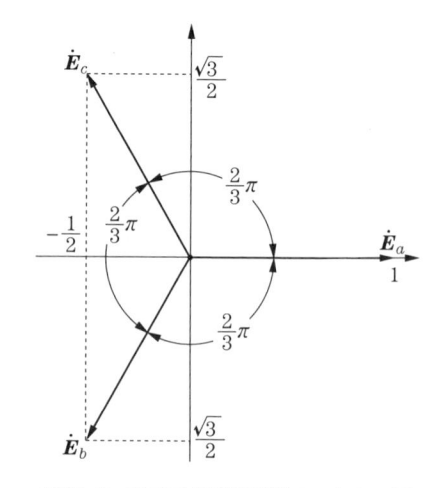

図 11.2 対称三相交流電源のベクトル図

となるので，対称三相電源の電圧を e_a を基準として示すと

$$\dot{\bm{E}}_a = \bm{E}$$

$$\dot{\bm{E}}_b = \bm{a}^2 \bm{E}$$

$$\dot{\bm{E}}_c = \bm{a}\bm{E}$$

となる。$\dot{\bm{E}}_a$, $\dot{\bm{E}}_b$, $\dot{\bm{E}}_c$ の和をとってみると

$$\dot{\bm{E}}_a + \dot{\bm{E}}_b + \dot{\bm{E}}_c = \bm{E}(1 + \bm{a}^2 + \bm{a}) = \bm{E}\left(1 - \frac{1}{2} - j\frac{\sqrt{3}}{2} - \frac{1}{2} + j\frac{\sqrt{3}}{2}\right) = 0$$

となることがわかる。すなわち，対称三相交流電源の各相の和は零となる。

例題 11.1 対称三相交流電圧で a 相の瞬時電圧が

$$e_a = 100\sqrt{2}\sin\omega t \text{ [V]}$$

であるとき，b, c 相の瞬時電圧 e_b, e_c を求め，さらに各相の電圧ベクトル $\dot{E}_a$, $\dot{E}_b$, $\dot{E}_c$ を複素数の形で示せ。ただし，相回転の順は e_a, e_b, e_c とする。

【解答】 $e_a = 100\sqrt{2}\sin\omega t$ であるから，e_b, e_c は

$$e_b = 100\sqrt{2}\sin\left(\omega t - \frac{2}{3}\pi\right), \quad e_c = 100\sqrt{2}\sin\left(\omega t - \frac{4}{3}\pi\right)$$

電圧をベクトルで表示すると

$$\dot{E}_a = 100\frac{\sqrt{2}}{\sqrt{2}}e^{j0} = 100(\cos 0 + \sin 0) = 100 + j0 \text{ [V]}$$

$$\dot{E}_b = 100\frac{\sqrt{2}}{\sqrt{2}}e^{j\frac{2}{3}\pi} = 100\left(\cos\frac{2}{3}\pi - j\sin\frac{2}{3}\pi\right) = 100\left(-\frac{1}{2} - j\frac{\sqrt{3}}{2}\right)$$

$$= -50 - j50\sqrt{3}$$

$$\dot{E}_c = 100\frac{\sqrt{2}}{\sqrt{2}}e^{j\frac{4}{3}\pi} = 100\left(\cos\frac{4}{3}\pi + j\sin\frac{4}{3}\pi\right) = 100\left(-\frac{1}{2} + j\frac{\sqrt{3}}{2}\right)$$

$$= -50 + j50\sqrt{3} \qquad \blacklozenge$$

11.2 三相電源の結合方式

これまで三相交流の電源について説明してきたが，実際には**図 11.3**(a)，(b)に示すように Y 形と Δ 形の二つの結合方式がある。

図(a)は **Y 形結線** (Y-connection) と呼ばれ，N を **中性点** (neutral point)，$\dot{E}_a$, $\dot{E}_b$, $\dot{E}_c$ を **Y 電圧** と呼び，端子 a-b, b-c, c-a 間の電圧 $\dot{V}_{ab}$, $\dot{V}_{bc}$, $\dot{V}_{ca}$ を **線間電圧** (line voltage) という。$\dot{V}_{ab}$, $\dot{V}_{bc}$, $\dot{V}_{ca}$ と $\dot{E}_a$, $\dot{E}_b$, $\dot{E}_c$ の間の関係は

$$\dot{V}_{ab} = \dot{E}_a - a^2\dot{E}_a = (1-a^2)\dot{E}_a = \frac{1}{2}(3+j\sqrt{3})\dot{E}_a$$

$$\dot{V}_{bc} = \dot{E}_b - a^2\dot{E}_b = (1-a^2)\dot{E}_b = \frac{1}{2}(3+j\sqrt{3})\dot{E}_b$$

(a) Y形接続　　　　　　　　(b) Δ形接続

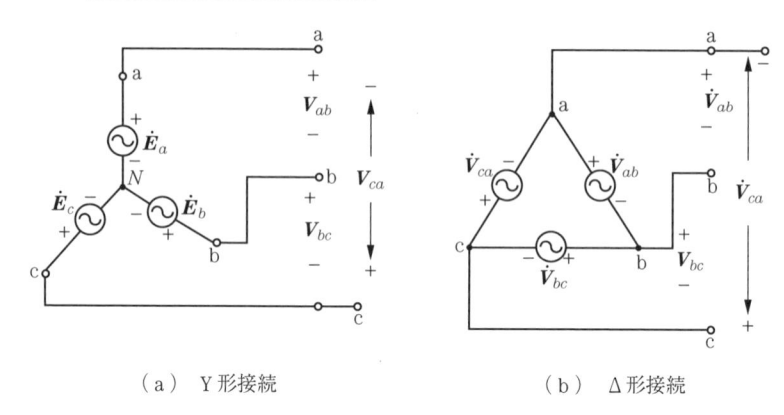

図 11.3　三相電源の結合方法

$$\dot{V}_{ca} = \dot{E}_c - a^2 \dot{E}_c = (1-a^2)\dot{E}_c = \frac{1}{2}(3+j\sqrt{3})\dot{E}_c$$

であり，また

$$1-a^2 = 1-\left(-\frac{1}{2}-j\frac{\sqrt{3}}{2}\right) = \frac{3}{2}+j\frac{\sqrt{3}}{2} = \sqrt{3}\,e^{j\frac{\pi}{6}}$$

であるから

$$\dot{E}_a = \frac{\dot{V}_{ab}}{1-a^2} = \frac{\dot{V}_{ab}}{\sqrt{3}\,e^{j\frac{\pi}{6}}} = \frac{e^{-j\frac{\pi}{6}}\dot{V}_{ab}}{\sqrt{3}}$$

$$\dot{E}_b = \frac{\dot{V}_{bc}}{1-a^2} = \frac{\dot{V}_{bc}}{\sqrt{3}\,e^{j\frac{\pi}{6}}} = \frac{\dot{V}_{bc}}{\sqrt{3}}e^{-j\frac{\pi}{6}}$$

$$\dot{E}_c = \frac{\dot{V}_{ca}}{1-a^2} = \frac{\dot{V}_{ca}}{\sqrt{3}}\,e^{-j\frac{\pi}{6}}$$

11.3　三相回路の負荷

　三相回路の負荷としては，電源の場合と同じように Y 形と Δ 形の 2 種類がある。図 11.4(a)は Y 形負荷，(b)は Δ 形負荷と呼ばれている。$\dot{I}_a, \dot{I}_b, \dot{I}_c$ は線電流，$\dot{I}_{ab}, \dot{I}_{bc}, \dot{I}_{ca}$ を Δ 電流という。対称三相回路の場合には

$$\dot{I}_a = \dot{I}_{ab} - \dot{I}_{ca} = \dot{I}_{ab} - a\dot{I}_{ab} = (1-a)\dot{I}_{ab}$$

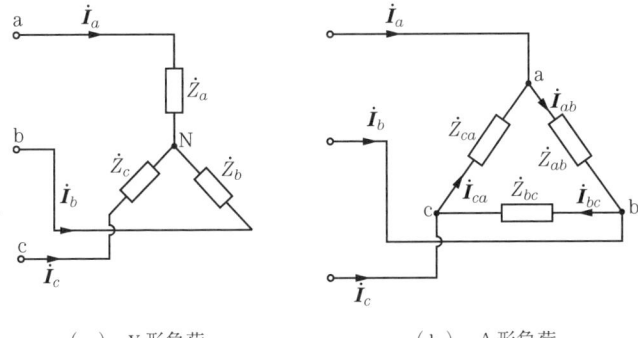

11.3 三相回路の負荷

(a) Y形負荷　　　　(b) Δ形負荷

図 11.4　三相回路の負荷

$$\dot{I}_b = \dot{I}_{bc} - \dot{I}_{ab} = (1-a)\,\dot{I}_{bc}$$
$$\dot{I}_c = \dot{I}_{ca} - \dot{I}_{bc} = (1-a)\,\dot{I}_{ca}$$

の関係がある。

$$1-a = 1-\left(-\frac{1}{2}+j\frac{\sqrt{3}}{2}\right) = \frac{3}{2} - j\frac{\sqrt{3}}{2} = \sqrt{3}\,e^{-j\frac{\pi}{6}}$$

であるから $\dot{I}_{ab}$, $\dot{I}_{bc}$, $\dot{I}_{ca}$ と $\dot{I}_a$, $\dot{I}_b$, $\dot{I}_c$ の関係は

$$\dot{I}_a = (1-a)\,\dot{I}_{ab} = \sqrt{3}\,\dot{I}_{ab}\,e^{-j\frac{\pi}{6}}$$
$$\dot{I}_b = \sqrt{3}\,\dot{I}_{bc}\,e^{-j\frac{\pi}{6}}$$
$$\dot{I}_c = \sqrt{3}\,\dot{I}_{ca}\,e^{-j\frac{\pi}{6}}$$

で表される。

11.3.1　Y形電源とY形負荷

図 11.5 に示すように結線された回路を考える。対称三相負荷の場合には

$$\dot{Z}_a = \dot{Z}_b = \dot{Z}_c = \dot{Z}$$

であるから図の回路より

$$\dot{I}_a = \frac{\dot{E}_a}{\dot{Z}},\quad \dot{I}_b = \frac{\dot{E}_b}{\dot{Z}},\quad \dot{I}_c = \frac{\dot{E}_c}{\dot{Z}}$$

であるから，$\dot{E}_a$ を基準にとると $\dot{E}_a = E$, $\dot{E}_b = a^2 E$, $\dot{E}_c = aE$ であるから

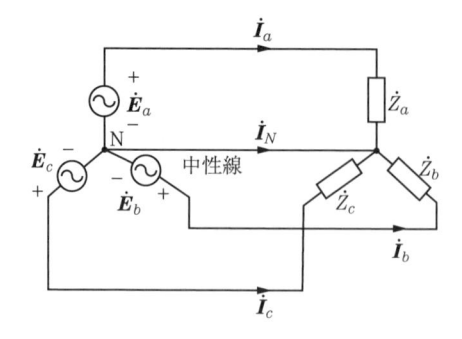

図11.5 Y形電源とY形負荷

$$\dot{I}_a = \frac{\dot{E}_a}{\dot{Z}} = \frac{E}{\dot{Z}}$$

$$\dot{I}_b = \frac{\dot{E}_b}{\dot{Z}} = \frac{a^2 E}{\dot{Z}} = \frac{E}{\dot{Z}}\left(-\frac{1}{2} - j\frac{\sqrt{3}}{2}\right)$$

$$\dot{I}_c = \frac{\dot{E}_c}{\dot{Z}} = \frac{aE}{\dot{Z}} = \frac{E}{\dot{Z}}\left(-\frac{1}{2} + j\frac{\sqrt{3}}{2}\right)$$

また中性線に流れる電流 $\dot{I}_N$ は

$$\dot{I}_N = -\dot{I}_a - \dot{I}_b - \dot{I}_c = -\frac{E}{\dot{Z}}(1 + a^2 + a) = 0$$

すなわち，中性線には電流が流れないことになる．したがって，対称三相負荷の場合には中性線を省略してもよいし，また実際には中性線がない場合が多く，$\dot{I}_a, \dot{I}_b, \dot{I}_c$ も対称三相となっていることがわかる．

11.3.2 △形電源と△形負荷

図11.6に示すように結線された回路を考える．対称三相負荷の場合には

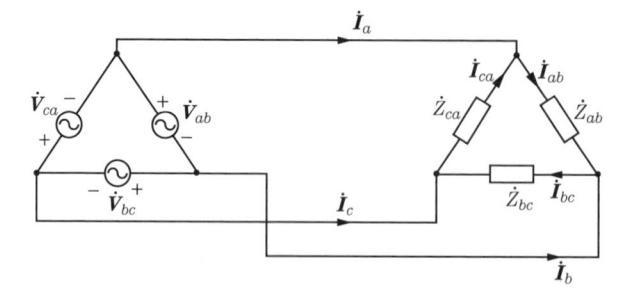

図11.6 △形電源と△形負荷

$$\dot{Z}_{ab} = \dot{Z}_{bc} = \dot{Z}_{ca} = \dot{Z}$$

であり，$\dot{V}_{ab}$ を基準にとると

$$\dot{V}_{ab} = V$$

$$\dot{V}_{bc} = a^2 V = \left(-\frac{1}{2} - j\frac{\sqrt{3}}{2}\right)V$$

$$\dot{V}_{ca} = a V = \left(-\frac{1}{2} + j\frac{\sqrt{3}}{2}\right)V$$

であるから，$\dot{I}_{ab}$, $\dot{I}_{bc}$, $\dot{I}_{ca}$ は

$$\dot{I}_{ab} = \frac{V}{\dot{Z}}, \quad \dot{I}_{bc} = \frac{a^2 V}{\dot{Z}}, \quad \dot{I}_{ca} = \frac{a V}{\dot{Z}}$$

となる。また線電流 $\dot{I}_a$, $\dot{I}_b$, $\dot{I}_c$ は

$$\dot{I}_a = \dot{I}_{ab} - \dot{I}_{ca} = \frac{\dot{V}}{\dot{Z}} - \frac{a\dot{V}}{\dot{Z}} = \frac{1}{\dot{Z}}(1-a)\dot{V}$$

$$\dot{I}_b = \dot{I}_{bc} - \dot{I}_{ab} = \frac{a^2}{\dot{Z}}\dot{V} - \frac{1}{\dot{Z}}\dot{V} = \frac{a^2}{\dot{Z}}(1-a)\dot{V}$$

$$\dot{I}_c = \dot{I}_{ca} - \dot{I}_{bc} = \frac{a}{\dot{Z}}\dot{V} - \frac{a^2}{\dot{Z}}\dot{V} = \frac{a}{\dot{Z}}(1-a)\dot{V}$$

となり，$\dot{I}_a$, $\dot{I}_b$, $\dot{I}_c$ も対称三相になっていることがわかる。以上のことから，対称Y形電源に対称Y形負荷を接続した場合には，各負荷に流れる電流 $\dot{I}_a$, $\dot{I}_b$, $\dot{I}_c$ は $\dot{E}_a/\dot{Z}$, $\dot{E}_b/\dot{Z}$, $\dot{E}_c/\dot{Z}$ となり，単相回路とまったく同じように取り扱うことができる。また対称Δ形電源に対称Δ形負荷を接続した場合にも，負荷に流れる電流 $\dot{I}_{ab}$, $\dot{I}_{bc}$, $\dot{I}_{ca}$ は $\dot{V}_{ab}/\dot{Z}$, $\dot{V}_{bc}/\dot{Z}$, $\dot{V}_{ca}/\dot{Z}$ となり，やはり単相回路と同じように取り扱うことができる。

以上のことから，対称Y形三相電源に対称Y形負荷を接続した場合でも，対称Δ形三相電源に対称Δ形負荷を接続した場合でも，単相回路の場合とまったく同じように取り扱うことができる。

11.4 対称三相負荷で消費する電力

11.3節で述べたように，Y形電源にY形負荷を，またΔ形電源にΔ形負

11. 三相交流

荷をそれぞれ接続した場合には，単相回路とまったく同じように取り扱うことができることを述べたが，対称三相回路の負荷で消費する電力についても，同じように取り扱うことができる．すなわち消費する総電力 P は，各相で消費する電力の3倍となる．すなわち $\dot{E}_a$ と $\dot{I}_a$ の位相差を φ_1 とすると，消費電力 P は

$$P = 3|\dot{E}_a||\dot{I}_a|\cos\varphi_1$$

となり，また $\dot{V}_{ab}$ と $\dot{I}_{ab}$ の位相差を φ_2 とすると，同じように

$$P = 3|\dot{V}_{ab}||\dot{I}_{ab}|\cos\varphi_2$$

で表される．

現実にわれわれが接するのは三相三線方式の場合がほとんどであり，与えられるのは線間電圧すなわち $\dot{V}_{ab}$, $\dot{V}_{bc}$, $\dot{V}_{ca}$ のみである．この点からみると Δ 形電源のみを取り扱えばよい．しかしながら負荷は Δ 形のみでなく Y 形の場合もあるので，先に10章で学んだように負荷の Y-Δ 変換を行えば，電源も負荷も Δ 形として取り扱うことが可能である．ここで負荷の Y-Δ 変換についてもう一度調べてみよう．図 11.7(a), (b)に対称 Y 形回路と Δ 形回路を示す．図(a)の回路と図(b)の回路が等価的に等しいということは，両回路において端子 a-b, b-c, c-a からみたインピーダンスがつねに等しいということである．a-b 間からみたインピーダンスは，Y 形の場合

$$\dot{Z}_Y + \dot{Z}_Y = 2\dot{Z}_Y$$

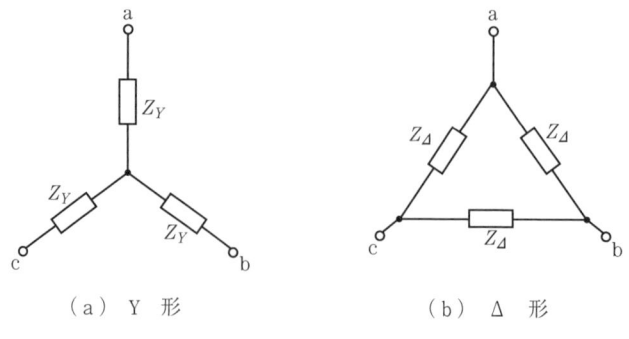

(a) Y 形　　　　　(b) Δ 形

図 11.7　負荷の Y-Δ 変換

となり，また Δ 形の場合 a-b 間からみたインピーダンスは

$$\cfrac{1}{\cfrac{1}{\dot{Z}_\varDelta}+\cfrac{1}{\dot{Z}_\varDelta+\dot{Z}_\varDelta}}=\cfrac{1}{\cfrac{3}{2\dot{Z}_\varDelta}}=\cfrac{2}{3}\dot{Z}_\varDelta$$

であるから，両者を等しくおくと

$$2\dot{Z}_Y=\cfrac{2}{3}\dot{Z}_\varDelta$$

すなわち

$$\dot{Z}_\varDelta=3\dot{Z}_Y$$

となる。したがって図 11.8 に示すような変換をしてもよいことになる。

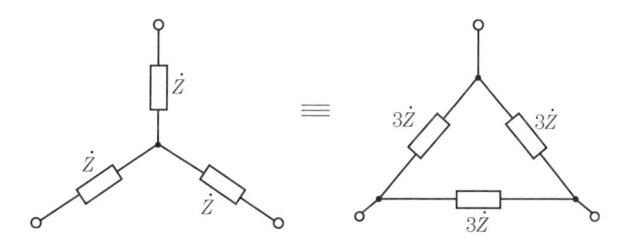

図 11.8 対称 Y 形回路と Δ 形回路の変換

以上のことから，電源も負荷も Δ 形として取り扱ってもよいことがわかる。

例題 11.2 図 11.9 に示す対称三相回路の $\dot{I}_a$, $\dot{I}_b$, $\dot{I}_c$ と全消費電力を求めよ。ただし，$\dot{V}_{ab}=V$ を基準とする。

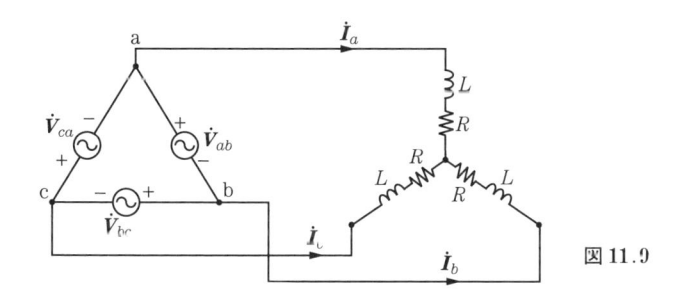

図 11.9

【解答】　まず負荷の Y-Δ 変換を行う。$\dot{Z}_\Delta = 3\dot{Z}_Y$ であるから図 11.10 のように変換される。

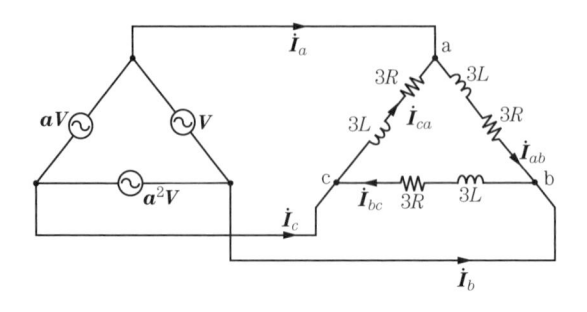

図 11.10　負荷の Y-Δ 変換

したがって

$$\dot{I}_{ab} = \frac{V}{3(R+j\omega L)} = \frac{V(R-j\omega L)}{3(R^2+\omega^2 L^2)}$$

$$\dot{I}_{bc} = \frac{a^2 V}{3(R+j\omega L)} = \frac{a^2 V(R-j\omega L)}{3(R^2+\omega^2 L^2)}$$

$$\dot{I}_{ca} = \frac{a V}{3(R+j\omega L)} = \frac{a V(R-j\omega L)}{3(R^2+\omega^2 L^2)}$$

$$\dot{I}_a = \dot{I}_{ab} - \dot{I}_{ca} = \frac{(R-j\omega L)(1-a)}{3(R^2+\omega^2 L^2)} V$$

$$\dot{I}_b = \dot{I}_{bc} - \dot{I}_{ab} = \frac{(R-j\omega L)(a^2-1)}{3(R^2+\omega^2 L^2)} V$$

$$\dot{I}_c = \dot{I}_{ca} - \dot{I}_{bc} = \frac{(R-j\omega L)(a-a^2)}{3(R^2+\omega^2 L^2)} V$$

となる。また消費電力 P は

$$P = 3|\dot{V}_{ab}||\dot{I}_{ab}|\cos\varphi$$

で表されるので

$$|\dot{V}_{ab}| = V$$

$$|\dot{I}_{ab}| = \frac{V\sqrt{R^2+\omega^2 L^2}}{3(R^2+\omega^2 L^2)} = \frac{V}{3\sqrt{R^2+\omega^2 L^2}}$$

$$\cos\varphi = \frac{3R}{3\sqrt{R^2+\omega^2 L^2}} = \frac{R}{\sqrt{R^2+\omega^2 L^2}}$$

より

$$P = 3V\frac{V}{3\sqrt{R^2+\omega^2 L^2}} \cdot \frac{R}{\sqrt{R^2+\omega^2 L^2}} = \frac{RV^2}{R^2+\omega^2 L^2} \text{〔W〕}$$

となる。◆

11.5 不平衡負荷の Δ-Y 変換と Y-Δ 変換

平衡三相負荷の Δ-Y 変換,Y-Δ 変換については 11.4 節で述べた。不平衡負荷の場合の Δ-Y 変換についてはすでに 10 章の例題 10.5 で示したが,**図 11.11** の場合についてもう一度示すと

$$\dot{Z}_a = \frac{\dot{Z}_{ca} \cdot \dot{Z}_{ab}}{\dot{Z}_{ab} + \dot{Z}_{bc} + \dot{Z}_{ca}}$$

$$\dot{Z}_b = \frac{\dot{Z}_{ab} \cdot \dot{Z}_{bc}}{\dot{Z}_{ab} + \dot{Z}_{bc} + \dot{Z}_{ca}}$$

$$\dot{Z}_c = \frac{\dot{Z}_{bc} \cdot \dot{Z}_{ca}}{\dot{Z}_{ab} + \dot{Z}_{bc} + \dot{Z}_{ca}}$$

で表される。

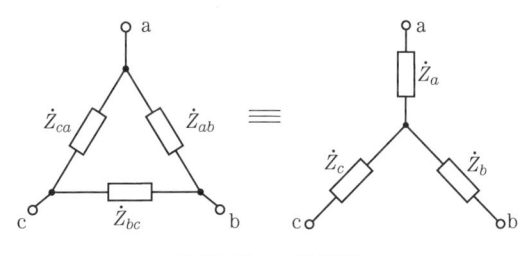

図 11.11　Δ-Y 変換

逆に Y-Δ 変換は 2 端子対回路の理論を応用し,さらに回路素子をアドミタンス表示することが必要である。**図 11.12** に Y 形回路と Δ 形回路を示す。

図 11.2(a) の回路の Y パラメータは

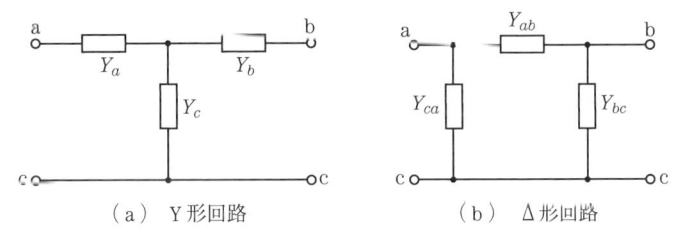

（a）Y 形回路　　　　（b）Δ 形回路

図 11.12　Y 形回路と Δ 形回路

$$\dot{Y}_{11} = \frac{\dot{Y}_a(\dot{Y}_b+\dot{Y}_c)}{\dot{Y}_a+\dot{Y}_b+\dot{Y}_c}, \qquad \dot{Y}_{12}=\dot{Y}_{21}=-\frac{\dot{Y}_a\dot{Y}_b}{\dot{Y}_a+\dot{Y}_b+\dot{Y}_c}$$

$$\dot{Y}_{22}=\frac{\dot{Y}_b(\dot{Y}_a+\dot{Y}_c)}{\dot{Y}_a+\dot{Y}_b+\dot{Y}_c}$$

また図(b)の回路の Y パラメータは

$$\dot{Y}_{11}=\dot{Y}_{ca}+\dot{Y}_{ab}, \qquad -\dot{Y}_{12}=-\dot{Y}_{21}=\dot{Y}_{ab}, \qquad \dot{Y}_{22}=\dot{Y}_{bc}+\dot{Y}_{ab}$$

図11.12(a)と(b)の回路が等価であるためには，各 Y パラメータが等しい必要がある．したがって，図11.12(a)，(b)の二つの2端子対回路の $\dot{Y}_{11}$，$\dot{Y}_{12}$，$\dot{Y}_{22}$ を等しくおくと

$$\frac{\dot{Y}_a(\dot{Y}_b+\dot{Y}_c)}{\dot{Y}_a+\dot{Y}_b+\dot{Y}_c}=\dot{Y}_{ca}+\dot{Y}_{ab}$$

$$\frac{\dot{Y}_a\dot{Y}_b}{\dot{Y}_a+\dot{Y}_b+\dot{Y}_c}=\dot{Y}_{ab}$$

$$\frac{\dot{Y}_b(\dot{Y}_a+\dot{Y}_c)}{\dot{Y}_a+\dot{Y}_b+\dot{Y}_c}=\dot{Y}_{bc}+\dot{Y}_{ab}$$

これより

$$\dot{Y}_{ab}=\frac{\dot{Y}_a\dot{Y}_b}{\dot{Y}_a+\dot{Y}_b+\dot{Y}_c}, \qquad \dot{Y}_{bc}=\frac{\dot{Y}_b\dot{Y}_c}{\dot{Y}_a+\dot{Y}_b+\dot{Y}_c}, \qquad \dot{Y}_{ca}=\frac{\dot{Y}_a\dot{Y}_c}{\dot{Y}_a+\dot{Y}_b+\dot{Y}_c}$$

が得られる．

例題 11.3　図11.13(a)の回路を図(b)の回路に変換せよ．

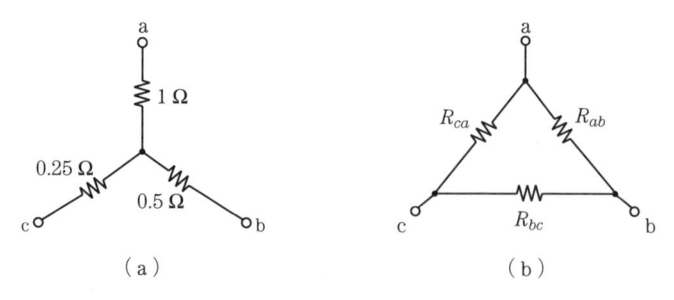

図 11.13　Y-Δ 変換

11.5 不平衡負荷の Δ-Y 変換と Y-Δ 変換

【解答】 図 11.13(a)をアドミタンス表示すると図 11.14 となり,これを Y-Δ 変換すると

$$\dot{Y}_{ab}=\frac{1\times 2}{1+2+4}=\frac{2}{7} \text{ S}, \quad \dot{Z}_{ab}=R_{ab}=\frac{7}{2} \text{ Ω}$$

$$\dot{Y}_{bc}=\frac{2\times 4}{1+2+4}=\frac{8}{7} \text{ S}, \quad \dot{Z}_{bc}=R_{bc}=\frac{7}{8} \text{ Ω}$$

$$\dot{Y}_{ca}=\frac{4\times 1}{1+2+4}=\frac{4}{7} \text{ S}, \quad \dot{Z}_{ca}=R_{ca}=\frac{7}{4} \text{ Ω}$$

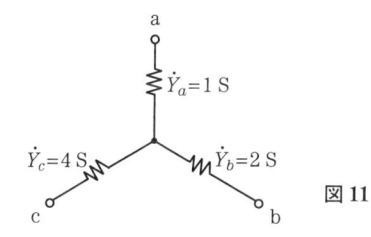

図 11.14

したがって

$$R_{ab}=\frac{7}{2} \text{ Ω}, \quad R_{bc}=\frac{7}{8} \text{ Ω}, \quad R_{ca}=\frac{7}{4} \text{ Ω}$$

が得られる。 ◆

つぎに $\dot{V}_{ab}$ と $\dot{V}_{bc}$ に負荷が接続されており, $\dot{V}_{ca}$ には負荷がない場合について考える。この場合 $\dot{V}_c$ の両端の負荷を無限大としてもよいが,つぎに示すように直接計算してもよい。

例題 11.4 図 11.15 に示す対称三相電源回路の $|\dot{I}_a|$, $|\dot{I}_b|$, $|\dot{I}_c|$ を求めよ。ただし $\dot{V}_{ab}$ を基準とし $|\dot{V}_{ab}|=100$ V とする。

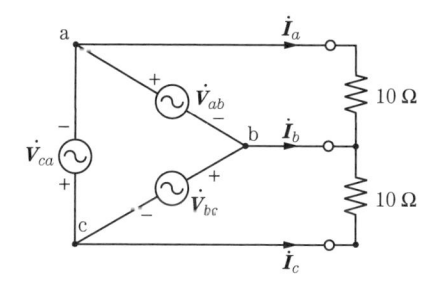

図 11.15

【解答】 $\dot{V}_{ab}=100$ とすると $\dot{V}_{bc}$ は

$$\dot{V}_{bc}=100\left(-\frac{1}{2}-j\frac{\sqrt{3}}{2}\right)$$

したがって $\dot{I}_a$, $\dot{I}_c$ は

$$\dot{I}_a=\frac{100}{10}=10\text{ A}, \quad |\dot{I}_a|=10\text{ A}$$

$$\dot{I}_c=\frac{-V_{bc}}{10}=\frac{-100\left(-\frac{1}{2}-j\frac{\sqrt{3}}{2}\right)}{10}=5(1+j\sqrt{3})$$

$$|\dot{I}_c|=5\sqrt{1+3}=10\text{ A}$$

$$\dot{I}_b=-\dot{I}_a-\dot{I}_c=-10-5(1+j\sqrt{3})=-5(3+j\sqrt{3})$$

$$|\dot{I}_b|=5\sqrt{9+3}=5\sqrt{12}=10\sqrt{3}\fallingdotseq 17.3\text{ A}$$

したがって $|\dot{I}_b|$ は $|\dot{I}_a|+|\dot{I}_c|$ ではない。 ◆

11.6 送 電 効 率

本章の最初に単相交流よりも三相交流のほうが送電効率が高いと述べたが，単相，四相の場合と比較してみる。そのためには各方式で

- 送電側の最大線間電圧
- 送電電力
- 送電線の総重量

が等しいという条件下で送電損失を考える。送電線の総重量が等しいので，送電線の抵抗は図 11.16 に示すようになり，また四相の場合の最大線間電圧は $E/2+E/2=E$ となる。

各相の場合とも力率を1とすると送電電力と送電損失は以下のようになる。

	送電電力		送電損失
単相	$P_1=EI_1$		$P_{l1}=2rI_1^2\times 2=4rI_1^2$
三相	$P_3=\sqrt{3}EI_3=EI_1$ $\quad I_3=\dfrac{I_1}{\sqrt{3}}$		$P_{l3}=3r\cdot I_3^2\times 3=3rI_1^2$
四相	$P_4=4\times\dfrac{E}{2}I_4=EI_1$ $\quad I_4=\dfrac{I_1}{2}$		$P_{l4}=4\times 4r\cdot I_4^2=4rI_1^2$

(a) 単 相

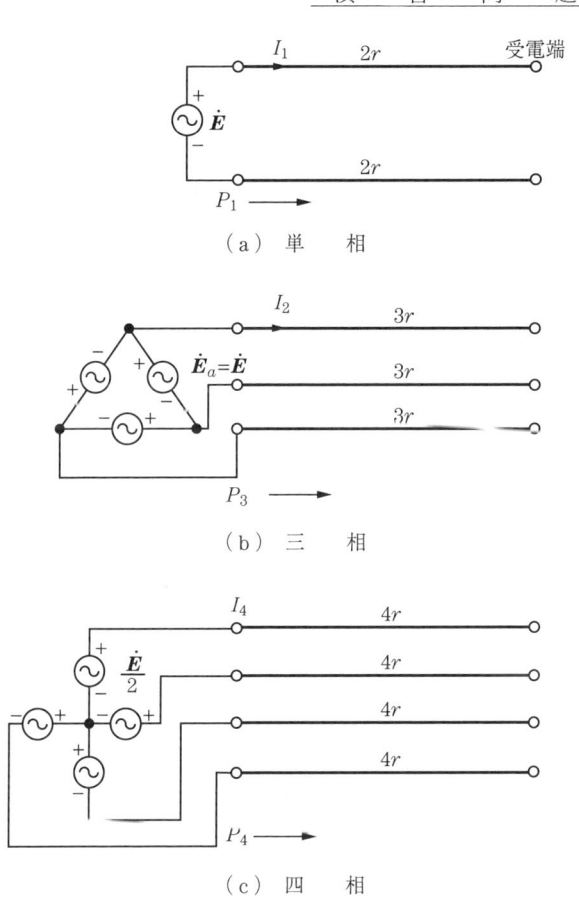

(b) 三 相

(c) 四 相

図 11.16 相数による送電損失の比較

以上のことから，三相の場合が単相，四相の場合よりも送電損失が小さいことがわかる。ここでは述べないが，三相の場合が最も送電損失が小さいことが知られている。

演 習 問 題

(1) 図 11.17 に示すように Y 形平衡三相電源に RC 直列平衡 Y 形三相負荷を接続した。線電流 $\dot{I}_a, \dot{I}_b, \dot{I}_c$ を求め，かつこの回路で消費する全電力を求めよ。た

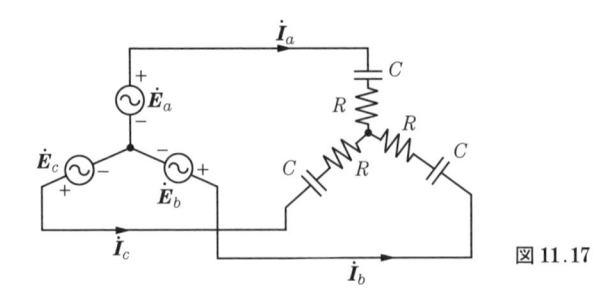

150　11. 三 相 交 流

図 11.17

ただし $\dot{E}_a = E$ とする。

（2）図 11.18 に示す平衡三相電源に LR 並列平衡 Δ 形三相負荷を接続した。線電流 $\dot{I}_a, \dot{I}_b, \dot{I}_c$ を求め，かつこの回路で消費する全電力を求めよ。

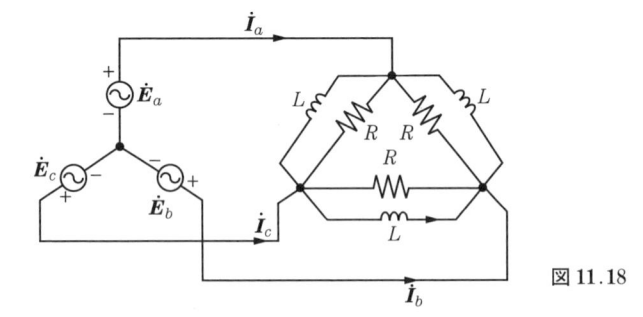

図 11.18

（3）平衡 Y 形三相電源に図 11.19 に示す負荷を接続した。$\dot{I}_a, \dot{I}_b, \dot{I}_c$ を求めよ。

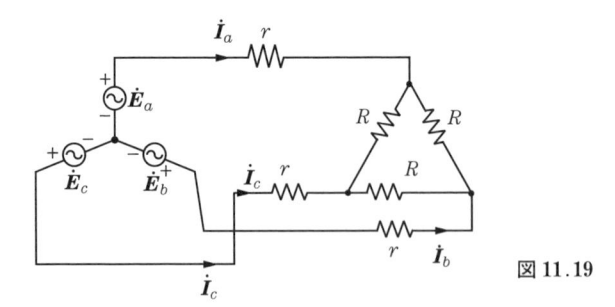

図 11.19

（4）図 11.20 に示す対称三相電源に $10\,\Omega$ と $5\,\Omega$ の抵抗を図のように接続した。$|\dot{I}_a|, |\dot{I}_b|, |\dot{I}_c|$ を求めよ。ただし $\dot{V}_{ab}$ を基準とし $|\dot{V}_{ab}| = 100\,\mathrm{V}$ とする。

図 11.20

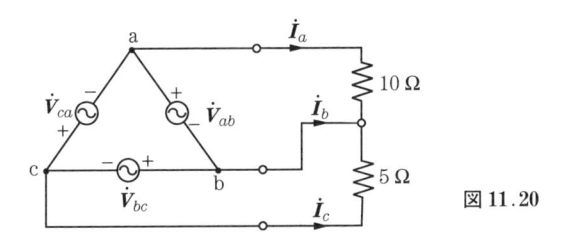

(5) 図 11.21 の Δ 形回路を Y 形回路に変換せよ。

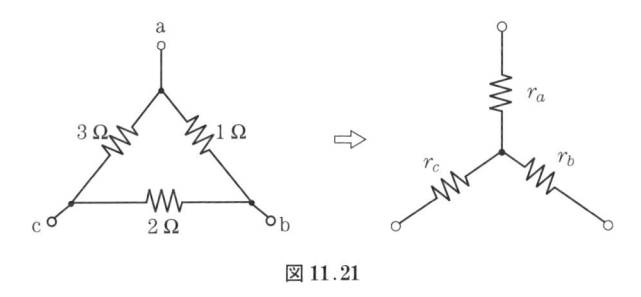

図 11.21

(6) 図 11.22 の Y 形回路を Δ 形回路に変換せよ。

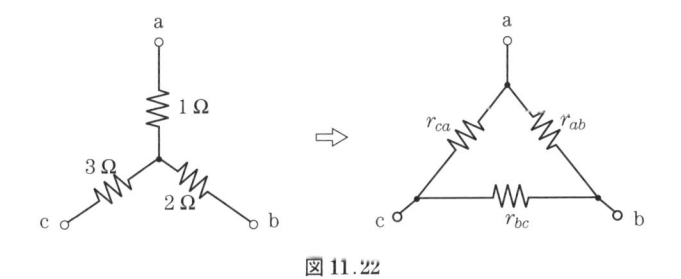

図 11.22

12

ひずみ波交流

これまでの交流回路では電圧，電流は単一の角周波数 ω の正弦波として取り扱ってきたが，現実には電圧，電流が正弦波ではなく，ω の整数倍の角周波数を含む場合が多い。このようなときの回路での取扱い方法について述べる。

12.1 フーリエ級数

図 12.1 に示すような周期 T の波形 $f(t)$ を次式で示すように三角関数の和で表すことができることがわかっている。すなわち $f(t)$ は

$$f(t) = \frac{a_0}{2} + a_1 \cos \omega t + a_2 \cos 2\omega t + a_3 \cos 3\omega t + \cdots$$
$$+ b_1 \sin \omega t + b_2 \sin 2\omega t + b_3 \sin 3\omega t + \cdots$$
$$\omega = \frac{2\pi}{T}, \quad 0 < t < T$$

で表され，$a_0, a_1, a_2, \cdots b_1, b_2, \cdots$ の項数を増やせばいくらでも $f(t)$ に近づけることができ，$f(t)$ の波形が急しゅんであっても項数を増やすといくらでも $f(t)$ に近くなる。このようにひずみ波を三角関数の級数で表す手法を**フーリ**

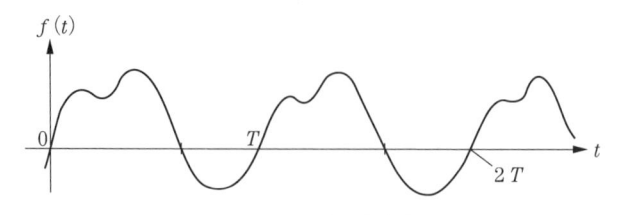

図 12.1 ひずみ波交流

エ級数展開と呼ぶ。ここで，a_n, b_n を求める方法について考えてみよう。まず a_0 について考える。$f(t)$ を 0 から T まで積分してみると，$\cos\omega t, \cos 2\omega t,$ $\cdots$, $\sin\omega t, \sin 2\omega t, \cdots$ などは周期 T の周期関数であるので，0 から T まで積分するとすべて零となり，結局

$$\int_0^T f(t)\,dt = \int_0^T \frac{a_0}{2}\,dt = \left[\frac{a_0}{2}t\right]_0^T = \frac{a_0}{2}T$$

となり，これより a_0 は

$$a_0 = \frac{2}{T}\int_0^T f(t)\,dt$$

が得られる。a_0 は $f(t)$ の平均値の 2 倍で直流成分を表す。つぎに $a_1, a_2, \cdots,$ $b_1, b_2, \cdots$ を求める方法について考えてみよう。その準備として三角関数の公式について調べてみる。三角公式として

$$\cos x \cdot \cos y = \frac{1}{2}\{\cos(x+y) + \cos(x-y)\}$$

$$\sin x \cdot \sin y = \frac{1}{2}\{\cos(x-y) - \cos(x+y)\}$$

$$\sin x \cdot \cos y = \frac{1}{2}\{\sin(x+y) + \sin(x-y)\}$$

より，$x = \omega t,\ y = \omega t$ とおくと

$$\cos^2 \omega t = \frac{1}{2}(1 + \cos 2\omega t)$$

$$\sin^2 \omega t = \frac{1}{2}(1 - \cos 2\omega t)$$

$$\sin \omega t \cdot \cos \omega t = \frac{1}{2}\sin 2\omega t$$

が得られる。すなわち 2 乗したり掛け算することにより角周波数が 2 倍になる。ここで，$f(t)$ の a_1 を求めるために $f(t)$ に $\cos\omega t$ を乗じて 0 から T まで積分してみる。

$$\int_0^T f(t)\cos\omega t\,dt = \frac{a_0}{2}\int_0^T \cos\omega t\,dt + a_1\int_0^T \cos^2\omega t\,dt$$

$$+ a_2\int_0^T \cos 2\omega t \cdot \cos \omega t\,dt + a_3\int_0^T \cos 3\omega t \cdot \cos\omega t\,dt + \cdots$$

上の三角公式を用いると、上式は

$$\int_0^T f(t)\cos\omega t\,dt = \frac{a_0}{2}\int_0^T \cos\omega t\,dt + \frac{a_1}{2}\int_0^T (1+\cos 2\omega t)\,dt$$
$$+ \frac{a_2}{2}\int_0^T (\cos 3\omega t + \cos\omega t)\,dt + \frac{a_3}{2}\int_0^T (\cos 4\omega t + \cos 2\omega t)\,dt + \cdots$$

となり、$\cos\omega t$, $\cos 2\omega t$, $\cos 3\omega t$, $\cdots$ は 0 から T まで積分すると零となるので、結局

$$\int_0^T f(t)\cos\omega t\,dt = \frac{a_1}{2}\int_0^T dt = \frac{a_1}{2}T$$

となり

$$a_1 = \frac{2}{T}\int_0^T f(t)\cos\omega t\,dt$$

が得られる。同じようにして a_2 を求める場合には、$f(t)$ に $\cos 2\omega t$ を乗じ 0 から T まで積分すると

$$\int_0^T f(t)\cos 2\omega t\,dt = \frac{a_2}{2}T$$

となり、同じようにして $a_2, a_3, \cdots$ を求めることができる。

$$a_0 = \frac{2}{T}\int_0^T f(t)\,dt$$

$$a_1 = \frac{2}{T}\int_0^T f(t)\cos\omega t\,dt$$

$$a_2 = \frac{2}{T}\int_0^T f(t)\cos 2\omega t\,dt$$

$$a_3 = \frac{2}{T}\int_0^T f(t)\cos 3\omega t\,dt$$

$$\vdots$$

$$a_n = \frac{2}{T}\int_0^T f(t)\cos n\omega t\,dt$$

が得られる。

$b_1, b_2, \cdots, b_n$ について、同じように考えて

$$b_1 = \frac{2}{T}\int_0^T f(t)\sin\omega t\,dt$$

$$b_2 = \frac{2}{T}\int_0^T f(t)\sin 2\omega t\, dt$$

$$\vdots$$

$$b_n = \frac{2}{T}\int_0^T f(t)\sin n\omega t\, dt$$

$$\vdots$$

が得られる。以上のことをまとめると，$f(t)$ に $\cos n\omega t$ を乗じ 0 から T まで積分することにより a_n が求まり，$f(t)$ に $\sin n\omega t$ を乗じ 0 から T まで積分することにより b_n が求まることになる。

以上のことを言葉でいえば，$f(t)$ を 0 から T まで積分すれば直流成分すなわち平均値が求まり，$f(t)\cos n\omega t$，$f(t)\sin n\omega t$ を 0 から T まで積分することにより $f(t)$ に含まれる $\cos n\omega t$，$\sin n\omega t$ の成分を計算していることになる。

以上述べたように，$f(t)$ を三角関数の和で表すことを**フーリエ級数表示**という。

例題 12.1　図 12.2 に示す方形波をフーリエ級数で表せ。

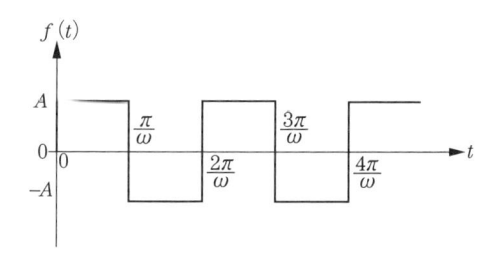

図 12.2　方形波

【解答】　a_0 は $f(t)$ の平均値であるので，計算するまでもなく零となることは明らかである。$f(t)$ の周期は $2\pi/\omega$ であり，また積分区間を $0\sim\pi/\omega$ と $\pi/\omega\sim 2\pi/\omega$ に分けて考えると

$$a_1 = \frac{\omega}{\pi}\int_0^{\frac{2\pi}{\omega}} f(t)\cos\omega t\, dt = \frac{\omega A}{\pi}\left\{\int_0^{\frac{\pi}{\omega}}\cos\omega t\, dt - \int_{\frac{\pi}{\omega}}^{\frac{2\pi}{\omega}}\cos\omega t\, dt\right\}$$

$$= \frac{\omega A}{\pi}\left\{\left[\frac{\sin\omega t}{\omega}\right]_0^{\frac{\pi}{\omega}} - \left[\frac{\sin\omega t}{\omega}\right]_{\frac{\pi}{\omega}}^{\frac{2\pi}{\omega}}\right\} = 0$$

また a_2, a_3, a_4, $\cdots$ についても零となる。つぎに b_1 を求めてみる。

$$b_1 = \frac{\omega}{\pi}\int_0^{\frac{\pi}{\omega}} A\sin\omega t\, dt - \frac{\omega}{\pi}\int_{\frac{\pi}{\omega}}^{\frac{2\pi}{\omega}} A\sin\omega t\, dt$$

$$= \frac{\omega}{\pi}\left[\frac{-A\cos\omega t}{\omega}\right]_0^{\frac{\pi}{\omega}} - \frac{\omega}{\pi}\left[\frac{-A\cos\omega t}{\omega}\right]_{\frac{\pi}{\omega}}^{\frac{2\pi}{\omega}}$$

$$= \frac{A}{\pi}(-\cos\pi + \cos 0 + \cos 2\pi - \cos\pi)$$

$$= \frac{4A}{\pi}$$

同じように計算すると

$$b_2 = 0, \ b_3 = \frac{4A}{3\pi}, \ b_4 = 0, \ b_5 = \frac{4A}{5\pi}, \ \cdots$$

となり，結局

$$f(t) = \frac{4A}{\pi}\left(\sin\omega t + \frac{1}{3}\sin 3\omega t + \frac{1}{5}\sin 5\omega t + \cdots\right)$$

を得る。 ◆

12.2　偶関数と奇関数

これまで $f(t)$ をフーリエ級数で表現する方法について述べてきたが，波形によっては計算が簡単になる場合がある。$f(t)$ が

$f(t) = f(-t)$ … のとき **偶関数**

$f(t) = -f(-t)$ … のとき **奇関数**

と定義され，このような場合には a_n, b_n を求めるのが簡単になる。

（a）　$f(t)$ が **図 12.3** に示されるような偶関数のときには

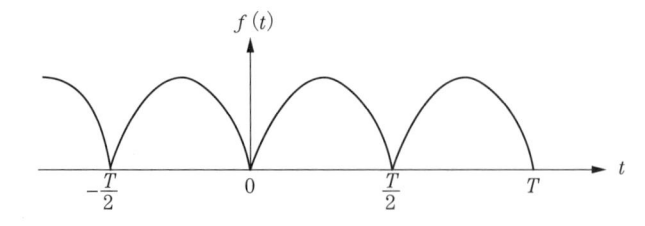

図 12.3　偶関数波形の例

$$a_n = \frac{2}{T}\int_0^T f(t)\cos n\omega t\, dt = \frac{2}{T}\int_{-\frac{T}{2}}^{\frac{T}{2}} f(t)\cos n\omega t\, dt$$

は $f(t)$ も $\cos n\omega t$ も偶関数であるので，$f(t)\cos n\omega t$ を $T/2 \sim 0$ 区間積分した値と $0 \sim -T/2$ 区間積分した値とは等しく，結局

$$a_n = \frac{4}{T}\int_0^{\frac{T}{2}} f(t)\cos n\omega t\, dt$$

が得られる。つぎに b_n については

$$b_n = \frac{2}{T}\int_0^T f(t)\sin n\omega t\, dt = \frac{2}{T}\int_{-\frac{T}{2}}^{\frac{T}{2}} f(t)\sin n\omega t\, dt$$

この場合 $f(t)$ は偶関数，$\sin n\omega T$ は奇関数であるから $f(t)\sin n\omega T$ は奇関数となり $T/2$ から 0 までと 0 から $-T/2$ まで積分した値は符号が逆となり，この二つの和は零となることがわかる。

（b）つぎに $f(t)$ が奇関数の場合について考える。この場合には

$$a_n = \frac{2}{T}\int_0^T f(t)\cos n\omega t\, dt$$
$$= \frac{2}{T}\left(\int_0^{\frac{T}{2}} f(t)\cos n\omega t\, dt + \int_{-\frac{T}{2}}^0 f(t)\cos n\omega t\, dt\right) \quad (n=0,\ 1,\ 2,\ \cdots)$$

は零となり，また

$$b_n = \frac{2}{T}\int_0^T f(t)\sin n\omega t\, dt$$
$$= \frac{2}{T}\left(\int_0^{\frac{T}{2}} f(t)\sin n\omega t\, dt + \int_{-\frac{T}{2}}^0 f(t)\sin n\omega t\, dt\right)$$

であるから，第1項目と第2項目は等しくなり

$$b_n = \frac{4}{T}\int_0^{\frac{T}{2}} f(t)\sin n\omega t\, dt \quad (n=1,\ 2,\ \cdots)$$

が得られる。

例題 12.2 $f(t)$ が図 12.4(a) に示される波形と (b) に示される波形のとき，それらのフーリエ級数を求めよ。

12. ひずみ波交流

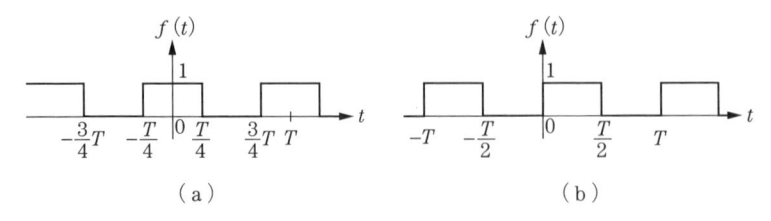

図 12.4

【解答】

（a） $f(t)$ は偶関数であるので $b_n=0$ であり，$f(t)$ の平均値は図 12.4 から見て明らかに 1/2 となり，また積分は $T/4$ から $-T/4$ 以外は零であるので

$$a_n = \frac{2}{T}\int_{-\frac{T}{4}}^{\frac{T}{4}} f(t)\cos n\omega t\, dt$$

$$= \begin{cases} 0 & (n \text{ が偶数}) \\ \dfrac{2}{n\pi} & (n \text{ が奇数}) \end{cases}$$

これより

$$f(t) = \frac{1}{2} + \frac{2}{\pi}\left(\cos\omega t - \frac{\cos 3\omega t}{3} + \frac{\cos 5\omega t}{5} - \frac{\cos 7\omega t}{7} + \cdots\right)$$

（b） a_0 は（a）の場合と同じように 1/2，また $f(t)$ は奇関数であるので $a_n=0$ $(n=1, 2, \cdots)$，（a）の場合と同じように積分は $0 \sim T/2$ 以外は零であるので

$$b_n = \begin{cases} 0 & (n \text{ が偶数}) \\ \dfrac{2}{n\pi} & (n \text{ が奇数}) \end{cases}$$

よって

$$f(t) = \frac{1}{2} + \frac{2}{\pi}\left(\sin\omega t - \frac{\sin 3\omega t}{3} + \frac{\sin 5\omega t}{5} - \cdots\right) \qquad \blacklozenge$$

つぎにフーリエ級数

$$f(t) = \frac{a_0}{2} + \sum_{n=1}^{\infty}(a_n\cos n\omega t + b_n\sin n\omega t)$$

をつぎのように変形して

$$f(t) = \frac{a_0}{2} + \sum_{n=1}^{\infty}\sqrt{a_n^2+b_n^2}\left(\frac{a_n}{\sqrt{a_n^2+b_n^2}}\cos n\omega t + \frac{b_n}{\sqrt{a_n^2+b_n^2}}\sin n\omega t\right)$$

の形にしてみる。ここで $a_0/2 = A_0$, $A_n = \sqrt{a_n{}^2 + b_n{}^2}$ とおくと

$$f(t) = A_0 + \sum_{n=1}^{\infty} A_n (\cos \varphi_n \cos n\omega t + \sin \varphi_n \sin n\omega t)$$

$$= A_0 + \sum_{n=1}^{\infty} A_n \cos(n\omega t - \varphi_n)$$

ただし，$\varphi_n = \tan^{-1} \dfrac{b_n}{a_n}$

と表現することもできる。

12.3　フーリエ級数の複素表示

ここではフーリエ級数を複素数表示してみよう。

$$f(t) = \frac{a_0}{2} + a_1 \cos \omega t + a_2 \cos 2\omega t + a_3 \cos 3\omega t + \cdots$$
$$+ b_1 \sin \omega t + b_2 \sin 2\omega t + b_3 \sin 3\omega t + \cdots$$

において

$$\cos n\omega t = \frac{1}{2}(e^{jn\omega t} + e^{-jn\omega t})$$

$$\sin n\omega t = \frac{1}{j2}(e^{jn\omega t} - e^{-jn\omega t}) = \frac{j}{2}(-e^{jn\omega t} + e^{-jn\omega t})$$

で置き換えてみると

$$f(t) = \frac{a_0}{2} + \sum_{n=1}^{\infty} (a_n \cos n\omega t + b_n \sin n\omega t)$$

$$= \frac{a_0}{2} + \sum_{n=1}^{\infty} \left(\frac{a_n - jb_n}{2} \right) e^{jn\omega t} + \left(\frac{a_n + jb_n}{2} \right) e^{-jn\omega t}$$

となり，ここで

$$\frac{a_0}{2} = c_0, \quad \frac{a_n - jb_n}{2} = c_n, \quad \frac{a_n + jb_n}{2} = c_{-n}$$

とおくと，$f(t)$ は書き替えられ

$$f(t) = \sum_{n=1}^{\infty} c_n e^{jn\omega t}$$

$$c_n = \frac{a_n - jb_n}{2} = \frac{1}{2} \left(\frac{2}{T} \int_0^T f(t) \cos n\omega t - j \frac{2}{T} \int_0^T f(t) \sin n\omega t \, dt \right)$$

$$= \frac{1}{T}\int_0^T f(t)\,(\cos n\omega t - j\sin n\omega t)\,dt$$

$$= \frac{1}{T}\int_0^T f(t)\,e^{-jn\omega t}\,dt$$

と書き替えることができる。これを複素数形式のフーリエ級数という。

12.4　フーリエ級数の回路解析への応用

これまで電源が正弦波であるとき，回路の定常解を求めるのにフェーザ法を用いてきた。もし異なる周波数の電源が複数個ある場合，重ねの理を用いて各周波数ごとにフェーザ法で回路の応答を計算すればよいことは，すでに 8 章の例題 8.3 で示した。すなわち，各周波数ごとに計算を行い，後で加算すればよいことがわかる。

例題 12.3　図 12.5 に示す装置は，入力に電圧 e を与えると出力に $e_o = e_i + e_i^2$ なる電圧が生じるものとする。入力に $A\sin\omega t$ なる電圧を加え，出力に RL 直列回路を接続したとき，この回路に流れる定常電流 i を求めよ。

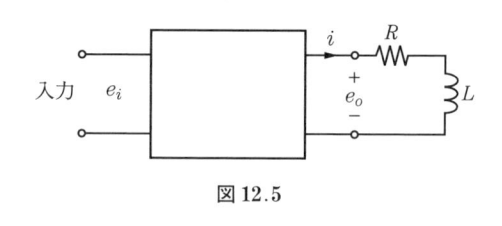

図 12.5

【解答】　$e_i = A\sin\omega t$, $e_o = e_i + e_i^2 = A\sin\omega t + A^2\sin^2\omega t$ は $\sin^2\omega t$ を変形すると $1/2(1-\cos 2\omega t)$ であるから

$$e_o = A\sin\omega t + \frac{A^2}{2} - \frac{A^2}{2}\cos 2\omega t$$

すなわち e_o は図 12.6 に示す形となる。ここで重ねの理を用いると図(b)，(c)，(d)の電流 i_0, i_1, i_2 は

$$i_0 = \frac{A^2}{2R}$$

$$i_1 = I_1\sin(\omega t + \varphi_1) = \frac{A}{\sqrt{R^2+\omega^2 L^2}}\sin(\omega t + \varphi_1)$$

$$\varphi_1 = \tan^{-1}\left(-\frac{\omega L}{R}\right)$$

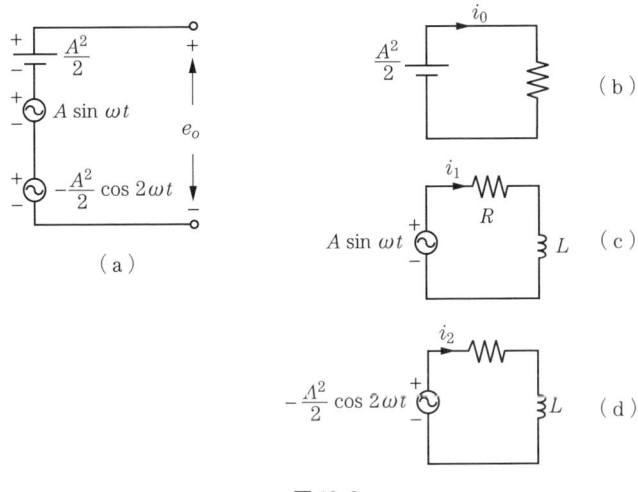

図 12.6

$$i_2 = I_2 \sin(2\omega t + \varphi_2) = \frac{-\dfrac{A^2}{2}}{\sqrt{R^2 + 4\omega^2 L^2}} \sin(2\omega t + \varphi_2)$$

$$\varphi_2 = \tan^{-1}\left(-\frac{2\omega L}{R}\right)$$

結局

$$i = \frac{A^2}{2R} + \frac{A}{\sqrt{R^2 + \omega^2 L^2}} \sin(\omega t + \varphi_1) - \frac{A^2}{2\sqrt{R^2 + 4\omega^2 L^2}} \sin(2\omega t + \varphi_2)$$

となる。 ◆

12.5　ひずみ波電圧・電流の電力と実効値

ここではひずみ波電圧・電流による電力について考えてみる。ひずみ波電圧
$$v(t) = V_0 + V_1 \sin(\omega t + \theta_1) + V_2 \sin(2\omega t + \theta_2) + \cdots$$
を負荷にかけたとき流れる電流を
$$i(t) = I_0 + I_1 \sin(\omega t + \varphi_1) + I_2 \sin(2\omega t + \varphi_2) + \cdots$$
とすると，負荷で消費する瞬時電力 $p(t) = v(t) \cdot i(t)$ は
$$p(t) = v(t) \cdot i(t)$$

$$= V_0\{I_0 + I_1\sin(\omega t + \varphi_1) + I_2\sin(2\omega t + \varphi_2) + \cdots\}$$
$$+ V_1\sin(\omega t + \theta_1)\{I_0 + I_1\sin(\omega t + \varphi_1) + I_2\sin(2\omega t + \varphi_2) + \cdots\}$$
$$+ V_2\sin(2\omega t + \theta_2)\{I_0 + I_1\sin(\omega t + \varphi_1) + I_2\sin(2\omega t + \varphi_2) + \cdots\}$$
$$+ V_3\sin(3\omega t + \theta_3)\{I_0 + I_1\sin(\omega t + \varphi_1) + I_2\sin(2\omega t + \varphi_2) + \cdots\}$$
$$\vdots$$

となる。有効電力（平均電力）P_a は

$$P_a = \frac{1}{T}\int_0^T p(t)\,dt$$

であるから，$p(t)$ の中の周期成分は1周期の平均をとると零となる。第1行目の項は $V_0 I_0$ 以外はすべて零となる。第2行目では $V_1 I_0 \sin(\omega t + \theta_1)$ の平均値は零，また三角公式を用いると

$$V_1 I_1 \sin(\omega t + \theta_1)\sin(\omega t + \varphi_1)$$
$$= \frac{V_1 I_1}{2}\{\cos(\theta_1 - \varphi_1) - \cos(2\omega t + \theta_1 + \varphi_1)\}$$

となり，この式を平均すると $V_1 I_1/2\{\cos(\theta_1 - \varphi_1)\}$ のみが残り他は零となる。このように考えると $p(t)$ の中の $V_0 I_0$，$V_1 I_1$，$V_2 I_2$，$V_3 I_3$，$\cdots$ の項のみが平均値として残り，$V_0 I_1$，$V_0 I_2$，$\cdots$，$V_1 I_0$，$V_1 I_2$，$V_1 I_3$，$\cdots$，$V_2 I_0$，$V_2 I_1$，$V_2 I_3$，$\cdots$，$V_3 I_0$，$V_3 I_1$，$V_3 I_2$，$V_3 I_4$，$\cdots$ などの項はすべて零となる。

結局 P_a は

$$P_a = V_0 I_0 + \frac{1}{2}V_1 I_1 \cos(\theta_1 - \varphi_1) + \frac{1}{2}V_2 I_2 \cos(\theta_2 - \varphi_2) + \cdots$$

で表される。

つぎに，ひずみ波の電流・電圧の実効値について説明する。電流の実効値 I はすでに学んだように

$$I = \sqrt{\frac{1}{T}\int_0^T i^2(t)\,dt}$$

であるので

$$i(t) = I_0 + I_1\sin(\omega t + \varphi_1) + I_2\sin(2\omega t + \varphi_2) + \cdots$$

とすると $i^2(t)$ は

12.5 ひずみ波電圧・電流の電力と実効値

$$i^2(t) = I_0{}^2 + I_1{}^2 \sin^2(\omega t + \varphi_1) + I_2{}^2 \sin^2(2\omega t + \varphi_2) + I_3{}^2 \sin^2(3\omega t + \varphi_3) + \cdots$$
$$+ 2I_0 I_1 \sin(\omega t + \varphi_1) + 2I_0 I_2 \sin(2\omega t + \varphi_2) + \cdots$$
$$+ 2I_1 I_2 \sin(\omega t + \varphi_1) \sin(2\omega t + \varphi_2)$$
$$+ 2I_1 I_3 \sin(\omega t + \varphi_1) \sin(3\omega t + \varphi_3) + \cdots$$

となる。ここで積分を計算してみると上式の第 1 行は

$$I_0{}^2 + \frac{I_1{}^2}{2}\{1 - \cos 2(\omega t + \varphi_1)\} + \frac{I_2{}^2}{2}\{1 - \cos 4(\omega t + \varphi_2)\}$$
$$+ \frac{I_3{}^2}{2}\{1 - \cos 6(\omega t + \varphi_3)\}$$

第 2 行は正弦波項, 第 3 行以降は二角関数の公式より, すべて $2\omega t$, $3\omega t$ の周波数の成分のみとなることがわかる。

したがって, $i^2(t)$ を 0 から T まで積分すると上式の定数項のみが残り, 結局実効値は

$$I = \sqrt{\frac{1}{T}\int_0^T i^2(t)\,dt} = \sqrt{I_0{}^2 + \frac{1}{2}I_1{}^2 + \frac{1}{2}I_2{}^2 + \cdots}$$

となる。同じようにして電圧の実効値 V も

$$V = \sqrt{\frac{1}{T}\int_0^T v^2(t)\,dt} = \sqrt{V_0{}^2 + \frac{1}{2}V_1{}^2 + \frac{1}{2}V_2{}^2 + \cdots}$$

となる。ここで, $i(t)$, $v(t)$ を各周波数の成分の実効値で表し, $i_n = \sqrt{2}\,I_n \sin(n\omega t + \theta_n)$, $v_n = \sqrt{2}\,V_n \sin(n\omega t + \varphi_n)$ とすると

$$i(t) = I_0 + \sqrt{2}\,I_1 \sin(\omega t + \theta_1) + \sqrt{2}\,I_2 \sin(2\omega t + \theta_2) + \cdots$$
$$v(t) = V_0 + \sqrt{2}\,V_1 \sin(\omega t + \varphi_1) + \sqrt{2}\,V_2 \sin(2\omega t + \varphi_2) + \cdots$$

であるので, ひずみ波の実効値 I, V はそれぞれ

$$I^2 = I_0{}^2 + I_1{}^2 + I_2{}^2 + \cdots$$
$$V^2 = V_0{}^2 + V_1{}^2 + V_2{}^2 + \cdots$$

となる。すなわち電圧, 電流の実効値の 2 乗は電圧, 電流の各周波数の成分の実効値の 2 乗の和となることがわかる。

12. ひずみ波交流

例題 12.4 図 12.7 に示す波形の電流の実効値を求めよ。

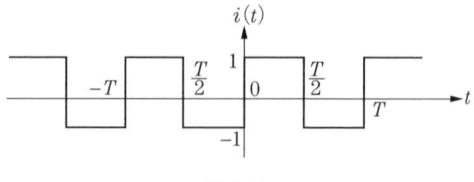

図 12.7

【解答】 $i(t)$ をフーリエ級数表示すると，すでに学んだように

$$i(t) = \frac{4}{\pi}\left(\sin\omega t + \frac{\sin 3\omega t}{3} + \frac{\sin 5\omega t}{5} + \cdots\right)$$

$i(t)$ の実効値 I の 2 乗は

$$I^2 = \frac{4^2}{\pi^2}\left\{\left(\frac{1}{\sqrt{2}}\right)^2 + \left(\frac{1}{\sqrt{2}\cdot 3}\right)^2 + \left(\frac{1}{\sqrt{2}\cdot 5}\right)^2 + \cdots\right\}$$

$$= \frac{8}{\pi^2}\left\{1 + \frac{1}{3^2} + \frac{1}{5^2} + \cdots\right\}$$

一方，図 12.7 の波形の実効値は明らかに 1 A であるので

$$1 = \frac{8}{\pi^2}\left(1 + \frac{1}{3^2} + \frac{1}{5^2} + \cdots\right)$$

となることがわかり，級数の和がフーリエ級数より求められ

$$1 + \frac{1}{3^2} + \frac{1}{5^2} + \cdots = \frac{\pi^2}{8}$$

という興味ある結果が得られる。級数の和がフーリエ級数を用いて得られる例はこれ以外にも数多くある。 ◆

ひずみ波を取り扱う場合にひずみ率，波形率，波高率などがあるが，ここでは省略し，これらについては他の成書を参考にされたい。

最後に，$f(t)$ が周期関数の場合 $a_0, a_1, \cdots, b_1, b_2, \cdots$ を定める条件として，たかだか有限個の極大，極小をもち，かつ

$$\int_0^T f(t)^2\,dt < \infty$$

が知られているが，もし $f(t)$ がある t_0 で不連続である場合，不連続点での値 $f(t_0)$ は t_0 の直前・直後の値の平均値となることがわかっている。このことを利用して級数の和が求められることもある。

演　習　問　題

（1）図 12.8 に示される波形をフーリエ級数に展開せよ。
$$f(t) = \begin{cases} 0 & -\pi < t < 0 \\ \sin t & 0 < t < \pi \end{cases}$$

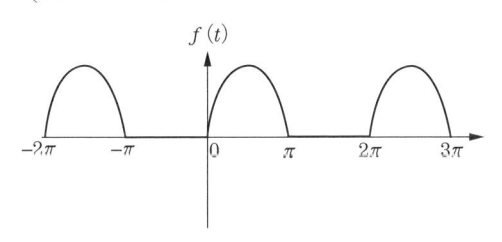

図 12.8

（2）図 12.9 に示される波形の $f(t)$ をフーリエ級数展開せよ。

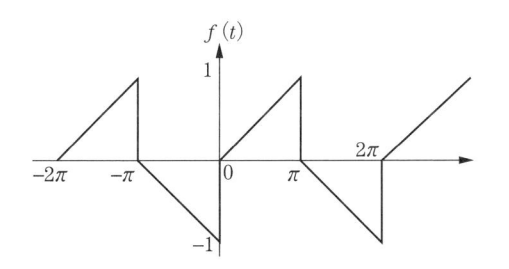

図 12.9

（3）次式で表される関数のフーリエ級数を求めよ。
$$f(t) = |\sin t|$$

（4）RLC 直列回路に $e(t) = E_m \sin \omega t + (E_m/3)\sin 3\omega t$ なる電源を加えたとき，回路に流れる電流の基本波と第 3 高調波の振幅が等しくなるための条件を求めよ。

（5）図 12.10 に示す装置は入力に e を与えると出力に $a_1 e + a_3 e^3$ なる電圧が生ずるものとする。入力に $e = E_m \sin \omega t$ を与えたとき出力に流れる電流 i を求めよ。

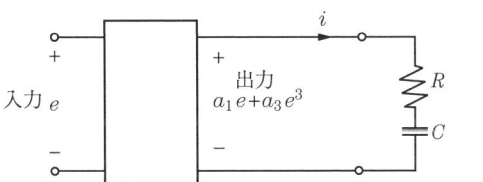

図 12.10

13

分布定数回路

これまで学んできた電気回路においては，素子の寸法をまったく考えてこなかった。すなわち 1 H のインダクタは単に 1 H のインダクタであり，形が大きくても小さくても同一のものと考えてきた。しかしながら長距離送電線や通信線路では，使用周波数と寸法によっては単一のインダクタ，キャパシタ，抵抗と考えることはできない。本章では回路定数が線路の長さ方向に分布する回路，すなわち分布定数回路について簡単に説明し，その基礎的な現象と取り扱い方について述べる。

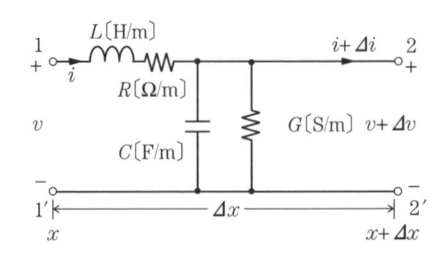

13.1 分布定数回路の基礎方程式

われわれの身近にある分布定数回路としてはまずテレビのフィーダや同軸ケーブルなどがある。例えば 2 心フィーダは 300 Ω，同軸ケーブルは 50 Ω といっても，何が 300 Ω, 50 Ω なのであろうか？ ここではまず分布定数回路の基礎方程式について説明する。

図 13.1 に分布定数回路のモデルを示す。L, R, C, G は単位長当りのものであり，決して L, R, C, G がそのまま存在するわけではない。図 13.1

図 13.1 分布定数回路

13.1 分布定数回路の基礎方程式

の回路にキルヒホッフの電圧則，電流則を適用してみると，x と $x+\varDelta x$ の間の電圧，電流の方程式として

$$\begin{cases} v-(v+\varDelta v) = (L\cdot\varDelta x)\cdot\dfrac{\partial i}{\partial t}+(R\cdot\varDelta x)\cdot i \\ i-(i+\varDelta i) = (C\cdot\varDelta x)\cdot\dfrac{\partial v}{\partial t}+(G\cdot\varDelta x)\cdot v \end{cases}$$

が得られる。この式を $\varDelta x$ で割り，整理すると

$$-\frac{\varDelta v}{\varDelta x}=L\frac{\partial i}{\partial t}+Ri$$

$$-\frac{\varDelta i}{\varDelta x}=C\frac{\partial v}{\partial t}+Gv$$

が得られる。ここで $\varDelta x$ を十分小さくすると

$\varDelta v/\varDelta x \longrightarrow \partial v/\partial x$

$\varDelta i/\varDelta x \longrightarrow \partial i/\partial x$

となり，基礎方程式として結局

$$-\frac{\partial v}{\partial x}=L\frac{\partial i}{\partial t}+Ri$$

$$-\frac{\partial i}{\partial x}=C\frac{\partial v}{\partial t}+Gv$$

が得られる。ここで上の第1式を x で微分，第2式を t で微分すると

$$-\frac{\partial^2 v}{\partial x^2}=L\frac{\partial^2 i}{\partial x\,\partial t}+R\frac{\partial i}{\partial x}$$

$$-\frac{\partial^2 i}{\partial t\,\partial x}=C\frac{\partial^2 v}{\partial t^2}+G\frac{\partial v}{\partial t}$$

が得られ，$\partial^2/\partial x\,\partial t = \partial^2/\partial t\,\partial x$ であるから上式より i を消去すると

$$-\frac{\partial^2 v}{\partial x^2}=L\left(-C\frac{\partial^2 v}{\partial t^2}-G\frac{\partial v}{\partial t}\right)-R\left(C\frac{\partial v}{\partial t}+Gv\right)$$

すなわち

$$\frac{\partial^2 v}{\partial x^2}=LC\frac{\partial^2 v}{\partial t^2}+(LG+RC)\frac{\partial v}{\partial t}+RGv$$

が得られる。この式は**電信方程式**と呼ばれ，解は特別な場合以外は簡単に得られない。上の方程式は電圧の方程式であるが，電流 i についてもまったく同じ

方程式が得られる。電信方程式の中で最も重要なのが $R=0$, $G=0$ の場合である。すなわち、線路の L の抵抗が零 ($R=0$) でかつ C の並列抵抗が無限大 ($G=0$) の場合である。$R=0$, $G=0$ とおくと方程式は

$$\frac{\partial^2 v}{\partial x^2} = LC \frac{\partial^2 v}{\partial t^2}$$

となる。これは**波動方程式**と呼ばれ、分布定数回路の理論はここから出発しているといっても過言ではない。

13.2　波動方程式と解

まず、13.1節で述べた波動方程式の解を求めてみよう。ここで

$$x - ut = \alpha \quad \left(u^2 = \frac{1}{LC} \right)$$

$$x + ut = \beta$$

とおいてみると

$$\frac{\partial v}{\partial x} = \frac{\partial v}{\partial \alpha} \cdot \frac{\partial \alpha}{\partial x} + \frac{\partial v}{\partial \beta} \cdot \frac{\partial \beta}{\partial x} = \frac{\partial v}{\partial \alpha} + \frac{\partial v}{\partial \beta}$$

$$\frac{\partial^2 v}{\partial x^2} = \frac{\partial^2 v}{\partial \alpha^2} + 2 \frac{\partial^2 v}{\partial \alpha \partial \beta} + \frac{\partial^2 v}{\partial \beta^2}$$

$$\frac{\partial v}{\partial t} = \frac{\partial v}{\partial \alpha} \cdot \frac{\partial \alpha}{\partial t} + \frac{\partial v}{\partial \beta} \cdot \frac{\partial \beta}{\partial t} = -u \frac{\partial v}{\partial \alpha} + u \frac{\partial v}{\partial \beta}$$

$$\frac{\partial^2 v}{\partial t^2} = u^2 \frac{\partial^2 v}{\partial \alpha^2} - 2 u^2 \frac{\partial^2 v}{\partial \alpha \partial \beta} + u^2 \frac{\partial^2 v}{\partial \beta^2}$$

これを波動方程式に代入すると

$$\frac{\partial^2 v}{\partial \alpha^2} + 2 \frac{\partial^2 v}{\partial \alpha \partial \beta} + \frac{\partial^2 v}{\partial \beta^2} = LC u^2 \left(\frac{\partial^2 v}{\partial \alpha^2} - 2 \frac{\partial^2 v}{\partial \alpha \partial \beta} + \frac{\partial^2 v}{\partial \beta^2} \right)$$

ここで、先に示した $u = 1/\sqrt{LC}$ は波の伝搬速度を表しており、$u^2 LC = 1$ を用いると

$$\frac{\partial^2 v}{\partial \alpha \partial \beta} = 0$$

が得られる。上式を β で積分すると

13.2 波動方程式と解

$$\frac{\partial v}{\partial \alpha} = f(\alpha)$$

$f(\alpha)$ は α の任意の関数で β で微分すると零である．常微分方程式を解く場合には任意定数が出てきたが，偏微分方程式の場合には任意関数が出てくる．ここで上式をさらに α で積分すると

$$v = \int f(\alpha)\,d\alpha + G(\beta)$$
$$= F(\alpha) + G(\beta) = F(x-ut) + G(x+ut)$$

$F(x-ut)$ は速度 u で x の正方向（右方向）に進む波であり**進行波**と呼ばれ，$G(x+ut)$ は**図 13.2**(b)で示されるように負方向（左方向）に進む波であり**反射波**と呼ばれ，このような形の解は**ダランベールの解**と呼ばれている．いま線路を伝搬する電圧の波について説明したが，線路に流れる電流 i についても次式で示すようにまったく同じ式で表される．

$$\frac{\partial^2 i}{\partial x^2} = LC\frac{\partial^2 i}{\partial t^2} + (LG+RC)\frac{\partial i}{\partial t} + RGi$$

したがって，ここでは電流 i については省略する．

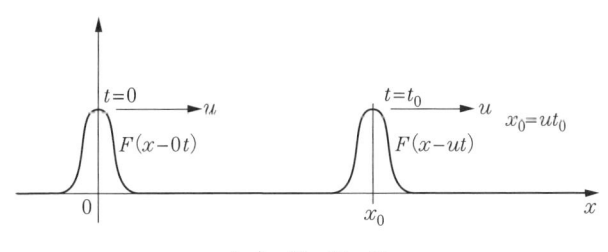

（a） 進 行 波

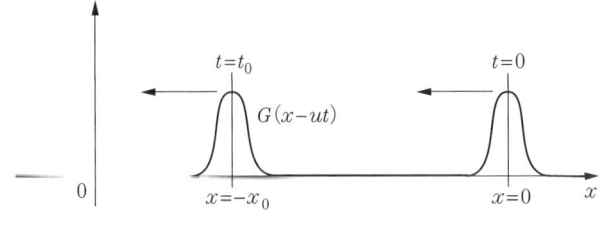

（b） 反 射 波

図 13.2 進行波と反射波

例題 13.1　無損失分布定数回路（$R=0\,\Omega/\text{m}$, $G=0\,\text{S/m}$）で，$L=10^{-6}$ H/m，$C=10^{-8}$ F/m のとき，波の伝搬速度 u はいかほどか．

【解答】　伝搬速度 u は $u=1/\sqrt{LC}$〔m/s〕であるから
$$u=\frac{1}{\sqrt{LC}}=\frac{1}{\sqrt{10^{-6}\times 10^{-8}}}=10^7\,\text{m/s}=10^4\,\text{km/s}$$
◆

13.3　半無限長線路

図 13.3 に示すように $x=0$ から右側だけに線路が無限に続き，$x=0$ から左側は線路がない場合について考える．この場合には右側が無限長のため，右側から波は来ず

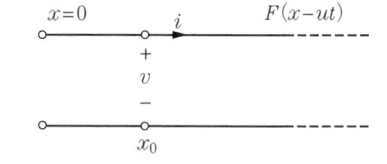

$$v=F(x-ut)$$

のみが解となる．電流 i についても右側に進む波のみを考えればよい．この解を

$$i=I(x-ut)$$

とおき，最初の式（$R=0$，$G=0$ の場合）

$$-\frac{\partial v}{\partial x}=L\frac{\partial i}{\partial t}$$

$$-\frac{\partial i}{\partial x}=C\frac{\partial v}{\partial t}$$

に $v=F(x-ut)$，$i=I(x-ut)$ を代入してみると

$$-F'(x-ut)=LI'(x-ut)\cdot(-u)$$

$$-I'(x-ut)=CF'(x-ut)\cdot(-u)$$

ここで $LCu^2=1$ であるから $u=\sqrt{1/LC}$ を用いると

$$F'(x-ut)=LI'(x-ut)\left(\sqrt{\frac{1}{LC}}\right)=\sqrt{\frac{L}{C}}\,I'(x-ut)$$

上式を積分すると

図 13.3　半無限長線路

13.3 半無限長線路

$$i(x,t) = I(x-ut)\sqrt{\frac{C}{L}}F(x-ut) = \sqrt{\frac{C}{L}}v(x,t)$$

の関係が得られる。すなわち

$$\frac{v(x,t)}{i(x,t)} = \sqrt{\frac{L}{C}} \quad （一定）$$

となり，線路上のどの点をとってもその点の電圧 v と電流 i の比は一定であることを示している。この $\sqrt{L/C}$ は**特性インピーダンス**と呼ばれ単位は〔Ω〕であり，Z_0 で表される。テレビの2心フィーダの場合には Z_0 は 300 Ω，同軸ケーブルの場合には 50 Ω である。フィーダやケーブルの抵抗が 300 Ω や 50 Ω であるわけではない。つぎに**図 13.4**(a)に示されるように半無限長の無損失線路 1-1' 端子に E〔V〕の電源を接続してみる。線路が半無限長であるから，この場合，信号の反射はなく，波は右側に進むだけで，電源から右をみた線路の抵抗は $\sqrt{L/C} = Z_0$〔Ω〕と同じであり，図 13.4(b)に示すように，あたかも Z_0〔Ω〕の抵抗を接続した場合と同じになることがわかる。

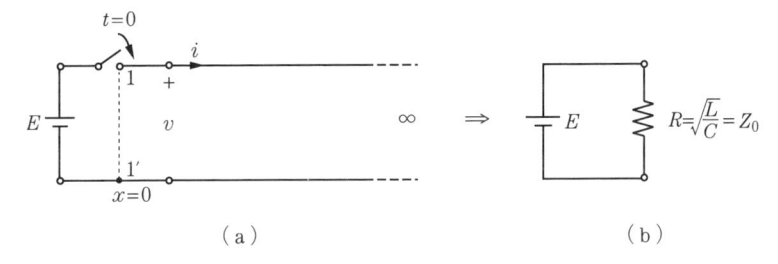

図 13.4 直流電圧源を接続した半無限長線路

ここで，**図 13.5** に示すようにある点で線路を切断し，ここに Z_0〔Ω〕の抵抗を接続してみる。そうすると切断点上でも電圧と電流の比は Z_0 であるから，線路が無限に続いている場合と同一となる。すなわち波はすべてこの Z_0 に吸収されることになる。テレビのアンテナから受信機にケーブルを接続する場合，受信機の入力インピーダンスをケーブルの特性インピーダン

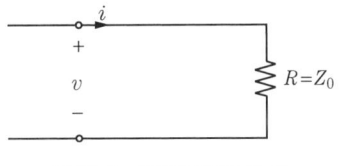

図 13.5 線路に抵抗 Z_0 を接続した場合

ス Z_0 と等しくすることにより，信号はすべて受信機に吸収され，反射はなくなる。この現象は**インピーダンスマッチング**と呼ばれており，工学上きわめて重要である。

例題 13.2　例題 13.1 の線路の特性インピーダンス Z_0 はいかほどか。

【解答】

$$Z_0 = \sqrt{\frac{L}{C}} = \sqrt{\frac{10^{-6}}{10^{-8}}} = \sqrt{100} = 10\ \Omega$$

◆

13.4　反射のある無損失線路

つぎに図 13.6 に示すように，線路が $x=l$ の点で開放されている場合について考える。この場合には反射が起こり，複雑な様子を示す。先に示したように，電圧と電流は

$$v(x, t) = F(x-ut) + G(x+ut)$$
$$i(x, t) = I(x-ut) + J(x+ut)$$

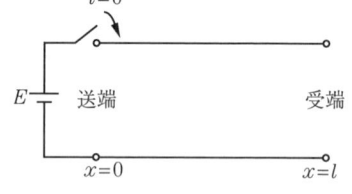

図 13.6　線路が $x=l$ で開放されている場合

で表され，図 13.6 の場合には $t=0$ でスイッチを入れたのであるから，$v(0, t)=E$ であり，先に述べたように電圧波と電流波は，図 13.7(a)，(b)，(a′)，(b′) に示すように電圧振幅 E と電流振幅 $(\sqrt{C/L})E$ で $x=l$ の点まで進む。$x=l$ では線路は開放されているので電流 i は零となるので

$$i(l, t) = I(l-ut) + J(l+ut) = 0$$

すなわち

$$I(l-ut) = -J(l+ut)$$

が得られる。つまり $x=l$ の点で電流は反転して線路上の元の電流に加わるので図(c′)のような波形となる。つぎに電圧波について考えてみる。

$$i(x, t) = I(x-ut) + J(x+ut)$$

13.4 反射のある無損失線路

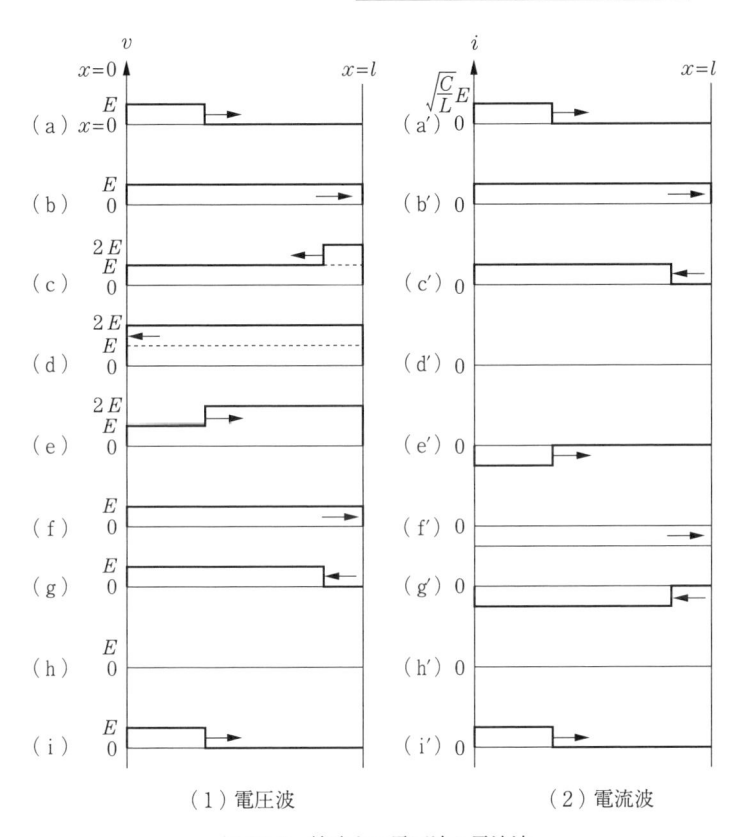

図 13.7 線路上の電圧波と電流波

を t で微分してみると

$$\frac{\partial i}{\partial t} = u\{-I'(x-ut)+J'(x+ut)\}$$

また

$$-\frac{\partial v}{\partial x} = L\frac{\partial i}{\partial t}$$

より

$$-\frac{\partial v}{\partial x} = Lu\{-I'(x-ut)+J'(x+ut)\}$$

この式を x で積分すると

$$v = Lu\{I(x-ut)-J(x+ut)\}$$

となり，先に示した $x=l$ での関係
$$I(l-ut) = -J(l+ut)$$
より $x=l$ での電圧は

$$v(l,t) = Lu\{2I(l-ut)\} = 2\sqrt{\frac{L}{C}} I(l-ut) = 2E$$

となる。すなわち電圧波は図（c），（d）に示すように2倍の大きさになって左に進む。つぎに左に進む波の送電端における状態について考えてみよう。送電端では $v=E$ であるので図（e）の波形となり，電流は前とまったく同じように考えると負となり図（e'）のようになる。同じようにして（h），（h'）の状態となり，（i），（i'）すなわち（a），（a'）の状態に戻り，この過程を繰り返す。

13.5　損失のある分布定数線路

これまでは無損失すなわち $R=0$，$G=0$ の場合について考えてきたが，現実には R と G が零でなく，この場合には先に述べたように解析がきわめて難しい。しかしながら L，C，R，G がある特別な関係をもつ場合には，これまでの結果を利用できることがある。いま

$$v(x,t) = e^{-\alpha t} y(x,t)$$

とおいてみると

$$\frac{\partial^2 v}{\partial x^2} = e^{-\alpha t} \frac{\partial^2 y}{\partial x^2}$$

$$\frac{\partial v}{\partial t} = -\alpha e^{-\alpha t} y + e^{-\alpha t} \frac{\partial y}{\partial t}$$

$$\frac{\partial^2 v}{\partial t^2} = \alpha^2 e^{-\alpha t} y - 2\alpha e^{-\alpha t} \frac{\partial y}{\partial t} + e^{-\alpha t} \frac{\partial^2 y}{\partial t^2}$$

これを電信方程式

$$\frac{\partial^2 v}{\partial x^2} = LC \frac{\partial^2 v}{\partial t^2} + (LG+RC) \frac{\partial v}{\partial t} + RGv$$

に代入してみると

$$e^{-\alpha t}\frac{\partial^2 y}{\partial x^2}=LC\left(\alpha^2 y-2\alpha\frac{\partial y}{\partial t}+\frac{\partial^2 y}{\partial t^2}\right)e^{-\alpha t}$$
$$+(LG+RC)e^{-\alpha t}\left(-\alpha y+\frac{\partial y}{\partial t}\right)+RGe^{-\alpha t}y$$

となる。両辺に $e^{\alpha t}$ を掛けて整理すると

$$\frac{\partial^2 y}{\partial x^2}=LC\frac{\partial^2 y}{\partial t^2}+\{-2\alpha LC+(LG+RC)\}\frac{\partial y}{\partial t}$$
$$+\{LC\alpha^2-(LG+RC)\alpha+RG\}y$$

となり，もし

$$-2\alpha LC+(LG+RC)=0$$
$$LC\alpha^2-(LG+RC)\alpha+RG=0$$

なる関係があると y に関する波動方程式は

$$\frac{\partial^2 y}{\partial x^2}=LC\frac{\partial^2 y}{\partial t^2}$$

となる。この方程式の解はすでに学んだように

$$y=F(x-ut)+G(x+ut)$$

であるから，v は

$$v=e^{-\alpha t}\{F(x-ut)+G(x+ut)\}$$

となる。すなわち，v は $e^{-\alpha t}$ で減衰しながら波形を変えずに伝搬することになる。先に示した関係式を満たす条件を求めてみよう。

先に示した関係式から

$$LC\alpha^2=RG$$
$$\alpha=\frac{1}{2}\left(\frac{R}{L}+\frac{G}{C}\right)$$

が得られ，結局

$$\alpha=\frac{R}{L}=\frac{G}{C}$$

が得られる。すなわち $R/L=G/C$ という条件である。これを**無ひずみ条件**という。大西洋の海底ケーブルが施設されたとき，通常のケーブルでは $R/L\gg G/C$ であるためにトン・ツーの伝送速度を上げると波形がくずれ，トンと

ツーとの区別がつかなくなる。これが基になって電信方程式の研究が進んだといわれている。

例題 13.3　　$L=1\,\mathrm{H/m}$, $C=1\,\mathrm{F/m}$, $R=1\,\Omega/\mathrm{m}$, $G=1\,\mathrm{S/m}$ の半無限長線路の一端（$x=0$）に $t=0$ から1秒間1Vで，後は0Vのパルス状電圧源を接続した。電源から1mの点の電圧波形を示せ。

【解答】　　波の伝搬速度 u は $1/\sqrt{LC}=1\,\mathrm{m/s}$ で，反射波はなく，また $L/C=G/C$ であるから，この線路上を信号は無ひずみ伝搬する。伝搬速度は $1/\sqrt{LC}=1\,\mathrm{m/s}$ であり，$x=1$ の点では信号の大きさが e^{-1} 倍されているので，$x=1$ の点では $1/e$ の大きさで幅は1sのパルスとなる。　　◆

13.6　分布定数回路の正弦波定常応答

分布定数回路に正弦波が加えられ，定常状態となっている場合の回路の特性について調べてみよう。回路方程式

$$L\frac{\partial i}{\partial t}+Ri=-\frac{\partial v}{\partial x}$$

$$C\frac{\partial v}{\partial t}+Gv=-\frac{\partial i}{\partial x}$$

において，角周波数を ω とし

$$i=Ie^{j\omega t},\quad v=Ve^{j\omega t}$$

とおくと

$$(j\omega L+R)Ie^{j\omega t}=-\frac{\partial V}{\partial x}e^{j\omega t}=-\frac{dV}{dx}e^{j\omega t}$$

$$(j\omega C+G)Ve^{j\omega t}=-\frac{\partial I}{\partial x}e^{j\omega t}=-\frac{dI}{dx}e^{j\omega t}$$

これに $e^{-j\omega t}$ を掛けると

$$(R+j\omega L)I=-\frac{dV}{dx}$$

13.6 分布定数回路の正弦波定常応答

$$(G+j\omega C)\,V = -\frac{dI}{dx}$$

となり，その等価回路は**図 13.8** で示される。

$$R+j\omega L = Z, \quad G+j\omega C = Y$$

とおくと，方程式は

$$\frac{dV}{dx} = -ZI, \quad \frac{dI}{dx} = -YV$$

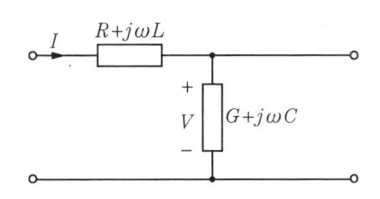

図 13.8 分布定数回路の正弦波定常状態の等価回路

となり，上の二つの式より

$$\frac{d^2 V}{dx^2} = ZYV, \quad \text{または} \quad \frac{d^2 I}{dx^2} = ZYI$$

となる。

$$V = k_V\, e^{\gamma x} \quad \text{あるいは} \quad I = k_I\, e^{\gamma x}$$

とおくと

$$\gamma^2 k_V\, e^{\gamma x} = ZY k_V\, e^{\gamma x}$$

が得られ，$\gamma^2 = ZY$，$\gamma = \pm\sqrt{ZY}$ となる。これより

$$V = k_{V_1}\, e^{-\gamma x} + k_{V_2}\, e^{\gamma x}$$

$$I = k_{I_1}\, e^{-\gamma x} + k_{I_2}\, e^{\gamma x}$$

が得られ

$$I = -\frac{1}{Z}\frac{dV}{dx} = -\frac{\gamma}{Z}(-k_{V_1}\, e^{-\gamma x} + k_{V_2}\, e^{\gamma x})$$

$$= k_{I_1}\, e^{-\gamma x} + k_{I_2}\, e^{\gamma x}$$

より k_{V_1}，k_{V_2}，k_{I_1}，k_{I_2} の関係は

$$k_{I_1} = \frac{\gamma}{Z} k_{V_1} = \frac{\sqrt{ZY}}{Z} k_{V_1} = \sqrt{\frac{Y}{Z}}\, k_{V_1}$$

$$k_{I_2} = -\frac{\gamma}{Z} k_{V_2} = -\sqrt{\frac{Y}{Z}}\, k_{V_2}$$

となる。ここで

$$\sqrt{\frac{Z}{Y}} = Z_0 \quad Z_0 = \sqrt{\frac{R+j\omega L}{G+j\omega C}}$$

とおくと

$$V = k_{V_1} e^{-\gamma x} + k_{V_2} e^{\gamma x}$$

$$Z_0 I = k_{V_1} e^{-\gamma x} - k_{V_2} e^{\gamma x}$$

が得られる。図 13.9 に示すように $x=0$ の点の電圧 V_1 と電流 I_1 は，上式で $x=0$ とおくと

$$V_1 = k_{V_1} + k_{V_2}$$

$$Z_0 I_1 = k_{V_1} - k_{V_2}$$

$x=l$ の点の電圧 V_2 と電流 I_2 は $x=l$ とおくと

$$V_2 = k_{V_1} e^{-\gamma l} + k_{V_2} e^{\gamma l}$$

$$Z_0 I_2 = k_{V_1} e^{-\gamma l} - k_{V_2} e^{\gamma l}$$

となり，上の二つの式の和と差より

$$V_2 + Z_0 I_2 = 2 k_{V_1} e^{-\gamma l} \text{ より} \quad k_{V_1} = \frac{1}{2}(V_2 + Z_0 I_2) e^{\gamma l}$$

$$V_2 - Z_0 I_2 = 2 k_{V_2} e^{\gamma l} \text{ より} \quad k_{V_2} = \frac{1}{2}(V_2 - Z_0 I_2) e^{-\gamma l}$$

が得られ，結局

$$V_1 = \frac{1}{2}(V_2 + Z_0 I_2) e^{\gamma l} + \frac{1}{2}(V_2 - Z_0 I_2) e^{-\gamma l}$$

$$= \frac{e^{\gamma l} + e^{-\gamma l}}{2} V_2 + Z_0 \frac{e^{\gamma l} - e^{-\gamma l}}{2} I_2$$

$$= \cosh(\gamma l) \cdot V_2 + Z_0 \sinh(\gamma l) \cdot I_2$$

$$Z_0 I_1 = \frac{1}{2}(V_2 + Z_0 I_2) e^{\gamma l} - \frac{1}{2}(V_2 - Z_0 I_2) e^{-\gamma l}$$

$$= \frac{e^{\gamma l} - e^{-\gamma l}}{2} V_2 + Z_0 \frac{e^{\gamma l} + e^{-\gamma l}}{2} I_2$$

$$= \sinh(\gamma l) \cdot V_2 + Z_0 \cosh(\gamma l) \cdot I_2$$

$$\text{ただし} \begin{cases} \cosh(x) = \frac{1}{2}(e^x + e^{-x}) \\ \sinh(x) = \frac{1}{2}(e^x - e^{-x}) \end{cases}$$

が得られる。すなわち $x=0$ の点の電圧・電流 V_1, I_1 と $x=l$ の点の電圧・電流 V_2, I_2 との関係は，図 13.10 に示されるように

13.6 分布定数回路の正弦波定常応答

図13.9 分布定数回路の2点間の電圧と電流の関係

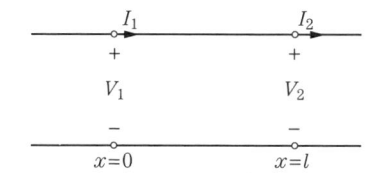

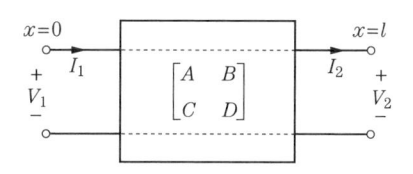

図13.10 $x=0$ の点と l の点との電圧と電流の関係

$$\begin{bmatrix} V_1 \\ I_1 \end{bmatrix} = \begin{bmatrix} \cosh(\gamma l) & Z_0 \sinh(\gamma l) \\ \dfrac{1}{Z_0}\sinh(\gamma l) & \cosh(\gamma l) \end{bmatrix} \begin{bmatrix} V_2 \\ I_2 \end{bmatrix} = \begin{bmatrix} A & B \\ C & D \end{bmatrix} \begin{bmatrix} V_2 \\ I_2 \end{bmatrix}$$

なる関係が示される。

つぎに図 **13.11** に示すように，線路が半無限長の場合について考える。点 x の電圧 V と電流 I の関係はすでに学んだように

$$V = k_{V_1} e^{-\gamma x} + k_{V_2} e^{\gamma x}$$

$$I = \frac{1}{Z_0} k_{V_1} e^{-\gamma x} - \frac{1}{Z_0} k_{V_2} e^{\gamma x}$$

で示されるが，無限遠点（$x \to \infty$）では $V=0$, $I=0$ と考えられるので，$V_{x=\infty} = k_{V_2} e^{\infty} = 0$ すなわち $k_{V_2} = 0$ となり

$$V = k_{V_1} e^{-\gamma x}$$

$$I = \frac{1}{Z_0} k_{V_1} e^{-\gamma x}$$

$x=0$ での電圧 V_1 と電流 I_1 は

$$V_1 = k_{V_1}$$

$$I_1 = \frac{1}{Z_0} k_{V_1}$$

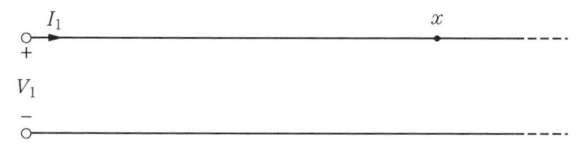

図13.11 半無限長線路

これより

$$\frac{V_1}{I_1} = Z_0 = \sqrt{\frac{R+j\omega L}{G+j\omega C}}$$

となる。

13.7　分布定数線路の共振

図 13.12 に示すように，長さ l の分布定数線路で送信端および受信端の電圧・電流をそれぞれ V_1, I_1 および V_2, I_2 とすると，先に学んだようにつぎの式のようになる。

$$\begin{bmatrix} V_1 \\ I_1 \end{bmatrix} = \begin{bmatrix} \cosh(\gamma l) & Z_0 \sinh(\gamma l) \\ \dfrac{1}{Z_0}\sinh(\gamma l) & \cosh(\gamma l) \end{bmatrix} \begin{bmatrix} V_2 \\ I_2 \end{bmatrix}$$

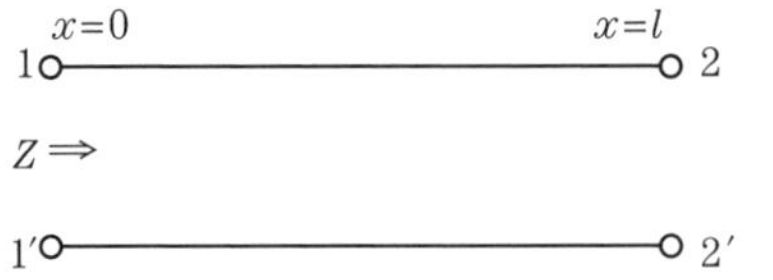

図 13.12　無損失分布定数回路の共振

いま $R=0$, $G=0$ の場合を考え，$x=l$ の点を開放した場合について考えると，$I_2=0$ であるから

$$V_1 = \cosh(\gamma l) \cdot V_2$$

$$I_1 = \frac{1}{Z_0}\sin(\gamma l) \cdot V_2$$

となり，1-1′ からみたインピーダンス Z は

$$Z = \frac{V_1}{I_1} = Z_0 \frac{\cosh(\gamma l)}{\sinh(\gamma l)}$$

となり，$R=0$, $G=0$ より

$$\gamma^2 = ZY = j\omega L \cdot j\omega C = -\omega^2 LC$$

$$\gamma = j\omega\sqrt{LC}$$

13.7 分布定数線路の共振

$$Z_0 = \sqrt{\frac{L}{C}}$$

また

$$Z = \frac{V_1}{I_1} = \sqrt{\frac{L}{C}} \cdot \frac{\frac{1}{2}\left(e^{j\omega\sqrt{LC}\,l} + e^{-j\omega\sqrt{LC}\,l}\right)}{\frac{1}{2}\left(e^{j\omega\sqrt{LC}\,l} - e^{-j\omega\sqrt{LC}\,l}\right)}$$

$$= \sqrt{\frac{L}{C}} \cdot \frac{\cos(\omega\sqrt{LC}\,l)}{j\sin(\omega\sqrt{LC}\,l)}$$

$$= -j\sqrt{\frac{L}{C}} \cot(\omega\sqrt{LC}\,l)$$

図 13.13 は Z と $\omega\sqrt{LC}\,l$ の関係を示し

$\omega\sqrt{LC}\,l$ が $\frac{\pi}{2}$, $\frac{3}{2}\pi$, $\frac{5}{2}\pi$, ⋯

のとき $Z=0$ すなわち**共振現象**を示し，また

$\omega\sqrt{LC}\,l$ が π, 2π, ⋯ ($\omega\sqrt{LC}\,l=0$ は不適)

のとき $Z=\infty$ となり**反共振現象**を示すことがわかる。

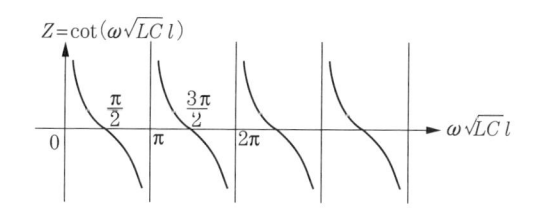

図 13.13 2-2′ 開放時の 1-1′ からみたインピーダンス

つぎに 2-2′ を短絡した場合には，$V_2=0$ であるから

$$V_1 = Z_0 \sinh(\gamma l) \cdot I_2$$

$$I_1 = \cosh(\gamma l) \cdot I_2$$

となり，同じように Z を計算すると

$$Z = \frac{V_1}{I_1} = Z_0 \tanh(\gamma l) = j\sqrt{\frac{L}{C}} \tan(\gamma l)$$

$$= j\sqrt{\frac{L}{C}} \tan(\omega\sqrt{LC}\, l)$$

となる。図 13.14 に示すように

- $\omega\sqrt{LC}\, l$ が π, 2π, … のとき共振で $Z=0$
- $\omega\sqrt{LC}\, l$ が $\pi/2$, $3\pi/2$, $5\pi/2$, … のとき反共振で $Z=\infty$ ($\omega\sqrt{LC}\, l=0$ は不適)

となることがわかる。

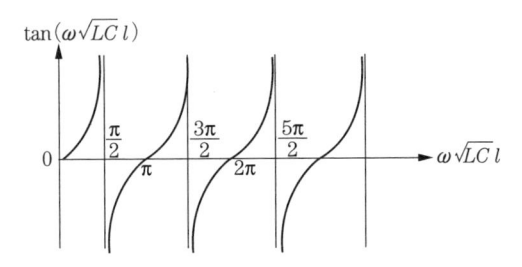

図 13.14 2-2′ 短絡時の 1-1′ からみたインピーダンス

以上のことから，無損失分布定数線路の一端を開放したり，短絡したりすることにより共振・反共振回路を構成することができるので，マイクロ波，ミリ波帯域でのフィルタの構成に有用である。

例題 13.4 特性インピーダンス $Z_0=50\,\Omega$ の無損失分布定数線路の受信端を短絡して 500 MHz で共振させるには，最短の経路長 l をいくらにすればよいか。ただし，単位長当りのキャパシタンスは $C=0.1\,\text{nF/m}=10^{-10}\,\text{F/m}$ とする。

【解答】 受信端を短絡したときの共振は，$\omega\sqrt{LC}\, l=\pi$ のとき起こるので

$$l=\frac{\pi}{\omega\sqrt{LC}}=\frac{\pi}{2\pi f\sqrt{LC}}=\frac{1}{2f\sqrt{LC}}$$

$$Z_0=\sqrt{\frac{L}{C}}=50, \quad \sqrt{L}=50\sqrt{C}=5\times 10^{-4}, \quad \sqrt{C}=10^{-5}$$

$$l=\frac{1}{2f\sqrt{LC}}=\frac{1}{2\times 500\times 10^6 \times 5\times 10^{-4}\times 10^{-5}}=\frac{1}{5}=0.2\,\text{m}$$

◆

以上，分布定数回路の諸性質について簡単に述べたが，反射・透過係数，定在波比，スミス線図その他実用上きわめて重要な項目については他の成書を参考にされたい。

演 習 問 題

(1) 無損失分布定数回路で $L=10^{-6}$ H/m, $C=10^{-10}$ F/m のとき，波の伝搬速度 u と線路の特性インピーダンス Z_0 を求めよ。

(2) $L=1$ H/m, $C=1$ F/m, $R=1$ Ω/m, $G=1$ S/m の半無限長分布定数線路の一端 $(x=0)$ に，図 13.15 に示すような波形の電圧源 $E(t)$ を加えた。$t=2$ s における線路の電圧 $v(x)$ を図示せよ。

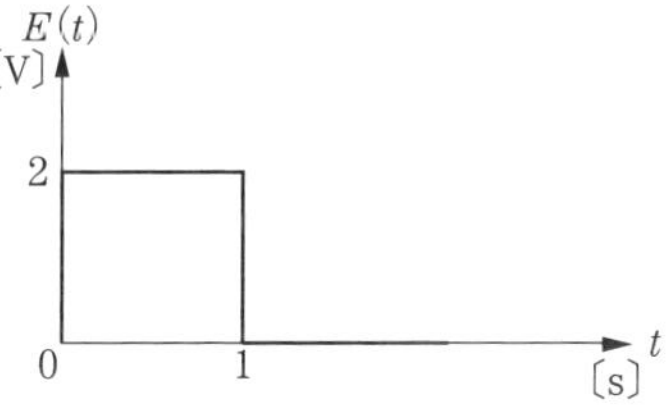

(3) 特性インピーダンス $Z_0=200$ Ω の無損失分布線路の受信端を開放して 200 MHz で反共振させるためには，線路の長さ l をいくらにすればよいか。ただし線路はできるだけ短いものとし，単位長当りのキャパシタンスは $C=10^{-10}$ F/m とする。

図 13.15

(4) 単位長当りのキャパシタンスが 10^{-8} F/m, インダクタンスが 10^{-6} H/m の無損失分布定数線路の特性インピーダンス Z_0 を求めよ。つぎにこの線路の長さ 1 m の点を短絡したとき，この分布定数線路の最低共振周波数を求めよ。

演習問題解答

1 章

(1)

$$\begin{array}{c} & \begin{array}{cccccccccc} b_1 & b_2 & b_3 & b_4 & b_5 & b_6 & b_7 & b_8 & b_9 \end{array} \\ \begin{array}{c} n_1 \\ n_2 \\ n_3 \\ n_4 \\ n_5 \end{array} & \left[\begin{array}{ccccccccc} 1 & 0 & -1 & 1 & 0 & 0 & 0 & 0 & 0 \\ -1 & 1 & 0 & 0 & 1 & 0 & 0 & 0 & 0 \\ 0 & -1 & 1 & 0 & 0 & 1 & 0 & 0 & 0 \\ 0 & 0 & 0 & -1 & 0 & 0 & 1 & 0 & -1 \\ 0 & 0 & 0 & 0 & -1 & 0 & -1 & 1 & 0 \end{array} \right] \end{array}$$

$$\begin{array}{c} & \begin{array}{cccccccccc} b_1 & b_2 & b_3 & b_4 & b_5 & b_6 & b_7 & b_8 & b_9 \end{array} \\ \begin{array}{c} n_1 \\ n_2 \\ n_3 \\ n_4 \\ n_5 \\ n_6 \end{array} & \left[\begin{array}{ccccccccc} 1 & 0 & -1 & 1 & 0 & 0 & 0 & 0 & 0 \\ -1 & 1 & 0 & 0 & 1 & 0 & 0 & 0 & 0 \\ 0 & -1 & 1 & 0 & 0 & 1 & 0 & 0 & 0 \\ 0 & 0 & 0 & -1 & 0 & 0 & 1 & 0 & -1 \\ 0 & 0 & 0 & 0 & -1 & 0 & -1 & 1 & 0 \\ 0 & 0 & 0 & 0 & 0 & -1 & 0 & -1 & 1 \end{array} \right] \end{array}$$

(2)

$$\begin{array}{c} & \begin{array}{ccccccccc} b_1 & b_2 & b_3 & b_4 & b_5 & b_6 & b_7 & b_8 & b_9 \end{array} \\ \begin{array}{c} l_1 \\ l_2 \\ l_3 \\ l_4 \end{array} & \left[\begin{array}{ccccccccc} 1 & 0 & 0 & 1 & -1 & 0 & -1 & 0 & 0 \\ 0 & 1 & 0 & 0 & 1 & -1 & 0 & -1 & 0 \\ 0 & 0 & 1 & -1 & 0 & 1 & 0 & 0 & -1 \\ 0 & 0 & 0 & 0 & 0 & 0 & 1 & 1 & 1 \end{array} \right] \end{array}$$

$$\begin{array}{c} & \begin{array}{ccccccccc} b_1 & b_2 & b_3 & b_4 & b_5 & b_6 & b_7 & b_8 & b_9 \end{array} \\ \begin{array}{c} l_1 \\ l_2 \\ l_3 \\ l_4 \end{array} & \left[\begin{array}{ccccccccc} 1 & 1 & 1 & 0 & 0 & 0 & 0 & 0 & 0 \\ 0 & 0 & 0 & 0 & 0 & 0 & 1 & 1 & 1 \\ 1 & 1 & 0 & 1 & 0 & -1 & 0 & 0 & 1 \\ 0 & 1 & 0 & 0 & 1 & -1 & 1 & 0 & 1 \end{array} \right] \end{array}$$

2 章

(1) $P_a = \dfrac{\dfrac{E^2}{R}T + \dfrac{(2E)^2}{R}T + \dfrac{(3E)^2}{R}T + \dfrac{(-4E)^2}{R}T}{5T} = \dfrac{6E^2}{R}$ 〔W〕

(2) 瞬時電流 $i(t)$ は $i(t) = \dfrac{1}{R}(E_0 + E_0 \sin \omega t)$

瞬時電力 $p(t)$ は

$$p(t) = R \cdot i^2(t) = \dfrac{R}{R^2}(E_0^2 + 2E_0^2 \sin \omega t + E_0^2 \sin^2 \omega t)$$

$$= \dfrac{E_0^2}{R}\left\{1 + 2\sin \omega t + \dfrac{1}{2}(1 - \cos 2\omega t)\right\}$$

平均電力 P は $p(t)$ の平均値であるから

$$P = \dfrac{E_0^2}{R}\left(1 + \dfrac{1}{2}\right) = \dfrac{3E_0^2}{2R}$$

(3) $t=0$ から T_1+T_2 までの $v^2(t)$ の波形は**解図1**で示される。

平均電力 P は $t=0$ から T_1+T_2 までの $\dfrac{v^2(t)}{R}$ の平均値であるから

$$P = \dfrac{V_0^2 T_1^2}{(T_1+T_2)R} \times \dfrac{1}{2} = \dfrac{V_0^2 T_1^2}{2R(T_1+T_2)}$$

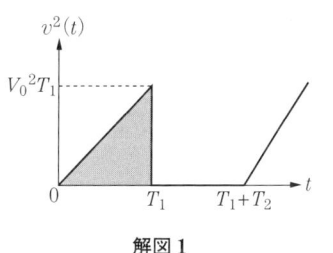

解図1

(4) 瞬時電力 $p(t)$ は

$$p(t) = \dfrac{v^2(t)}{R} = \dfrac{1}{R}(V_1 \sin \omega_1 t + V_2 \cos \omega_2 t)^2$$

$p(t)$ の平均値つまり平均電力 P は周波数 ω_1 による電力 P_1 と ω_2 による電力 P_2 との和になるから

$$P = \dfrac{V_1^2 + V_2^2}{2R}$$

(5) (A)の部分,(B)の部分の抵抗 R_A, R_B は

$$R_A = \dfrac{4}{5}\,\Omega,\quad R_B = \dfrac{6}{5}\,\Omega$$

したがって全抵抗 R は

$$R = 5 + R_A + R_B = 5 + 2 = 7\,\Omega$$

したがって I は

$I = \dfrac{7}{7} = 1\,\text{A}$,この回路で消費する電力 P は $RI^2 = 7\,\text{W}$

A または B の部分で消費する電力 P_A, P_B は

$$P_A = R_A I^2 = \frac{4}{5}\,\text{W}, \quad P_B = \frac{6}{5}\,\text{W}$$

(6) (A), (B)の部分の抵抗 R_A, R_B は

$$R_A = \frac{10}{7}\,\Omega, \quad R_B = \frac{12}{7}\,\Omega, \quad R_A + R_B = \frac{22}{7}\,\Omega$$

6Ωの抵抗に流れる電流は $\frac{11}{6}$ A

AまたはBの部分に流れる電流は

$$I_{AB} = \frac{11}{R_A + R_B} = \frac{11}{\frac{22}{7}} = \frac{7}{2}\,\text{A}$$

よって $I = \frac{7}{2} + \frac{11}{6} = \frac{16}{3}$ A

したがって

$$P_A = R_A I_{AB}{}^2 = \frac{10}{7} \times \frac{49}{4} = \frac{35}{2}\,\text{W}$$

$$P_B = R_B I_{AB}{}^2 = \frac{12}{7} \times \frac{49}{4} = 21\,\text{W}$$

3 章

(1) **解図2**参照。

$$P = RI^2 = 4 \times \left(\frac{1}{4+4}\right)^2 = \frac{1}{16}\,\text{W}$$

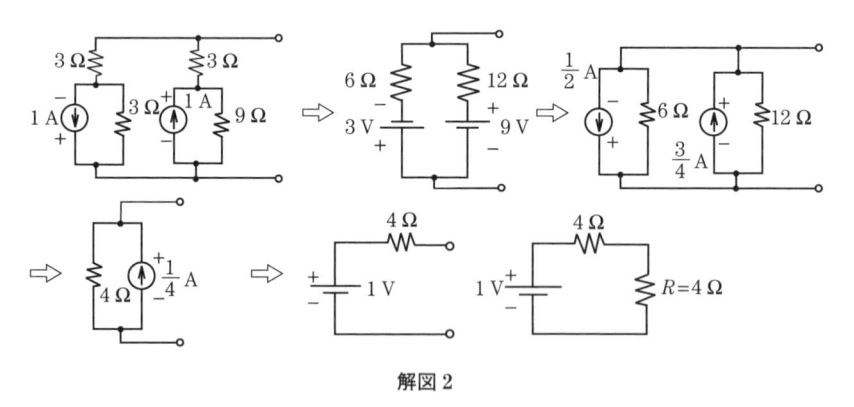

解図2

(2) **解図3**参照。$R = 1\,\Omega$ のとき P は最大。

$$P = 1 \times \left(\frac{1}{1+1}\right)^2 = \frac{1}{4}\,\text{W}$$

演 習 問 題 解 答　　187

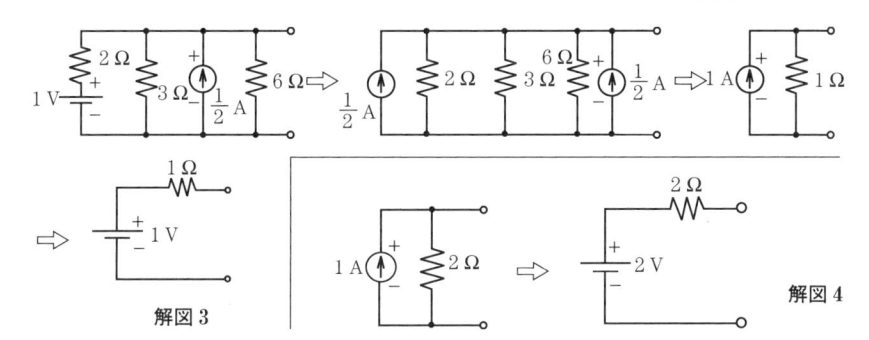

(3) 解図4参照。

4 章

(1) $G_3 V_1 + G_1(V_1 - V_2) + G_6(V_1 - V_3) - I_1 + I_6 = 0$
$G_4 V_2 + G_1(V_2 - V_1) + G_2(V_2 - V_3) + I_1 + I_4 = 0$
$G_5 V_3 + G_2(V_3 - V_2) + G_6(V_3 - V_1) - I_6 = 0$

$$\begin{bmatrix} G_1 + G_3 + G_6 & -G_1 & -G_6 \\ -G_1 & G_1 + G_2 + G_4 & -G_2 \\ -G_6 & -G_2 & G_2 + G_5 + G_6 \end{bmatrix} \begin{bmatrix} V_1 \\ V_2 \\ V_3 \end{bmatrix} = \begin{bmatrix} I_1 - I_6 \\ -I_1 - I_4 \\ I_6 \end{bmatrix}$$

(2) $R_1 I_1 + R_5(I_1 - I_2) + R_8(I_1 - I_4) + E_1 - E_5 - E_8 = 0$
$R_2 I_2 + R_6(I_2 - I_3) + R_5(I_2 - I_1) + E_5 = 0$
$R_3 I_3 + R_7(I_3 - I_4) + R_6(I_3 - I_2) - E_3 = 0$
$R_4 I_4 + R_8(I_4 - I_1) + R_7(I_4 - I_3) + E_8 - E_4 = 0$

$$\begin{bmatrix} R_1 + R_5 + R_8 & -R_5 & 0 & -R_8 \\ -R_5 & R_2 + R_5 + R_6 & -R_6 & 0 \\ 0 & -R_6 & R_3 + R_6 + R_7 & -R_7 \\ -R_8 & 0 & -R_7 & R_4 + R_7 + R_8 \end{bmatrix} \begin{bmatrix} I_1 \\ I_2 \\ I_3 \\ I_4 \end{bmatrix} = \begin{bmatrix} -E_1 + E_5 + E_8 \\ -E_5 \\ +E_3 \\ +E_4 - E_8 \end{bmatrix}$$

(3) I_1 に沿って　$-E_4 + R_4(I_1 - I_2) + R_1(I_1 - I_3) + E_1 - E_2 + R_2(I_1 + I_2 - I_3)$
　　　　　　　　$+ R_6 I_1 + E_6 = 0$
I_2 に沿って　$R_3(I_2 - I_3) + R_4(-I_1 + I_2) + E_4 + R_3 I_2 - E_2$
　　　　　　　　$+ R_2(I_1 + I_2 - I_3) = 0$
I_3 に沿って　$R_3(I_3 - I_2) + R_2(I_3 - I_2 - I_1) - E_2 + E_1$
　　　　　　　　$+ R_1(I_3 - I_1) = 0$

$$\begin{bmatrix} R_1 + R_2 + R_4 + R_6 & R_2 - R_4 & -R_1 - R_2 \\ R_2 - R_4 & R_2 + R_3 + R_4 + R_5 & -R_2 - R_3 \\ -R_1 - R_2 & -R_2 - R_3 & R_1 + R_2 + R_3 \end{bmatrix} \begin{bmatrix} I_1 \\ I_2 \\ I_3 \end{bmatrix} = \begin{bmatrix} -E_1 + E_2 + E_4 - E_6 \\ -E_4 + E_2 \\ E_1 - E_2 \end{bmatrix}$$

(4) 抵抗をコンダクタンスに直すと方程式は

$$\begin{bmatrix} \frac{1}{3}+\frac{1}{2} & -\frac{1}{2} \\ -\frac{1}{2} & \frac{1}{2}+1 \end{bmatrix} \begin{bmatrix} V_1 \\ V_2 \end{bmatrix} = \begin{bmatrix} 1-3 \\ 2+3 \end{bmatrix} \quad \text{より} \quad \begin{bmatrix} \frac{5}{6} & -\frac{1}{2} \\ -\frac{1}{2} & \frac{3}{2} \end{bmatrix} \begin{bmatrix} V_1 \\ V_2 \end{bmatrix} = \begin{bmatrix} -2 \\ 5 \end{bmatrix}$$

$$V_1 = -\frac{1}{2}\,\text{V}, \quad V_2 = \frac{19}{6}\,\text{V}$$

(5) $$\begin{bmatrix} 10 & -1 & -5 \\ -1 & 4 & 0 \\ -5 & 0 & 7 \end{bmatrix} \begin{bmatrix} I_1 \\ I_2 \\ I_3 \end{bmatrix} = \begin{bmatrix} -1 \\ -1 \\ 4 \end{bmatrix}$$

$$I_1 = \frac{45}{173}\,\text{A}, \quad I_2 = \frac{-32}{173}\,\text{A}, \quad I_3 = \frac{131}{173}\,\text{A}$$

(6) $$\begin{bmatrix} 5 & -2 & 0 \\ -2 & 3 & 0 \\ 0 & 0 & 4 \end{bmatrix} \begin{bmatrix} I_1 \\ I_2 \\ I_3 \end{bmatrix} = \begin{bmatrix} 2 \\ -1 \\ -1 \end{bmatrix}$$

$$I_1 = \frac{4}{11}\,\text{A}, \quad I_2 = -\frac{1}{11}\,\text{A}, \quad I_3 = -\frac{1}{4}\,\text{A}$$

(7) 解図 5 に示すように，$n=8$ で n_1 から出る枝は 7 本，n_2 から出る枝は 6 本，…。よって枝の総数 b は

$b = 7+6+5+4+3+2+1 = 28$ 本

したがって，変数として節点電圧を選ぶと，$n-1=7$ 個となり，補木枝電流を変数にとると

$b-n+1 = 28-8+1 = 21$ 個

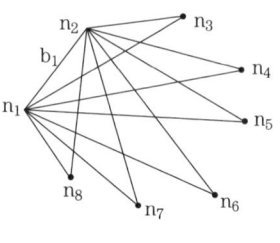

の変数が必要となる。

解図 5

5 章

(1) 解図 6，解図 7 参照。

$$I = I' + I'' = \frac{1}{2} - \frac{2}{3} = -\frac{1}{6}\,\text{A}$$

$I' = \frac{1}{2}\,\text{A}$

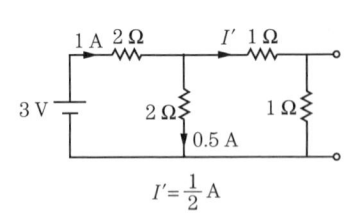

解図 6

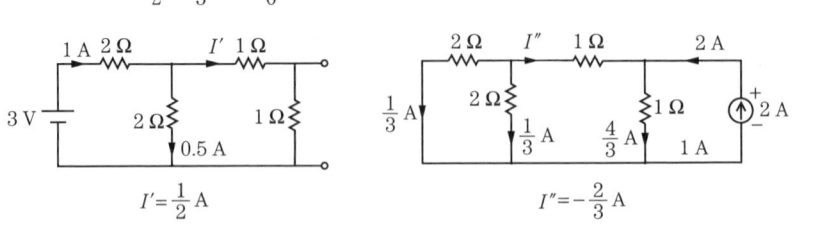

$I'' = -\frac{2}{3}\,\text{A}$

解図 7

(2) 4Aの電流源を開放除去したとき $V = 2\,\text{V}$

5Vの電圧源を短絡除去したとき $V = \dfrac{16}{5}\,\text{V}$

電圧源と電流源がともにあるときの V は $V = 2 + \dfrac{16}{5} = \dfrac{26}{5}\,\text{V}$

(3) 電流源を開放除去したとき $I = 1\,\text{A}$

電圧源を短絡除去したとき $I = 1\,\text{A}$

電圧源と電流源がともにあるときには $1 + 1 = 2\,\text{A}$

(4) 解図8から

$$I_1 = \dfrac{(4+3) \times 6}{(1+2)+(4+3)}\,\text{A} = \dfrac{42}{10}\,\text{A} = \dfrac{21}{5}\,\text{A}$$

$$I_2 = \dfrac{(1+2) \times 6}{(1+2)+(4+3)}\,\text{A} = \dfrac{18}{10}\,\text{A} = \dfrac{9}{5}\,\text{A}$$

$$V_1 = 2 \times I_1 = \dfrac{42}{5}\,\text{V} \quad V_2 = 3 \times I_2 = \dfrac{27}{5}\,\text{V}$$

端子1-2からみた抵抗 $R_i = \dfrac{5}{2}\,\Omega$

$$I = \dfrac{V_1 - V_2}{\dfrac{5}{2} + 5} = \dfrac{\dfrac{15}{5}}{\dfrac{15}{2}} = \dfrac{2}{5}\,\text{A}$$

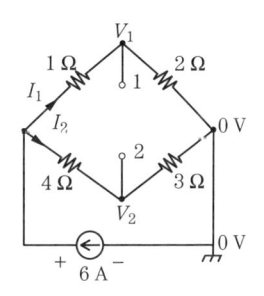

解図8

(5) 解図9,解図10からわかるように,1-1'からみた抵抗 R_i は

$$R_i = \dfrac{5}{6} + \dfrac{2}{3} = \dfrac{9}{6} = \dfrac{3}{2}\,\Omega$$

したがって $R = R_i = \dfrac{3}{2}\,\Omega$ のとき消費電力は最大となる。

$$V_1 = \dfrac{2\,\text{V}}{(5+1)\,\Omega} \times 1\,\Omega = \dfrac{1}{3}\,\text{V}$$

$$V_2 = \dfrac{2\,\text{V}}{(1+2)\,\Omega} \times 2\,\Omega = \dfrac{4}{3}\,\text{V}$$

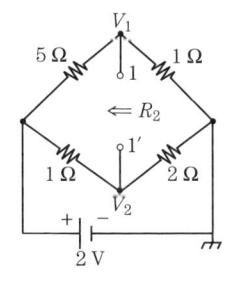

解図9

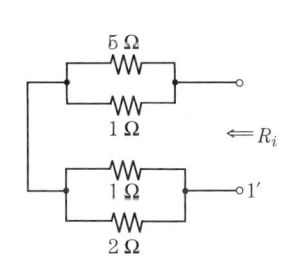

解図10

$$V_1 - V_2 = \frac{1}{3} - \frac{4}{3} = -1 \text{ V}$$

$R(=R_i)$ を接続したときに R_i に流れる電流は

$$I = \frac{-1}{R_i + R_i} = \frac{-1}{\frac{3}{2} + \frac{3}{2}} = -\frac{1}{3} \text{ A}$$

R で消費する電力（最大）P は

$$P = RI^2 = \frac{3}{2} \cdot \left(-\frac{1}{3}\right)^2 = \frac{1}{6} \text{ W}$$

(6), (7) 各自確かめてみよ。

6 章

(1) **解図 11** より，$t=0$ で $q=0$ であるから

$$v(t) = \frac{1}{C} \int_0^t i(\tau) d\tau$$

$t=0$ から 1 までは

$$v(t) = \int_0^t \tau \cdot d\tau = \frac{t^2}{2}, \quad v(1) = \frac{1}{2}$$

$t=1$ から 2 までは

$$v(t) = v(1) + \int_1^t (2-\tau) d\tau = \frac{1}{2} + \left[2t - \frac{\tau^2}{2}\right]_1^t$$
$$= \frac{1}{2} + 2t - \frac{t^2}{2} - 2 + \frac{1}{2} = -1 + 2t - \frac{t^2}{2}$$

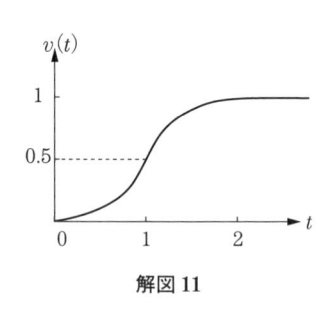

解図 11

(2) **解図 12** 参照。

$$i(t) = i_0 + \frac{1}{L} \int_0^t v(\tau) d\tau, \quad i_0 = 0$$

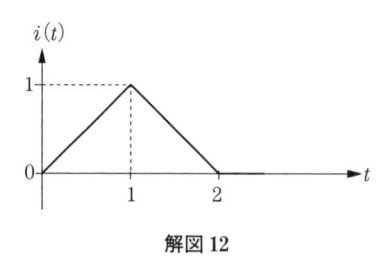

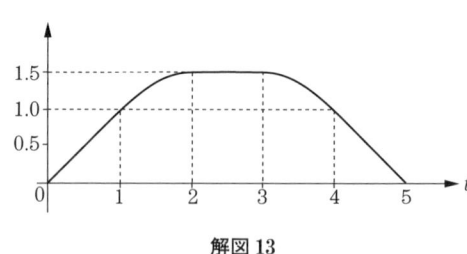

解図 12

解図 13

(3) **解図 13** 参照。

(4) **解図 14** 参照。

$$i(t) = i_0 + \frac{1}{L} \int_0^t v(\tau) d\tau$$

解図 14

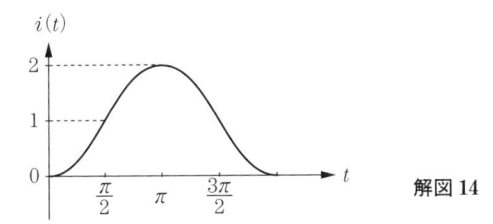

$$i(t) = 0 + \int_0^t \sin \tau \, d\tau = -\cos \tau \Big|_0^t$$
$$= -\cos t + \cos 0 = -\cos t + 1$$

(5) $C_a = \dfrac{C_1 C_2}{C_1 + C_2} + \dfrac{C_3 C_4}{C_3 + C_4}, \quad C_b = \dfrac{(C_1 + C_2)(C_3 + C_4)}{C_1 + C_2 + C_3 + C_4}$

(6) $C_1 + \dfrac{C_2 C_5 (C_3 + C_4)}{C_5(C_3 + C_4) + C_2 C_5 + C_2(C_3 + C_4)}$

(7) $L_a = \dfrac{(L_1 + L_2)(L_3 + L_4)}{L_1 + L_2 + L_3 + L_4}, \quad L_b = \dfrac{L_1 L_2}{L_1 + L_2} + \dfrac{L_3 L_4}{L_3 + L_4}$

(8) $L = L_1 + \dfrac{L_2 L_3 L_5 + L_4 L_5 (L_2 + L_3)}{L_2 L_3 + L_4(L_2 + L_3) + L_5(L_2 + L_3)}$

7 章

(1) 微分方程式は

$$Ri - v = 0, \quad i = -C\frac{dv}{dt} \text{ より } CR\frac{dv}{dt} + v = 0$$

$$C = 1, \quad R = 1 + 1 = 2 \text{ より } 2\frac{dv}{dt} + v = 0, \quad \frac{dv}{dt} + \frac{1}{2}v = 0$$

$t = 0$ で $v = 1$

$v = ke^{at}, \quad \dfrac{dv}{dt} = kae^{at}$ を代入

$k\left(a + \dfrac{1}{2}\right)e^{at} = 0$ より $a = -\dfrac{1}{2}$

$v = ke^{-\frac{t}{2}}$

$t = 0$ で $v = 1$ より $k = 1$

したがって

$v = e^{-\frac{t}{2}}$

(2) 微分方程式は $L\dfrac{di}{dt}+Ri=0$

$L=1$, $R=1$ より

$\dfrac{di}{dt}+i=0$ $i=ke^{-t}$

$t=0$ で $i=2$ より $k=2$, よって $i=2e^{-t}$

(3) (i) $i=i_C+i_R$

(ii) $i_C=C\dfrac{dv}{dt}$, $i_R=\dfrac{v}{R_2}$

(iii) $E=R_1 i+v$

(iv) (iii)に(i), (ii)を代入

$E=R_1(i_C+i_R)+v=R_1\left(C\dfrac{dv}{dt}+\dfrac{v}{R_2}\right)+v$

より

$\dfrac{dv}{dt}+\left(\dfrac{1}{R_1 C}+\dfrac{1}{R_2 C}\right)v=\dfrac{E}{R_1 C}$

(v) $\dfrac{dv}{dt}+2v=2$, これを解くと $v=ke^{-2t}+1$

$v(0)=0$ より $k=-1$

$v=-e^{-2t}+1$

(4) $6=1\cdot i_1+1\cdot i_2$, $i_1=i+i_2$

$1\cdot i_2=1\cdot i+2\dfrac{di}{dt}$, i_1, i_2 を消去すると

$\dfrac{di}{dt}+\dfrac{3}{4}i=\dfrac{3}{2}$, これを解くと $i=ke^{-\frac{3}{4}t}+2$

$t=0$ では $i=0$ であるから, $k=-2$, よって

$i=-2e^{-\frac{3}{4}t}+2$

(5) まず微分方程式を作ってみる。

$\dfrac{1}{2}\dfrac{di}{dt}+\dfrac{5}{2}i+v=1$, $i=\dfrac{1}{3}\dfrac{dv}{dt}$, $\dfrac{di}{dt}=\dfrac{1}{3}\dfrac{d^2v}{dt^2}$ より

$\dfrac{1}{6}\dfrac{d^2v}{dt^2}+\dfrac{5}{2}\cdot\dfrac{1}{3}\dfrac{dv}{dt}+v=1$

これを書き直すと

(i) $\dfrac{d^2v}{dt^2}+5\dfrac{dv}{dt}+6v=6$, 右辺$=0$, $v=ke^{st}$ とおくと

$(s+2)(s+3)=0$

(ii) $t \leq 0$ では $v = \dfrac{1 \times 1}{1 + \dfrac{5}{2}} = \dfrac{2}{7}$, また $t=0$ では C に電流は流れていないから

$i = C \dfrac{dv}{dt} = 0$, すなわち $t=0$ で $\dfrac{dv}{dt} = 0$

(iii) (i)を解くと

$v = k_1 e^{-2t} + k_2 e^{-3t} + 1$, $\dfrac{dv}{dt} = -2k_1 e^{-2t} - 3k_2 e^{-3t}$

$t=0$ で $v = \dfrac{2}{7}$, $\dfrac{dv}{dt} = 0$ であるから

$\begin{cases} \dfrac{2}{7} = k_1 + k_2 + 1 \\ 0 = -2k_1 - 3k_2 \end{cases} \Rightarrow \begin{matrix} k_1 + k_2 = -\dfrac{5}{7} \\ 2k_1 + 3k_2 = 0 \end{matrix} \quad \begin{cases} k_2 = \dfrac{10}{7} \\ k_1 = -\dfrac{15}{7} \end{cases}$

よって $v = -\dfrac{15}{7} e^{-2t} + \dfrac{10}{7} e^{-3t} + 1$

(6) $t \geq 0$ で $2 = \dfrac{1}{6} \dfrac{di}{dt} + v$, $i = C \dfrac{dv}{dt} + Gv = \dfrac{dv}{dt} + 5v$, $\dfrac{di}{dt} = \dfrac{d^2v}{dt^2} + 5 \dfrac{dv}{dt}$ より

$2 = \dfrac{1}{6} \left(\dfrac{d^2v}{dt^2} + 5 \dfrac{dv}{dt} \right) + v$

(i) $\dfrac{d^2v}{dt^2} + 5 \dfrac{dv}{dt} + 6v = 12$, $t=0$ で $\begin{cases} v=0, \quad i=0 \\ i = \dfrac{dv}{dt} + 5v = 0 \text{ より } \dfrac{dv}{dt} = 0 \end{cases}$

前問と同じようにして

$v = k_1 e^{-2t} + k_2 e^{-3t} + 2$, $\dfrac{dv}{dt} = -2k_1 e^{-2t} - 3k_2 e^{-3t}$

$t=0$ で $v=0$, $\dfrac{dv}{dt} = 0$ より

$\left. \begin{matrix} 0 = k_1 + k_2 + 2 \\ 0 = -2k_1 - 3k_2 \end{matrix} \right\} \quad \begin{matrix} k_1 = -6 \\ k_2 = 4 \end{matrix}$

$v = -6e^{-2t} + 4e^{-3t} + 2$

(7) (i) $\dfrac{di}{dt} + i = E(t)$

(ii) $\dfrac{di}{dt} + i = 1$, これを解くと $i = ke^{-t} + 1$, $t=0$ で $i=0$ より $i = -e^{-t} + 1$

(iii) $\dfrac{di}{dt} + i = 10 \cos 3t$, $i_s = \cos 3t + 3 \sin 3t$

$i = i_t + i_s = ke^{-t} + \cos 3t + 3 \sin 3t \quad i(0) = 0$ より $k = -1$

∴ $i = -e^{-t} + \cos 3t + 3 \sin 3t$

(8) インダクタに流れる電流を i とすると, $i=1\cdot\dfrac{dv}{dt}+v$, $E=1=1\times i+1\times\dfrac{di}{dt}+v$

より $\dfrac{di}{dt}=\dfrac{d^2v}{dt^2}+\dfrac{dv}{dt}$

これらより $E=\dfrac{dv}{dt}+v+\dfrac{d^2v}{dt^2}+\dfrac{dv}{dt}+v=\dfrac{d^2v}{dt^2}+2\dfrac{dv}{dt}+2v$

(ⅰ) $\dfrac{d^2v}{dt^2}+2\dfrac{dv}{dt}+2v=2$

(ⅱ) $v_s=1$, 特性根は $-1\pm j$

したがって $v=v_t+v_s=k_1 e^{-t}\cos t+k_2 e^{-t}\sin t+1$

$\dfrac{dv}{dt}=-k_1 e^{-t}\cos t-k_1 e^{-t}\sin t-k_2 e^{-t}\sin t+k_2 e^{-t}\cos t$

$t=0$ で $i=0$, $v=0$ であるから, 第1式より $0=\dfrac{dv}{dt}+v$, より $\dfrac{dv}{dt}=0$

よって $t=0$ で $v=0$ より $k_1+1=0$, $\dfrac{dv}{dt}=0$ より $-k_1+k_2=0$

$k_1=-1$, $k_2=k_1$, よって

$v=-e^{-t}\cos t-e^{-t}\sin t+1$

(9) インダクタに流れる電流を i とすると, $t\geqq 0$ で

$1\cdot\dfrac{di}{dt}+v+2i=\sin t$, $i=0.1\dfrac{dv}{dt}$, $\dfrac{di}{dt}=0.1\dfrac{d^2v}{dt^2}$ より

$0.1\dfrac{d^2v}{dt^2}+v+2\times 0.1\dfrac{dv}{dt}=\sin t$, すなわち $\dfrac{d^2v}{dt^2}+2\dfrac{dv}{dt}+10v=10\sin t$

$s^2+2s+10=0$ $s=-1\pm j3$ より

$v_t=k_1 e^{-t}\cos 3t+k_2 e^{-t}\sin 3t$

$v_s=A\cos t+B\sin t$ とおいて微分方程式に代入して A, B を決めると $A=-\dfrac{4}{17}$, $B=\dfrac{18}{17}$

$v=v_t+v_s=k_1 e^{-t}\cos 3t+k_2 e^{-t}\sin 3t-\dfrac{4}{17}\cos t+\dfrac{18}{17}\sin t$

$t=0$ で $v=0$ また L に流れる電流 i は $t=0$ で 0 であるから, $i=0.1\dfrac{dv}{dt}$ より

$t=0$ で $\dfrac{dv}{dt}=0$

よって $t=0$ で $k_1=\dfrac{4}{17}$, $k_2=-\dfrac{14}{51}$

これより $v=\dfrac{4}{17}e^{-t}\cos 3t-\dfrac{14}{51}e^{-t}\sin 3t-\dfrac{4}{17}\cos t+\dfrac{18}{17}\sin t$

(10) 微分方程式は

$$\frac{d^2v}{dt^2}+2\frac{dv}{dt}+v=0, \quad t=0 \text{ で } v=1, \quad \frac{dv}{dt}=i=0$$

特性方程式は $s^2+2s+1=(s+1)^2=0$, $s=-1$ の2重根，よって

$v=k_1 e^{-t}+k_2 te^{-t}$

$\dfrac{dv}{dt}=-k_1 e^{-t}+k_2 e^{-t}-k_2 te^{-t}$

$t=0$ で $v=1$ より $1=k_1$

$\dfrac{dv}{dt}=0$ より $-k_1+k_2=0, \quad k_2=1$

$v=e^{-t}+te^{-t}$

8 章

(1) L_1, R_1, C_1 および L_2, R_2 の直列インピーダンスをそれぞれ Z_1, Z_2 とすると

$Z_1=R_1+j\left(\omega L_1-\dfrac{1}{\omega C_1}\right)$

$Z_2=R_2+j\omega L_2$

$Z=\dfrac{Z_1 Z_2}{Z_1+Z_2}$

$=\dfrac{\left\{R_1+j\left(\omega L_1-\dfrac{1}{\omega C_1}\right)\right\}(R_2+j\omega L_2)}{R_1+R_2+j\left(\omega L_1+\omega L_2-\dfrac{1}{\omega C_1}\right)}$

(2) $\dot{I}=\dfrac{\dot{E}}{R+j\omega L}+j\omega C\dot{E}=\dfrac{R\dot{E}}{R^2+\omega^2 L^2}+j\left(\omega C-\dfrac{\omega L}{R^2+\omega^2 L^2}\right)\dot{E}=\dot{Y}\dot{E}$

$\dot{E}$ と $\dot{I}$ が同相となるためには $\dot{Y}$ が実数である必要がある。

よって，$C=\dfrac{L}{R^2+\omega^2 L^2}$ となり，$\dot{I}=\dfrac{R\dot{E}}{R^2+\omega^2 L^2}$ より

$P=\dot{I}E=\dfrac{R\dot{E}^2}{R^2+\omega^2 L^2}$

(3) $\dot{Z}$ の両端の電圧を $\dot{V}$ とすると，$\dot{Z}$ で消費する電力 P_a は

$P_a=\dfrac{1}{2}(\overset{*}{V}\dot{I}_3+\dot{V}\overset{*}{I}_3)$ であり，$\dot{I}_3=\dot{I}_1-\dot{I}_2$, $\overset{*}{V}=R\overset{*}{I}_2$, $\dot{I}_2\overset{*}{I}_2=I_2^2$

であるから

$P_a=\dfrac{1}{2}\{R\dot{I}_2(\overset{*}{I}_1-\overset{*}{I}_2)+R\overset{*}{I}_2(\dot{I}_1-\dot{I}_2)\}=\dfrac{R}{2}(\dot{I}_2\overset{*}{I}_1+\overset{*}{I}_2\dot{I}_1-2I_2^2)$

また $\dot{I}_3\overset{*}{I}_3=I_3^2=(\dot{I}_1-\dot{I}_2)(\overset{*}{I}_1-\overset{*}{I}_2)=\dot{I}_1\overset{*}{I}_1+\dot{I}_2\overset{*}{I}_2-\dot{I}_2\overset{*}{I}_1-\dot{I}_1\overset{*}{I}_2$

$\dot{I}_1\overset{*}{\dot{I}}_1 = I_1^2,\quad \dot{I}_2\overset{*}{\dot{I}}_2 = I_2^2$ であるから

$$P_a = \frac{R}{2}(I_1^2 + I_2^2 - I_3^2 - 2I_2^2) = \frac{R}{2}(I_1^2 - I_2^2 - I_3^2)$$

(4) $\dfrac{1}{\dot{Z}} = \dfrac{1}{\dot{Z}_1} = \dfrac{1}{\dot{Z}_1 + \dot{Z}_2} + \dfrac{1}{\dot{Z}_1 + \dot{Z}_3}$ より $\dot{Z}_2\dot{Z}_3 = \dot{Z}_1^2$

(5) $\dot{Z}\dot{I}_Z = j\omega L \dot{I}_L$

$$\dot{E} = \frac{\dot{I}_L + \dot{I}_Z}{j\omega C} + \dot{Z}\dot{I}_Z = \frac{1}{j\omega C}\left(\frac{\dot{Z}\dot{I}_Z}{j\omega L} + \dot{I}_Z\right) + \dot{Z}\dot{I}_Z$$

$$= \left(\dot{Z} + \frac{1}{j\omega C} - \frac{\dot{Z}}{\omega^2 LC}\right)\dot{I}_Z = \left\{\dot{Z}\left(1 - \frac{1}{\omega^2 LC}\right) + \frac{1}{j\omega C}\right\}\dot{I}_Z$$

$\dot{I}_Z$ が $\dot{Z}$ の値と無関係となるためには $\left(1 - \dfrac{1}{\omega^2 LC}\right) = 0$

したがって $\omega^2 LC = 1,\quad \dot{I}_Z = j\omega C \dot{E}$

(6) $\dot{I}_Z = \dfrac{j\omega L}{j\omega L + \dfrac{1}{j\omega C} + \dot{Z}}\cdot \dot{I}_1$ より $\dot{V}_Z = \dot{Z}\dot{I}_Z = \dfrac{j\omega L \dot{Z}}{j\left(\omega L - \dfrac{1}{\omega C}\right) + \dot{Z}}\dot{I}_1$

$\dot{V}_Z$ が $\dot{Z}$ の値にかかわらず一定のためには $\omega L - \dfrac{1}{\omega C} = 0$

したがって $\dot{V}_Z = j\omega L \dot{I}_1$

(7) 電流を $\dot{I}$ とすると,

$$5\,[\mathrm{A}] = \sqrt{16 + \left(\omega - \frac{1}{0.25\omega}\right)^2}$$

$\omega^4 - 17\omega^2 + 16 = (\omega^2 - 1)(\omega^2 - 16) = 0$ より $\omega = 1,\ 4$

$\omega = 1$ のとき $\dot{I} = \dfrac{25}{4 + j(1 - 0.25)} = 4 + j3$

$\dot{V}_L = j\omega L \dot{I} = -3 + j4\quad |\dot{V}_L| = 5\,\mathrm{V},\quad \dot{V}_C = \dfrac{\dot{I}}{j\omega C} = 12 - j6\quad |\dot{V}_C| = 20\,\mathrm{V}$

$\omega = 4$ のとき $\dot{I} = 4 - j3$

$\dot{V}_L = 12 - j16\quad |\dot{V}_L| = 20\,\mathrm{V},\quad \dot{V}_C = -3 - j4\quad |\dot{V}_C| = 5\,\mathrm{V}$

(8) 回路に流れる電流を $\dot{I}$ とすると

$$\dot{V}_1 = (R_1 + j\omega L)\dot{I}$$

$$\dot{V}_2 = \frac{\dot{I}}{\dfrac{1}{R_2} + j\omega C} = \frac{R_2}{1 + j\omega C R_2}\dot{I} = \frac{R_2(1 - j\omega C R_2)}{1 + \omega^2 C^2 R_2^2}\dot{I}$$

$\dot{V}_1$ と $\dot{V}_2$ の位相差が $\pi/2$ であるためには $\dot{V}_1 = jk\dot{V}_2$ (k:任意実定数) でなくてはならないから

$$R_1 + j\omega L = kj\cdot\frac{R_2(1 - j\omega C R_2)}{1 + \omega^2 C^2 R_2^2} = k\frac{\omega C R_2^2 + jR_2}{1 + \omega^2 C^2 R_2^2}$$

よって　$R_1 = \dfrac{k\omega C R_2}{1+\omega^2 C^2 R_2{}^2}$, $\omega L = \dfrac{k R_2}{1+\omega^2 C^2 R_2{}^2}$ より

$$\dfrac{R_1}{\omega L} = \dfrac{k\omega C R_2}{k R_2} = \omega C R_2$$

したがって $\dfrac{R_1}{R_2} = \omega^2 LC$

また $|\dot{V}_1|=|\dot{V}_2|$ であるためには

$$R_1{}^2 + \omega^2 L^2 = \dfrac{R_2{}^2 + \omega^2 C^2 R_2{}^4}{(1+\omega^2 C^2 R_2{}^2)^2} = \dfrac{R_2{}^2}{1+\omega^2 C^2 R_2{}^2}$$

よって　$(R_1{}^2+\omega^2 L^2)(1+\omega^2 C^2 R_2{}^2)=R_2{}^2$

(9)　$\dot{V}=\dot{V}_1-\dot{V}_2$　$\dot{V}_1=\dfrac{R}{R+j\omega L}$, $\dot{V}_2=\dfrac{j\omega L}{R+j\omega L}$

$\dot{V}=\dfrac{R-j\omega L}{R+j\omega L}=\dfrac{R^2-\omega^2 L^2}{R^2+\omega^2 L^2}-j\dfrac{2\omega LR}{R^2+\omega^2 L^2}=x-jy$ とおくと

$$x^2+y^2=\dfrac{(R^2-\omega^2 L^2)^2+4\omega^2 L^2 R^2}{(R^2+\omega^2 L^2)^2}=1,$$

$\dot{V}$ の虚部はつねに負であるからベクトル軌跡は**解図15**のようになる。

(10)　共振角周波数 ω_0 は

$$\omega_0=\dfrac{1}{\sqrt{LC}}=\dfrac{1}{\sqrt{10^{-3}\times 10^{-7}}}=10^5$$

このとき流れる電流 $\dot{I}=\dfrac{\boldsymbol{E}}{R}=\dfrac{1}{1}=1$ A

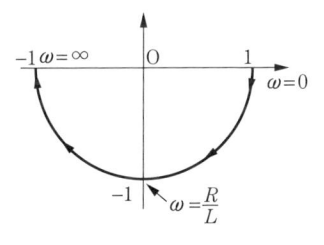

解図15

$$Q=\dfrac{\omega_0 L}{R}=10^5\times 10^{-3}=10^2$$

$\dot{V}_L=jQ\boldsymbol{E}=j\times 100$,　$|\dot{V}_L|=100$ V

$\dot{V}_C=-jQ\boldsymbol{E}=-j\,100$,　$|\dot{V}_C|=100$ V

$\omega_1\cdot\omega_2=\omega_0{}^2=10^{10}$,　$Q=100=\dfrac{\omega_0}{\omega_2-\omega_1}=\dfrac{10^5}{\omega_2-\omega_1}$

$\omega_2-\omega_1=10^3$

$\omega_2{}^2-10^3\,\omega_2-10^{10}=0$ より

$\omega_2\fallingdotseq 1.005\times 10^5$

同様にして $\omega_1{}^2+10^3\,\omega_1-10^{10}=0$ より

$\omega_1\fallingdotseq 0.995\times 10^5$,　半値幅は

$\omega_2-\omega_1=(1.005-0.995)\times 10^5=0.01\times 10^5=1\,000$

9 章

(1)　図9.10の等価回路は**解図16**のようになり，1-1′ よりみたインピーダンス $\dot{Z}$ は

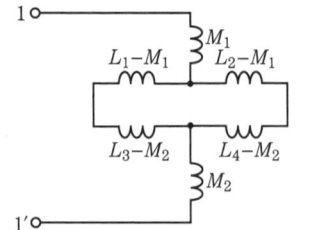

[解図16: 回路図]

解図16

$$\dot{Z} = j\omega\left\{M_1 + M_2 + \frac{(L_1+L_3-M_1-M_2)(L_2+L_4-M_1-M_2)}{L_1+L_2+L_3+L_4-2(M_1+M_2)}\right\}$$

（2） 図9.11の回路は等価回路を作ることはできないので 1-1′ に電源 E を接続し，流れる電流を $\dot{I}$ とすると

$$\dot{E} = j\omega(L_1+L_2-M-M+L)\dot{I} = j\omega(L_1+L_2-2M+L)\dot{I}$$

したがって，インピーダンス $\dot{Z}$ は

$$\dot{Z} = j\omega(L_1+L_2+L-2M)$$

（3） 等価回路は**解図17**のようになり，ブリッジ回路となる。したがって $\dot{I}_0$ が零となるためには $M^2 = (L-M)^2$

したがって，$L^2-2LM = L(L-2M) = 0$

$L \neq 0$ であるから $M = \dfrac{L}{2}$，また 1-1′ からみたインピーダンスは $\dot{I}_0$ が零であるから，二つのインダクタンス L の並列抵抗と同じであるから

$$\dot{Z} = j\omega\frac{L}{2}$$

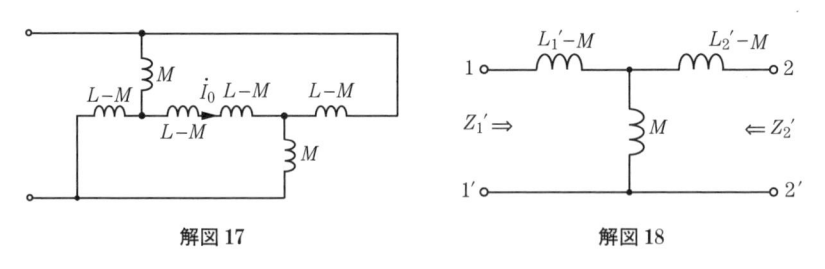

解図17

解図18

（4） まず図19.3(b)の回路は**解図18**の回路に置き換えられ，両回路の 1-1′，2-2′，1-2 端子からみたインピーダンスが等しいならば，両回路はたがいに置き換えられる。

図19.3(a)の回路の 1-1′，2-2′，1-2′ からみたインピーダンスを $\dot{Z}_1$, $\dot{Z}_2$, $\dot{Z}_3$ とすると

$$\dot{Z}_1 = j\omega \frac{L_1(L_2+L_3)}{L_1+L_2+L_3}$$

$$\dot{Z}_2 = j\omega \frac{L_3(L_1+L_2)}{L_1+L_2+L_3}$$

$$\dot{Z}_3 = j\omega \frac{L_2(L_1+L_3)}{L_1+L_2+L_3}$$

また図(b′)の回路の 1-1′, 2-2′, 1-2 からみたインピーダンス $\dot{Z}_1{}'$, $\dot{Z}_2{}'$, $\dot{Z}_3{}'$ は

$$\dot{Z}_1{}' = j\omega(L_1{}'-M) + j\omega M = j\omega L_1{}'$$

$$\dot{Z}_2{}' = j\omega(L_2{}'-M) + j\omega M = j\omega L_2{}'$$

$$\dot{Z}_3{}' = j\omega(L_1{}'-M) + j\omega(L_2{}'-M) = j\omega(L_1{}'+L_2{}'-2M)$$

図(a), (b)の回路が等しいためには

$$\dot{Z}_1{}' = \dot{Z}_1 \text{ より } L_1{}' = \frac{L_1(L_2+L_3)}{L_1+L_2+L_3}$$

$$\dot{Z}_2{}' = \dot{Z}_2 \text{ より } L_2{}' = \frac{L_3(L_1+L_2)}{L_1+L_2+L_3}$$

$$\dot{Z}_3{}' = \dot{Z}_3 \text{ より } L_1{}' + L_2{}' - 2M = \frac{L_2(L_1+L_3)}{L_1+L_2+L_3} \text{ より, } M = \frac{L_1 L_3}{L_1+L_2+L_3}$$

10 章

(1) 解図 19, 解図 20 より

$$V_2 = \frac{Z_2 V_1}{Z_1+Z_2} - \frac{Z_1 V_1}{Z_1+Z_2} = \frac{(Z_2-Z_1)V_1}{Z_1+Z_2}$$

$$A = \frac{V_1}{V_2} = \frac{Z_1+Z_2}{Z_2-Z_1}$$

テブナンの定理を利用する。

2-2′ より左をみたインピーダンスは $\dfrac{Z_1 Z_2}{Z_1+Z_2}$

2-2′ 間の電圧は $\dfrac{Z_2-Z_1}{Z_1+Z_2} \cdot V_1$

2-2′ を短絡したときの電流 $-I_2$ は

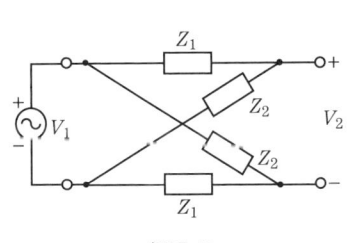

解図 19 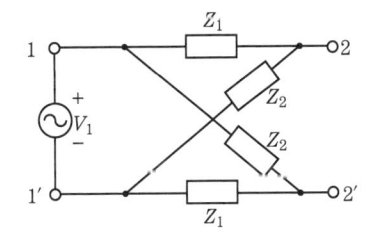   解図 20

$$-I_2 = \frac{\dfrac{Z_2-Z_1}{Z_1+Z_2}\cdot V_1}{\dfrac{Z_1 Z_2}{Z_1+Z_2}} = \frac{Z_2-Z_1}{Z_1 Z_2}\cdot V_1, \quad B = \frac{V_1}{-I_2} = \frac{Z_1 Z_2}{Z_2-Z_1}$$

解図 21，解図 22 より

$$V_2 = Z_2\cdot\frac{I_1}{2} = Z_1\cdot\frac{I_1}{2} = \frac{Z_2-Z_1}{2}I_1$$

$$C = \frac{I_1}{V_2} = \frac{2}{Z_2-Z_1}$$

テブナンの定理を利用する。
左図の 2-2′ 間の電圧は

$$\frac{Z_2 I_1 - Z_1 I_1}{2} = \frac{Z_2-Z_1}{2}I_1$$

2-2′ から左をみたインピーダンスは $\dfrac{Z_1+Z_2}{2}$

2-2′ を短絡したときの 2-2′ に流れる電流 $-I_2$ は

$$-I_2 = \frac{(Z_2-Z_1)I_1}{2} \Big/ \frac{Z_1+Z_2}{2} = \frac{(Z_2-Z_1)}{Z_1+Z_2}I_1$$

$$-\frac{I_1}{I_2} = \frac{Z_2+Z_1}{Z_2-Z_1} = D$$

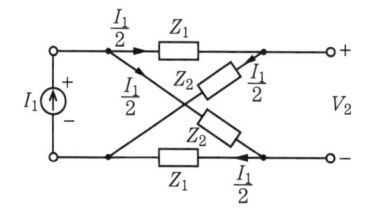

解図 21 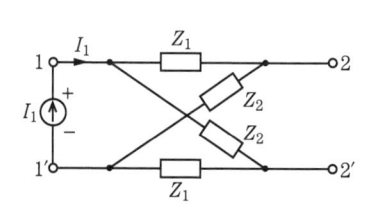　　　　　　　　　　　　解図 22

(2) (a) $Y_{11} = \dfrac{Y_1(Y_1+Y_2)}{2Y_1+Y_2}, \quad Y_{12} = Y_{21} = \dfrac{Y_1^2}{2Y_1+Y_2}, \quad Y_{22} = \dfrac{Y_1(Y_1+Y_2)}{2Y_1+Y_2}$

(b) $Y_{11} = Y_2, \quad Y_{12} = Y_{21} = 0, \quad Y_{22} = Y_2$

(c) $Y_{11} = Y_1, \quad Y_{12} = Y_{21} = -Y_1, \quad Y_{22} = Y_1$

(3) 前問の(a),(b),(c)の各パラメータの和をとると

$$Y_{11} = Y_1 + Y_2 + \frac{Y_1(Y_1+Y_2)}{2Y_1+Y_2}, \quad Y_{12} = Y_{21} = -Y_1 + \frac{Y_1^2}{2Y_1+Y_2}$$

$$Y_{22} = Y_1 + Y_2 + \frac{Y_1(Y_1+Y_2)}{2Y_1+Y_2}$$

(4) $\begin{bmatrix} 2Z_1 + \dfrac{Z_4(2Z_3+Z_4)}{2(Z_3+Z_4)} & \dfrac{Z_4{}^2}{2(Z_3+Z_4)} \\ \dfrac{Z_4{}^2}{2(Z_3+Z_4)} & 2Z_2 + \dfrac{Z_4(2Z_3+Z_4)}{2(Z_3+Z_4)} \end{bmatrix}$

(5) 解図 23 より

$V_1 = AV_2 - BI_2, \quad V_2 = Z(-I_2)$
$I_1 = CV_2 - DI_2$

したがって

$V_1 = -AZI_2 - BI_2 = -(AZ+B)I_2$
$I_1 = -CZI_2 - DI_2 = -(CZ+D)I_2$

$Z_i = \dfrac{V_1}{I_1} = \dfrac{AZ+B}{CZ+D}$

解図 23

(6) $I_1' = Y_{11} V_1 + Y_{12} V_2 \quad I_1 = I_1' + Y_1 V_1$
$I_2' = Y_{21} V_1 + Y_{22} V_2 \quad I_2 = I_2' + Y_2 V_2$
$I_1 = Y_1 V_1 + I_1' = Y_1 V_1 + Y_{11} V_1 + Y_{12} V_2 = (Y_1 + Y_{11}) V_1 + Y_{12} V_2$
$I_2 = Y_2 V_2 + I_2' = Y_2 V_2 + Y_{21} V_1 + Y_{22} V_2 = Y_{21} V_1 + (Y_{22} + Y_2) V_2$

よって

$\begin{bmatrix} I_1 \\ I_2 \end{bmatrix} = \begin{bmatrix} Y_1 + Y_{11} & Y_{12} \\ Y_{21} & Y_{22} + Y_2 \end{bmatrix} \begin{bmatrix} V_1 \\ V_2 \end{bmatrix}$

(7) $V_1' = Z_{11} I_1 + Z_{12} I_2 \quad V_1 = Z_1 I_1 + V_1' = Z_1 I_1 + Z_{11} I_1 + Z_{12} I_2 = (Z_1 + Z_{11}) I_1 + Z_{12} I_2$
$V_2' = Z_{21} I_1 + Z_{22} I_2 \quad V_2 = Z_2 I_2 + V_2' = Z_2 I_2 + Z_{21} I_1 + Z_{22} I_2 = Z_{21} I_1 + (Z_2 + Z_{22}) I_2$

よって

$\begin{bmatrix} V_1 \\ V_2 \end{bmatrix} = \begin{bmatrix} Z_1 + Z_{11} & Z_{12} \\ Z_{21} & Z_2 + Z_{22} \end{bmatrix} \begin{bmatrix} I_1 \\ I_2 \end{bmatrix}$

11 章

(1) 平衡三相回路であるので単相の場合とまったく同じように計算できる。

$\dot{F}_a = E$ とすると

$$\dot{I}_a = \dfrac{E}{R + \dfrac{1}{j\omega C}} = \dfrac{E}{R - j\dfrac{1}{\omega C}} = \dfrac{R + j\dfrac{1}{\omega C}}{R^2 + \dfrac{1}{\omega^2 C^2}} E \text{ より}$$

$$|\dot{I}_a| = \dfrac{E}{\sqrt{R^2 + \dfrac{1}{\omega^2 C^2}}}$$

電圧と電流の位相差を φ_1 とすると $\tan\varphi_1 = \dfrac{1}{\omega CR}$

$$\dot{I}_b = \frac{E a^2}{R - j\dfrac{1}{\omega C}} = \frac{a^2\left(R + j\dfrac{1}{\omega C}\right)}{R^2 + \dfrac{1}{\omega^2 C^2}} E \ \ \text{より}$$

$$|\dot{I}_b| = \frac{E}{\sqrt{R^2 + \dfrac{1}{\omega^2 C^2}}}, \ \ \text{位相差}\ \varphi_2 = \varphi_1 + \frac{4}{3}\pi$$

$$\dot{I}_c = \frac{a\left(R + j\dfrac{1}{\omega C}\right)}{R^2 + \dfrac{1}{\omega^2 C^2}} E, \ \ \text{位相差}\ \varphi_3 = \varphi_1 + \frac{2}{3}\pi$$

$$|\dot{I}_c| = \frac{E}{\sqrt{R^2 + \dfrac{1}{\omega^2 C^2}}}$$

電力 P は

$$P = 3 \cdot R |\dot{I}_a|^2 = \frac{3 R E^2}{R^2 + \dfrac{1}{\omega^2 C^2}}$$

(2) Δ形負荷を Y 形負荷に変換すると**解図 24**(a)のようになり，a 相の回路は解図(b)で示される。したがって $\dot{E}_a = E$ とすると

$$\dot{I}_a = \frac{E}{\dfrac{R}{3}} + \frac{E}{j\omega \dfrac{L}{3}} = \frac{3E}{R} - j\frac{3E}{\omega L} \ \ \text{より}$$

$$|\dot{I}_a| = 3\sqrt{\frac{1}{R^2} + \frac{1}{\omega^2 L^2}} \cdot E$$

$\dot{I}_a$ の位相差 φ は $\tan\varphi = \dfrac{-R}{\omega L}$

同様に

$$|\dot{I}_b| = 3\sqrt{\frac{1}{R^2} + \frac{1}{\omega^2 L^2}} \cdot E = |\dot{I}_c|$$

電力は R のみで消費されるから a 相の電力 P_a は

$$P_a = \frac{R}{3} \cdot \left(\frac{3E}{R}\right)^2 = \frac{3}{R} E^2,$$

全電力は $3 \cdot P_a = \dfrac{9}{R} E^2$

(3) 負荷の Δ 形を Y 形に直すと**解図 25** のようになり $r + \dfrac{R}{3}$ の Y 形負荷となり

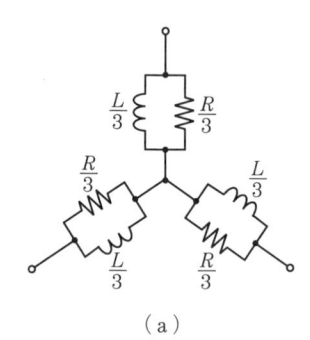

(a)

(b)

解図 24

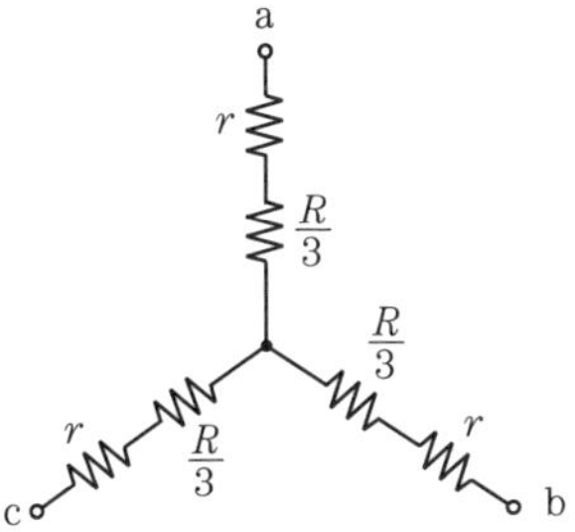

解図 25

$$\dot{I}_a = \frac{\dot{E}_a}{r+\frac{R}{3}}, \quad \dot{I}_b = \frac{\dot{E}_b}{r+\frac{R}{3}}, \quad \dot{I}_c = \frac{\dot{E}_c}{r+\frac{R}{3}}$$

（4） 例題 11.4 に従って

$$\dot{I}_a = \frac{100}{10} = 10 \text{ より } |\dot{I}_a| = 10 \text{ A}$$

$$\dot{I}_c = \frac{-\dot{V}_{bc}}{5} = \frac{-100\left(-\frac{1}{2} - j\frac{\sqrt{3}}{2}\right)}{5} = 10(1+j\sqrt{3}) \text{ より}$$

$$|\dot{I}_c| = 10\sqrt{1+3} = 20 \text{ A}$$

$$\dot{I}_b = -\dot{I}_a - \dot{I}_c = -10 - 10(1+j\sqrt{3}) = -20 - j10\sqrt{3} \text{ より}$$

$$|\dot{I}_b| = \sqrt{20^2 + 10^2 \times 3} = \sqrt{400+300} = 26.5 \text{ A}$$

（5）
$$r_a = \frac{3 \times 1}{1+2+3} = \frac{1}{2} \text{ Ω}$$

$$r_b = \frac{1 \times 2}{1+2+3} = \frac{1}{3} \text{ Ω}$$

$$r_c = \frac{2 \times 3}{1+2+3} = 1 \text{ Ω}$$

（6） 解図 26, 解図 27 より

$$\dot{Y}_{ab} = \frac{1 \times \frac{1}{2}}{1+\frac{1}{2}+\frac{1}{3}} = \frac{\frac{1}{2}}{\frac{11}{6}} = \frac{3}{11} \text{ S より } r_{ab} = \frac{11}{3} \text{ Ω}$$

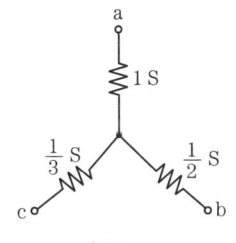

解図 26

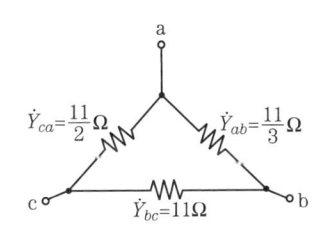

解図 27

$$\dot{Y}_{bc} = \frac{\frac{1}{2} \times \frac{1}{3}}{\frac{11}{6}} = \frac{1}{11} \text{ S より } r_{bc} = 11 \, \Omega$$

$$\dot{Y}_{ca} = \frac{\frac{1}{3} \times 1}{\frac{11}{6}} = \frac{2}{11} \text{ S より } r_{ca} = \frac{11}{2} \, \Omega$$

12 章

(1) $f(t)$ の周期は 2π であるから

$$a_0 = \frac{1}{\pi} \int_{-\pi}^{\pi} f(t) \, dt = \frac{1}{\pi} \int_0^{\pi} \sin t \, dt = \frac{2}{\pi}$$

$$a_n = \frac{1}{\pi} \int_{-\pi}^{\pi} f(t) \cos nt \, dt = \frac{1}{\pi} \int_0^{\pi} \sin t \cdot \cos nt \, dt$$

$n \neq 1$ ならば

$$a_n = \frac{1}{\pi} \int_0^{\pi} \left\{ \frac{\sin(1-n)t}{2} + \frac{\sin(1+n)t}{2} \right\} dt = \frac{\cos n\pi + 1}{\pi(1-n^2)}$$

$n = 1$ のときには

$$a_1 = \frac{1}{\pi} \int_0^{\pi} \sin t \cdot \cos t \, dt = 0$$

$$b_n = \frac{1}{\pi} \int_{-\pi}^{\pi} f(t) \sin nt \, dt$$

$n \neq 1$ のときには

$$b_n = \frac{1}{2\pi} \left\{ \frac{\sin(1-n)t}{1-n} - \frac{\sin(t+n)}{1+n} \right\}_0^{\pi} = 0$$

$n = 1$ のときには

$$b_1 = \frac{1}{\pi} \int_0^{\pi} \sin^2 t \, dt = \frac{1}{\pi} \left[\frac{t}{2} - \frac{\sin 2t}{4} \right]_0^{\pi} = \frac{1}{2}$$

よって

$$f(t) = \frac{1}{\pi} - \frac{2}{\pi} \left\{ \frac{\cos 2t}{3} + \frac{\cos 4t}{15} + \cdots \right\} + \frac{1}{2} \sin t$$

(2) $a_n = \frac{2}{\pi} \int_0^{\pi} f(t) \cos nt \, dt = \frac{2}{\pi} \int_0^{\pi} \frac{t}{\pi} \cos nt \, dt = \frac{2}{\pi^2} \int_0^{\pi} t \cos nt \, dt$

$$b_n = \frac{2}{\pi} \int_0^{\pi} \frac{t}{\pi} \sin nt \, dt = \frac{2}{\pi^2} \left[\frac{1}{n^2} \sin nt - \frac{t}{n} \cos nt \right]_0^{\pi}$$

$$= \frac{2}{\pi^2} \left[-\frac{\pi}{n} \cos n\pi \right] = \frac{2}{n\pi} \quad (n : \text{奇数})$$

よって

$$f(t) = \frac{4}{\pi^2}\left(\cos t + \frac{1}{9}\cos 3t + \frac{1}{25}\cos 5t + \cdots\right)$$
$$+ \frac{2}{\pi}\left(\sin t + \frac{1}{3}\sin 3t + \frac{1}{5}\sin 5t + \cdots\right)$$

(3) $f(t) = \dfrac{4}{\pi}\left(\dfrac{1}{2} - \dfrac{\cos 2t}{1\times 3} - \dfrac{\cos 4t}{3\times 5} - \dfrac{\cos 6t}{5\times 7} + \cdots\right)$

(4) 解図 28 より

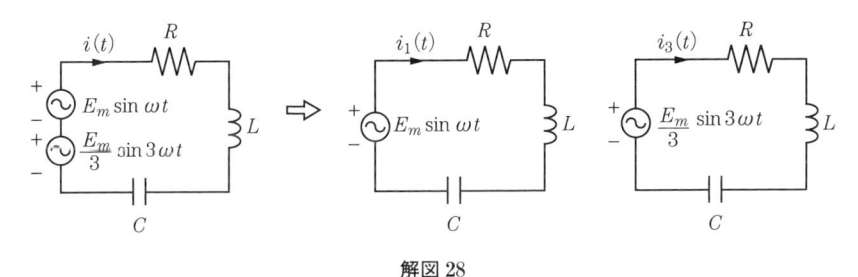

解図 28

$i(t) = i_1(t) + i_3(t)$ であるから，$i_1(t)$ と $i_3(t)$ の振幅が等しくなるための条件を求めればよい。

$$i_1(t) = I_1 \sin(\omega t + \varphi_1), \quad i_3(t) = I_3 \sin(3\omega t + \varphi_3)$$

とすると

$$I_1 = \frac{E_m}{\sqrt{R^2 + \left(\omega L - \dfrac{1}{\omega C}\right)^2}}, \quad I_3 = \frac{E_m/3}{\sqrt{R^2 + \left(3\omega L - \dfrac{1}{3\omega C}\right)^2}}$$

流れる電流の基本波と第 3 高調波の振幅が等しくなるためには $I_1 = I_3$ が必要で

$$\frac{E_m}{\sqrt{R^2 + \left(\omega L - \dfrac{1}{\omega C}\right)^2}} = \frac{E_m/3}{\sqrt{R^2 + \left(3\omega L - \dfrac{1}{3\omega C}\right)^2}}$$

すなわち

$$\frac{E_m^2}{R^2 + \left(\omega L - \dfrac{1}{\omega C}\right)^2} = \frac{E_m^2/9}{R^2 + \left(3\omega L - \dfrac{1}{3\omega C}\right)^2}$$

より

$$R^2 + 10\omega^2 L^2 = 2\frac{L}{C}$$

(5) 出力の電圧は入力を $E_m \sin \omega t$ とすると
$$a_1 e + a_3 e^3 = a_1 E_m \sin \omega t + a_3 E_m^3 \sin^3 \omega t$$

$$= a_1 E_m \sin \omega t + \frac{3}{4} a_3 E_m{}^3 \sin \omega t - \frac{1}{4} a_3 E_m{}^3 \sin 3\omega t$$

$$= \left(a_1 E_m + \frac{3}{4} a_3 E_m{}^3\right) \sin \omega t - \frac{a_3}{4} E_m{}^3 \sin 3\omega t$$

$$i = \frac{a_1 E_m + \frac{3}{4} a_3 E_m{}^3}{\sqrt{R^2 + \frac{1}{\omega^2 C^2}}} \sin(\omega t + \varphi_1) - \frac{a_3 E_m{}^3}{4\sqrt{R^2 + \frac{1}{9\omega^2 C^2}}} \sin(3\omega t + \varphi_3)$$

$$\tan \varphi_1 = \frac{1}{\omega CR}, \quad \tan \varphi_3 = \frac{1}{3\omega CR}$$

13 章

(1) $u = \dfrac{1}{\sqrt{LC}} = \dfrac{1}{\sqrt{10^{-6} \cdot 10^{-10}}} = 10^8 \text{ m/s} = 10^5 \text{ km/s}$

$Z_0 = \sqrt{\dfrac{L}{C}} = \sqrt{\dfrac{10^{-6}}{10^{-10}}} = 10^2 = 100 \ \Omega$

(2) この線路は $R/L = G/C$ の関係があるので信号は速度 1 で減衰しながら無ひずみ伝搬する。$R/L = 1$ であるので信号は e^{-t} で減衰しながら伝搬するので，$t = 2$ のときの信号の波形分布は**解図 29** のようになる。

解図 29

(3) $Z_0 = \sqrt{\dfrac{L}{C}} = 200 \ \Omega$，$C = 10^{-10} \text{ F/m}$ より

$L = 4 \times 10^{-6} \text{ H/m}$

反共振の場合には $\omega \sqrt{LC} \cdot l = \pi$ より

$$l = \frac{\pi}{\omega \sqrt{LC}} = \frac{\pi}{2\pi \times 200 \times 10^6 \times \sqrt{10^{-10} \times 4 \times 10^{-6}}}$$

$$= \frac{1}{8} \text{ m}$$

(4) $Z_0 = \sqrt{\dfrac{L}{C}} = \sqrt{\dfrac{10^{-6}}{10^{-8}}} = 10 \ \Omega$

この場合にも $\omega \sqrt{LC} \, l = \pi$ であるから

$$\omega = 2\pi f = \frac{1}{\sqrt{LC} \cdot l} \pi, \quad f = \frac{1}{2\sqrt{LC} \cdot l} = \frac{1}{2\sqrt{LC}} = \frac{1}{2\sqrt{10^{-6} \cdot 10^{-8}}}$$

$$= \frac{1}{2 \cdot 10^{-7}} = 5 \times 10^6 \text{ [Hz]} = 5 \text{ [MHz]}$$

索 引

【あ】
アドミタンス　　　　　　86
アドミタンス行列　　　　115

【い】
インピーダンス　　　　　85
インピーダンス行列　　　113
インピーダンスマッチング
　　　　　　　　　　　172

【え】
枝　　　　　　　　　　　1

【お】
オームの法則　　　　　　9

【か】
解　　　　　　　　　　　60
回路の良さ　　　　　　　99
重ねの理　　　　　　　　37
カットセット　　　　　　3
過渡解　　　　　　　　　62

【き】
木　　　　　　　　　　　27
奇関数　　　　　　　　　156
基本行列　　　　　　　　116
キャパシタ　　　　　　　47
共振角周波数　　　　　　98
共振曲線　　　　　　　　98
共振現象　　　　　　98,181
キルヒホッフの電圧則　　5
キルヒホッフの電流則　　2

【く】
偶関数　　　　　　　　　156
グラフ　　　　　　　　　1

【け】
結合係数　　　　　　　　105

【こ】
コンダクタンス　　　　8,86

【さ】
サセプタンス　　　　　　86

【し】
自己インダクタンス　　　54
実効値　　　　　　　　　93
縦続行列　　　　　　　　116
瞬時電力　　　　　　　　9
進行波　　　　　　　　　169

【せ】
接続行列　　　　　　　　2
節点　　　　　　　　　　1
Zパラメータ　　　　　113
狭い意味の相反定理　　　44
線間電圧　　　　　　　　137

【そ】
相互インダクタ　　　　　104
双対　　　　　　　　　　33

【た】
ダランベールの解　　　　169
単位インパルス関数　　　50
単位ステップ関数　　　　50

【ち】
中性点　　　　　　　　　137

【て】
抵抗　　　　　　　　　　8
定常解　　　　　　　　　62
テブナン　　　　　　　　38
　──の定理　　　　　　39
電圧降下　　　　　　　9,48
電信方程式　　　　　　　167
伝送行列　　　　　　　　116
伝送パラメータ　　　　　116

【と】
等価　　　　　　　107,123
特解　　　　　　　　　　62
特性インピーダンス　　　171
特性根　　　　　　　　61,71
特性方程式　　　　　　61,71
特別積分　　　　　　　　62

【に】
2階微分方程式　　　　　71
2端子対回路　　　　　　113

【の】
ノートンの定理　　　　　42

【は】
波動方程式　　　　　　　168
反共振現象　　　　　　　181
反射波　　　　　　　　　169
半値幅　　　　　　　　　100

【ひ】

微分方程式	60
広い意味の相反定理	42

【ふ】

ファラド	47
フーリエ級数展開	152
フーリエ級数表示	155
フェーザ法	86

【へ】

平均電力	10
平面グラフ	31
閉　路	1
閉路行列	5
閉路方程式	33
ベクトル軌跡	96
ヘルムホルツ	38

【ほ】

補関数	62
補　木	27

【む】

無ひずみ条件	175

【も】

網　路	31

【よ】

容　量	47

【り】

余関数	62
リアクタンス	86
力　率	91
リンク	27

【れ】

レジスタンス	86

【わ】

Y 形結線	137
Y 電圧	137
Y パラメータ	115

―― 著者略歴 ――

1957 年　慶應義塾大学工学部電気工学科卒業
1962 年　慶應義塾大学大学院博士課程修了（電気工学専攻）
1966 年　工学博士（慶應義塾大学）
1969 年　慶應義塾大学助教授
1976 年　慶應義塾大学教授
1997 年　慶應義塾大学名誉教授
1997 年　日本工業大学教授
2002 年　日本工業大学客員教授
2005 年　退職

電気回路基礎ノート
Basic Electrical Circuits

© Shinsaku Mori 2006

2006 年 11 月 2 日　初版第 1 刷発行
2017 年 3 月 25 日　初版第 4 刷発行

|検印省略|

著　者　森　　　真　作
発行者　株式会社　コ ロ ナ 社
　　　　代 表 者　牛　来　真　也
印刷所　壮光舎印刷株式会社
製本所　株式会社　グ リ ー ン

112-0011　東京都文京区千石 4-46-10
発行所　株式会社　コ ロ ナ 社
CORONA PUBLISHING CO., LTD.
Tokyo Japan
振替00140-8-14844・電話(03)3941-3131(代)
ホームページ　http://www.coronasha.co.jp

ISBN 978-4-339-00786-2　C3054　Printed in Japan　　　　（高橋）

|JCOPY|　＜出版者著作権管理機構 委託出版物＞
本書の無断複製は著作権法上での例外を除き禁じられています。複製される場合は、そのつど事前に、出版者著作権管理機構（電話 03-3513-6969，FAX 03-3513-6979，e-mail: info@jcopy.or.jp）の許諾を得てください。

本書のコピー，スキャン，デジタル化等の無断複製・転載は著作権法上での例外を除き禁じられています。購入者以外の第三者による本書の電子データ化及び電子書籍化は、いかなる場合も認めていません。
落丁・乱丁はお取替えいたします。

電子情報通信レクチャーシリーズ

■電子情報通信学会編　　　（各巻B5判）

共通

番号	配本順	タイトル	著者	頁	本体
A-1	(第30回)	電子情報通信と産業	西村吉雄著	272	4700円
A-2	(第14回)	電子情報通信技術史 —おもに日本を中心としたマイルストーン—	「技術と歴史」研究会編	276	4700円
A-3	(第26回)	情報社会・セキュリティ・倫理	辻井重男著	172	3000円
A-4		メディアと人間	原島博 北川高嗣 共著		
A-5	(第6回)	情報リテラシーとプレゼンテーション	青木由直著	216	3400円
A-6	(第29回)	コンピュータの基礎	村岡洋一著	160	2800円
A-7	(第19回)	情報通信ネットワーク	水澤純一著	192	3000円
A-8		マイクロエレクトロニクス	亀山充隆著		
A-9		電子物性とデバイス	益一哉 天川修平 共著		

基礎

番号	配本順	タイトル	著者	頁	本体
B-1		電気電子基礎数学	大石進一著		
B-2		基礎電気回路	篠田庄司著		
B-3		信号とシステム	荒川薫著		
B-5	(第33回)	論理回路	安浦寛人著	140	2400円
B-6	(第9回)	オートマトン・言語と計算理論	岩間一雄著	186	3000円
B-7		コンピュータプログラミング	富樫敦著		
B-8		データ構造とアルゴリズム	岩沼宏治他著		
B-9		ネットワーク工学	仙田石村正和 田中野敬介 共著		
B-10	(第1回)	電磁気学	後藤尚久著	186	2900円
B-11	(第20回)	基礎電子物性工学 —量子力学の基本と応用—	阿部正紀著	154	2700円
B-12	(第4回)	波動解析基礎	小柴正則著	162	2600円
B-13	(第2回)	電磁気計測	岩﨑俊著	182	2900円

基盤

番号	配本順	タイトル	著者	頁	本体
C-1	(第13回)	情報・符号・暗号の理論	今井秀樹著	220	3500円
C-2		ディジタル信号処理	西原明法著		
C-3	(第25回)	電子回路	関根慶太郎著	190	3300円
C-4	(第21回)	数理計画法	山下信雄 福島雅夫 共著	192	3000円
C-5		通信システム工学	三木哲也著		
C-6	(第17回)	インターネット工学	後藤滋樹 外山勝保 共著	162	2800円
C-7	(第3回)	画像・メディア工学	吹抜敬彦著	182	2900円
C-8	(第32回)	音声・言語処理	広瀬啓吉著	140	2400円
C-9	(第11回)	コンピュータアーキテクチャ	坂井修一著	158	2700円

	配本順			頁	本体
C-10		オペレーティングシステム			
C-11		ソフトウェア基礎	外山芳人著		
C-12		データベース			
C-13	(第31回)	集積回路設計	浅田邦博著	208	3600円
C-14	(第27回)	電子デバイス	和保孝夫著	198	3200円
C-15	(第8回)	光・電磁波工学	鹿子嶋憲一著	200	3300円
C-16	(第28回)	電子物性工学	奥村次徳著	160	2800円

展開

	配本順			頁	本体
D-1		量子情報工学	山崎浩一著		
D-2		複雑性科学			
D-3	(第22回)	非線形理論	香田徹著	208	3600円
D-4		ソフトコンピューティング			
D-5	(第23回)	モバイルコミュニケーション	中川正雄・大槻知明共著	176	3000円
D-6		モバイルコンピューティング			
D-7		データ圧縮	谷本正幸著		
D-8	(第12回)	現代暗号の基礎数理	黒澤馨・尾形わかは共著	198	3100円
D-10		ヒューマンインタフェース			
D-11	(第18回)	結像光学の基礎	本田捷夫著	174	3000円
D-12		コンピュータグラフィックス			
D-13		自然言語処理	松本裕治著		
D-14	(第5回)	並列分散処理	谷口秀夫著	148	2300円
D-15		電波システム工学	唐沢好男・藤井威生共著		
D-16		電磁環境工学	徳田正満著		
D-17	(第16回)	VLSI工学 —基礎・設計編—	岩田穆著	182	3100円
D-18	(第10回)	超高速エレクトロニクス	中村徹・三島友義共著	158	2600円
D-19		量子効果エレクトロニクス	荒川泰彦著		
D-20		先端光エレクトロニクス			
D-21		先端マイクロエレクトロニクス			
D-22		ゲノム情報処理	高木利久・小池麻子編著		
D-23	(第24回)	バイオ情報学 —パーソナルゲノム解析から生体シミュレーションまで—	小長谷明彦著	172	3000円
D-24	(第7回)	脳工学	武田常広著	240	3800円
D-25	(第34回)	福祉工学の基礎	伊福部達著	236	4100円
D-26		医用工学			
D-27	(第15回)	VLSI工学 —製造プロセス編—	角南英夫著	204	3300円

定価は本体価格+税です。
定価は変更されることがありますのでご了承下さい。

◆図書目録進呈◆

大学講義シリーズ

(各巻A5判，欠番は品切です)

配本順	書名	著者	頁	本体
(2回)	通信網・交換工学	雁部 頴一著	274	3000円
(3回)	伝 送 回 路	古賀 利郎著	216	2500円
(4回)	基礎システム理論	古田・佐野共著	206	2500円
(7回)	音 響 振 動 工 学	西山 静男他著	270	2600円
(10回)	基礎電子物性工学	川辺 和夫他著	264	2500円
(11回)	電 磁 気 学	岡本 允夫著	384	3800円
(12回)	高 電 圧 工 学	升谷・中田共著	192	2200円
(14回)	電 波 伝 送 工 学	安達・米山共著	304	3200円
(15回)	数 値 解 析 (1)	有本 卓著	234	2800円
(16回)	電 子 工 学 概 論	奥田 孝美著	224	2700円
(17回)	基 礎 電 気 回 路 (1)	羽鳥 孝三著	216	2500円
(18回)	電 力 伝 送 工 学	木下 仁志他著	318	3400円
(19回)	基 礎 電 気 回 路 (2)	羽鳥 孝三著	292	3000円
(20回)	基 礎 電 子 回 路	原田 耕介他著	260	2700円
(21回)	計算機ソフトウェア	手塚・海尻共著	198	2400円
(22回)	原 子 工 学 概 論	都甲・岡共著	168	2200円
(23回)	基礎ディジタル制御	美多 勉他著	216	2400円
(24回)	新 電 磁 気 計 測	大照 完他著	210	2500円
(25回)	基 礎 電 子 計 算 機	鈴木 久喜他著	260	2700円
(26回)	電子デバイス工学	藤井 忠邦著	274	3200円
(28回)	半導体デバイス工学	石原 宏著	264	2800円
(29回)	量 子 力 学 概 論	権藤 靖夫著	164	2000円
(30回)	光・量子エレクトロニクス	藤岡・小原 齊藤 共著	180	2200円
(31回)	ディジタル回路	高橋 寛他著	178	2300円
(32回)	改訂回 路 理 論 (1)	石井 順也著	200	2500円
(33回)	改訂回 路 理 論 (2)	石井 順也著	210	2700円
(34回)	制 御 工 学	森 泰親著	234	2800円
(35回)	新版 集積回路工学 (1) ──プロセス・デバイス技術編──	永田・柳井共著	270	3200円
(36回)	新版 集積回路工学 (2) ──回路技術編──	永田・柳井共著	300	3500円

以 下 続 刊

電 気 機 器 学	中西・正田・村上共著	電気・電子材料	水谷 照吉他著
半 導 体 物 性 工 学	長谷川英機他著	情報システム理論	長谷川・高橋・笠原共著
数 値 解 析 (2)	有本 卓著	現代システム理論	神山 真一著

定価は本体価格+税です。
定価は変更されることがありますのでご了承下さい。

図書目録進呈◆

音響テクノロジーシリーズ

(各巻A5判，欠番は品切です)

■日本音響学会編

			頁	本体
1.	音のコミュニケーション工学 ―マルチメディア時代の音声・音響技術―	北脇信彦編著	268	3700円
2.	音・振動のモード解析と制御	長松昭男編著	272	3700円
3.	音の福祉工学	伊福部達著	252	3500円
4.	音の評価のための心理学的測定法	難波精一郎 桑野園子共著	238	3500円
5.	音・振動のスペクトル解析	金井浩著	346	5000円
7.	音・音場のディジタル処理	山﨑芳男 金田豊編著	222	3300円
8.	改訂 環境騒音・建築音響の測定	橘秀樹 矢野博夫共著	198	3000円
9.	アクティブノイズコントロール	西村正治 宇佐川毅 伊勢史郎共著	176	2700円
10.	音源の流体音響学 ―CD-ROM付―	吉川茂 和田仁編著	280	4000円
11.	聴覚診断と聴覚補償	舩坂宗太郎著	208	3000円
12.	音環境デザイン	桑野園子編著	260	3600円
13.	音楽と楽器の音響測定 ―CD-ROM付―	吉川茂 鈴木英男編著	304	4600円
14.	音声生成の計算モデルと可視化	鏑木時彦編著	274	4000円
15.	アコースティックイメージング	秋山いわき編著	254	3800円
16.	音のアレイ信号処理 ―音源の定位・追跡と分離―	浅野太著	288	4200円
17.	オーディオトランスデューサ工学 ―マイクロホン，スピーカ，イヤホンの基本と現代技術―	大賀寿郎著	294	4400円
18.	非線形音響 ―基礎と応用―	鎌倉友男編著	286	4200円
19.	頭部伝達関数の基礎と 3次元音響システムへの応用	飯田一博著		近刊

以下続刊

熱音響デバイス	琵琶哲志著	超音波モータ	青柳学 黒澤実 中村健太郎	共著
物理と心理から見る音楽の音響	三浦雅展編著	社会と音環境	石田康二著	
建築におけるスピーチプライバシー ―その評価と音空間設計―	清水寧編著	音響情報ハイディング技術	鵜木祐史編著	
音声分析合成	森勢将雅著	弾性波・圧電型センサ	近藤淳 工藤すばる	共著

定価は本体価格+税です。
定価は変更されることがありますのでご了承下さい。

図書目録進呈◆

電気・電子系教科書シリーズ

(各巻A5判)

- ■編集委員長　高橋　寛
- ■幹　　　事　湯田幸八
- ■編集委員　　江間　敏・竹下鉄夫・多田泰芳
　　　　　　　　中澤達夫・西山明彦

配本順		書名	著者	頁	本体
1.	(16回)	電気基礎	柴田尚志・皆藤新芳 共著	252	3000円
2.	(14回)	電磁気学	多田泰芳・柴田尚志 共著	304	3600円
3.	(21回)	電気回路Ⅰ	柴田尚志 著	248	3000円
4.	(3回)	電気回路Ⅱ	遠藤　勲・鈴木靖純 編著	208	2600円
5.	(27回)	電気・電子計測工学	吉澤昌純・降矢典雄・福村拓己・高崎和明・西山明彦・下平　巳之郎 共著	222	2800円
6.	(8回)	制御工学	下奥　章・青木俊幸・西堀　正 共著	216	2600円
7.	(18回)	ディジタル制御	西堀俊幸 共著	202	2500円
8.	(25回)	ロボット工学	白水俊次 著	240	3000円
9.	(1回)	電子工学基礎	中澤達夫・藤原　勝幸 共著	174	2200円
10.	(6回)	半導体工学	渡辺英夫 著	160	2000円
11.	(15回)	電気・電子材料	中澤・押田・藤原・森田・須山・服部 共著	208	2500円
12.	(13回)	電子回路	土田英一・伊原充博 共著	238	2800円
13.	(2回)	ディジタル回路	若海弘夫・吉澤昌純 共著	240	2800円
14.	(11回)	情報リテラシー入門	室山　賀下　進・厳 共著	176	2200円
15.	(19回)	C++プログラミング入門	湯田幸八 著	256	2800円
16.	(22回)	マイクロコンピュータ制御プログラミング入門	柚賀正光・千代谷慶 共著	244	3000円
17.	(17回)	計算機システム (改訂版)	春日健・舘泉雄治 共著	240	2800円
18.	(10回)	アルゴリズムとデータ構造	湯田幸八・伊原充博 共著	252	3000円
19.	(7回)	電気機器工学	前田　勉・新谷邦弘 共著	222	2700円
20.	(9回)	パワーエレクトロニクス	江間　敏・高橋　勲 共著	202	2500円
21.	(28回)	電力工学 (改訂版)	江間　敏・甲斐隆章 共著	296	3000円
22.	(5回)	情報理論	三木成彦・吉川英機 共著	216	2600円
23.	(26回)	通信工学	竹下鉄夫・吉川英夫 共著	198	2500円
24.	(24回)	電波工学	松田豊稔・南部幸久・宮田克正 共著	238	2800円
25.	(23回)	情報通信システム (改訂版)	岡田裕史・桑原　孝・植月唯夫 共著	206	2500円
26.	(20回)	高電圧工学	植月・箕田 共著	216	2800円

定価は本体価格+税です。
定価は変更されることがありますのでご了承下さい。

◆図書目録進呈◆